BIM技术在
工程造价管理中的应用研究

李 伟 ◎著

中国華僑出版社
·北京·

图书在版编目（CIP）数据

BIM技术在工程造价管理中的应用研究 / 李伟著. --
北京 : 中国华侨出版社, 2023.5
ISBN 978-7-5113-8636-6

Ⅰ. ①B… Ⅱ. ①李… Ⅲ. ①建筑造价管理－计算机
辅助设计－应用软件－研究 Ⅳ. ①TU723.3-39

中国版本图书馆CIP数据核字(2021)第195689号

BIM技术在工程造价管理中的应用研究

著　　者：李　伟
责任编辑：江　冰
封面设计：北京万瑞铭图文化传媒有限公司
经　　销：新华书店
开　　本：787毫米×1092毫米　1/16　　印张 / 13　　字数 / 279千字
印　　刷：北京天正元印务有限公司
版　　次：2023 年 5 月第 1 版
印　　次：2023 年 5 月第 1 次印刷
书　　号：ISBN 978-7-5113-8636-6
定　　价：58.00元

中国华侨出版社　北京市朝阳区西坝河东里 77 号楼底商 5 号　　邮编：100028
发行部:(010)69363410　　　传　真:(010)69363410
网　址：www.oveaschin.com　　　E-mail：oveaschin@sina.com

前言

近年来我国建筑行业的发展速度越来越快，随着人们居住要求的提高，建筑工程的复杂程度越来越高。建筑工程施工建设的过程中如果缺少施工管理不仅会影响建筑工程的整体施工进度，还会给施工质量带来不必要的影响。传统的建筑工程管理方法中存在很多的不足，不能全面解决建筑工程施工中的问题，已经不能适应现代建筑工程施工的需要。

概括来说，BIM技术是通过创建多维建筑模型，即时共享模型中的信息，进而有效实现在建设项目设计、建造以及运维管理过程的无缝对接，建设各方信息资源动态共享，达到项目周期全过程手段和方法上的信息化。它是建筑物的数字化集合，支持工程项目建设全过程的各种运算，且包含的工程信息都是互相关联的。

在传统工程造价上存在很多问题，比如，在数据共享协同与积累相对较难，比较弱的造价数据分析功能，加上造价信息不精确等，最终在实际工程建设中往往出现大量的人力物力财力浪费的情况。随着BIM技术在我国的不断发展与应用，除了从早期的设计阶段向施工阶段等纵深发展之外，BIM技术也从建筑、结构、水暖电等专业向着造价方面横向扩展，计算准确度高。将传统造价系统导入BIM技术之后，对于造价人员来说会有很大的改观，可以针对不同的建设项目、项目工作地点的实际情况来进行计算，利用BIM软件，添加相对应的参数、对计算规则进行及时有效的调整，继而BIM造价系统就能自动计算出建设项目所需的构架数量、单价等内容。这样一来，工程造价计算就能变得更加快速、准确，有效节省了传统人工计算工作中所花费的时间、人力、财力等。可以说，BIM软件的投入，在提高工作效率的同时，准确率也会更高。

因此，BIM技术无论是从成本、时间还是效率方面，都大大地促进了工程造价计算效益的提升。BIM技术的投入，使得工程造价管理中的计算工作得到优化，而且减少人力物力的投入，在很大程度上“解放”了一部分工程师，能让工程师们更好地进行价值更高的工作，计算工作量的减少，势必会让工程师有很多的精力和时间放在组价和合同管理问题上，以及做好风险评估与询价工作，编制精度更高的预算工作上，为造价师的发展提供了更宽、更大的空间。

本书在编写过程中，曾参阅了一些相关的文献资料等，在此谨向作者表示衷心的感谢。另外，因作者水平有限，在实际编写过程中难免存在不妥、疏漏之处，敬请专家和同行批评指正，以便进一步修订和完善。

目录

第一章 BIM 技术概述

近年来，在原有CAD技术基础上逐渐发展起来的一种多维模型信息集成技术，叫作BIM技术，建设项目的施工方能利用这一技术在模型中进行信息操作，由此来提高建筑工作效率和质量，降低风险和失误的目的。下面将从基本概念、相关软件以及技术体系和评价体系等方面对BIM技术进行分析。

第一节 BIM 的基本概念及由来

BIM在工程建设行业的信息化技术中并不是孤立的存在，大家耳熟能详的就有CAD、可视化、CAE、GIS等，而当BIM作为一个专有名词进入工程建设行业后很快便引起了大家的关注，并能在短时间引起巨大反响，但是对这一技术的真正认识却不尽如人意。根据调查发现，大部分人的认知存在偏颇，一种常见的认知，是将BIM技术界定为一种软件产品，说BIM是Revit，抑或是ArchiCAD等；另外一种则认为BIM是包含着与工程建设项目相关的所有信息，如合同、人事、财务信息等内容。那么，BIM技术究竟是什么呢？下面我们对BIM的基本概念进行分析。

一、BIM 的基本概念

BIM技术是在三维数字技术的基础上，一种集成建筑工程项目的各种相关信息的工程数据模型。这一技术实际上是一种全新的建筑设计过程概念，即参数化变更技术，能在短时间内帮助建筑设计师更好地进行设计，在提高工程质量的同时，增加客户与合作者的响应能力。而且，还能在任何需要时间与位置进行实时修改，由此，工程设计与图纸绘制得以保持协调、完整及一致。

总的来说，BIM技术是一种比较强大的设计平台，更是BIM创新应用一体化设计和协同工作方式的结合下的优秀产物，使得传统设计管理流程以及设计院技术人员结构发生巨大变革性的积极影响。高成本、高专业水平技术人员将从繁重的制图工作中解脱出来而专注于专业技术本身，而较低人力成本的、高软件操作水平的制图员、建模师、初级设计助理将担当起大量的制图建模工作，这为社会提供了一个庞大的就业机会；制图员（模型师）群体；同时为大专院校的毕业生就业展现了新的前景。

（一）BIM 的定义

1.BIM 以三维数字技术为基础

集成了建筑工程项目各种相关信息的工程数据模型，是对工程项目设施实体与功能特性的数字化表达。

2.BIM 是一个完善的信息模型

能够连接建筑项目生命期不同阶段的数据、过程和资源，是对工程对象的完整描述，提供可自动计算、查询、组合拆分的实时工程数据，在建设工程项目中各个参与方都能很好地进行使用，发挥其最大功用。

3.BIM 具有单一工程数据源

能有效解决分布式、异构工程数之间存在的一致性、全局共享问题，使得建设项目生命期中动态的工程信息创建上、管理上以及共享上得到有效支持，实现项目数据的实时共享。

（二）BIM 的特点

BIM 是以建筑工程项目的各项相关信息数据作为基础，建立起三维的建筑模型，通过数字信息仿真模拟建筑物所具有的真实信息。它具有可视化、协调性、模拟性、优化性、可出图性几大特点。

1. 可视化

可视化即“所见所得”的形式，对于建筑行业来说，可视化的真正运用在建筑业的作用是非常大的，如经常拿到的施工图纸，只是各个构件的信息在图纸上采用线条绘制表达，但是其真正的构造形式就需要建筑业参与人员去自行想象了。对于一般简单的东西来说，这种想象也未尝不可，但是近几年建筑业的建筑形式各异，复杂造型在不断地推出，那么这种光靠人脑去想象的东西就未免有点不太现实了。所以 BIM 提供了可视化的思路，让人们将以往的线条式的构件形成一种三维的立体实物图形展示在人们的面前；建筑业也有设计方面出效果图的事情，但是这种效果图是分包给专业的效果图制作团队进行识读设计制作出的线条式信息制作出来的，并不是通过构件的信息自动生成的，缺少了同构件之间的互动性和反馈性，然而 BIM 提到的可视化是一种能够同构件之间形成互动性和反馈性的可视，在 BIM 建筑信息模型中，由于整个过程都是可视化的，所以可视化的结果不仅可以用来效果图的展示及报表的生成，更重要的是，项目设计、建造、运营过程中的沟通、讨论、决策都在可视化的状态下进行。

2. 协调性

这个方面是建筑业中的重点内容，不管是施工单位还是业主及设计单位，无不在做着协调及相配合的工作。一旦项目的实施过程中遇到了问题，就要将各有关人员组织起来开协调会，找出施工问题发生的原因及解决办法，然后做出变更和相应补救措施等进行问题的解决。那么这个问题的协调真的就只能出现问题后再进行协调吗？在设计时，往往由于各专业设计师之间的沟通不到位，而出现各种专业之间的碰撞问题，如暖通等专业中的管道在进行布置时，由于施工图纸是各自绘制在各自的施工图纸上的，真正施工过程中，可能在布置管线时正好有结构设计的梁等构件在此妨碍着管线的布置，这种就是施工中常遇到的碰撞问题，像这样的碰撞问题的协调解决就只能在问题出现之后再进行解决吗？BIM 的协调性服务就可以帮助处理这种问题，也就是说，BIM 建筑信息模型可在建筑物建造前期对各专业的碰撞问题进行协调，生成协调数据并提供出来。当然 BIM 的协调作用也并不是只能解决各专业间的碰撞问题，它还可以解决如电梯井布置与其他设计布置及净空要求之协调，防火分区与其他设计布置之协调，地下排水布置与其他设计布置之协调等。

3. 模拟性

模拟性并不是只能模拟设计出的建筑物模型，还可以模拟不能够在真实世界中进行操作的事物。在设计阶段，BIM 可以对设计上需要进行模拟的一些东西进行模拟实验，如节能模拟、紧急疏散模拟、日照模拟、热能传导模拟等；在招投标和施工阶段可以进行 4D 模拟（三维模型加项目的发展时间），也就是根据施工的组织设计模拟实际施工，从而确定合理的施工方案来指导施工。同时还可以进行 5D 模拟（基于 3D 模型的造价控制），从而来实现成本控制；后期运营阶段可以模拟日常紧急情况的处理方式，如地震时，人员逃生及消防人员疏散的模拟等。

4. 优化性

事实上整个设计、施工、运营的过程就是一个不断优化的过程，当然优化和 BIM 也不存在实质性的必然联系，但在 BIM 的基础上可以做更好地优化、更好地做优化。优化受三样东西的制约：信息、复杂程度和时间。没有准确的信息做不出合理的优化结果，BIM 模型提供了建筑物的实际存在的信息，包括几何信息、物理信息、规则信息，还提供了建筑物变化以后的实际存在。复杂程度高到一定程度，参与人员本身的能力无法掌握所有的信息，必须借助一定的科学技术和设备的帮助。现代建筑物的复杂程度大多超过参与人员本身的能力极限，BIM 及与其配套的各种优化工具提供了对复杂项目进行优化的可能。基于 BIM 的优化可以做下面的工作。

（1）项目方案优化

项目方案优化是把项目设计和投资回报分析结合起来，设计变化对投资回报的影响可以实时计算出来；这样业主对设计方案的选择就不会主要停留在对形状的评价上，而更多的可以使得业主知道哪种项目设计方案更有利于自身的需求。

（2）特殊项目的设计优化

例如，裙楼、幕墙、屋顶、大空间到处可以看到异型设计，这些内容看起来占整个建筑的比例不大，但是占投资和工作量的比例和前者相比却往往要大得多，而且通常也是施工难度比较大和施工问题比较多的地方，对这些内容设计施工方案进行优化，可以带来显著的工期和造价改进。

5. 可出图性

BIM 并不是为了出大家日常多见的建筑设计院所出的建筑设计图纸，及一些构件加工的图纸。而是通过对建筑物进行了可视化展示、协调、模拟、优化以后，可以帮助业主出如下图纸：一是综合管线图（经过碰撞检查和设计修改，消除了相应错误以后）；二是综合结构留洞图（预埋套管图）；三是碰撞检查侦错报告和建议改进方案。

由上述内容，可以大体了解 BIM 的相关内容。BIM 在世界很多国家已经有比较成熟的 BIM 标准或者制度。BIM 要在中国建筑市场内顺利发展，必须将 BIM 和国内的建筑市场特色相结合，才能够满足国内建筑市场的特色需求，同时 BIM 将会给国内建筑业带来一次巨大变革。

二、BIM 出现的必然性

（一）BIM 的市场驱动力

针对 BIM 的市场驱动力这一模块来说，恩格斯曾经说过一句话："社会一旦有技术上的需要，则这种需要就会比十所大学更能把科学推向前进。"由此看来，BIM 快速发展与普及应用也并让人觉得意外。

众所周知，近几十年在众多领域中都会使用一些新的生产流程和新的技术来提升生产效率，包括航空、航天、汽车、电子产品等行业领域中都发生很大变化，进而加大了市场对全球工程建设行业工作效率和质量的压力。其实，从 20 世纪 90 年代开始，美国及欧洲等一些国家都在进行一系的研究，想要去发掘这些行业中存在的问题，并积极探究相应的解决措施，以此来达到提高相关行业的工作效率，提高工作质量的目的。

近年来，我国在固定资产的投资上，其规模一直维持在 10 万亿元人民币左右，其中的 60% 是用在基本建设上的，但与发达国家相比生产效率还是存在巨大差距的。若是在美国建筑科学研究院的资料基础上进行测算的话，利用一定技术，提升管理水平，是能在很大程度上节省建设投资的，而且节省出来的投资数目是十分惊人的。

其实，导致工程建设行业的工作效率低下的原因是很多的，通过研究零售、汽车、航空、电子产品等这些行业，我们不难发现，生产效率的提升是离不开先进的生产流程与技术支持的。

BIM 正是这样一种技术、方法、机制和机会，通过集成项目信息的收集、管理、交换、更新、存储过程和项目业务流程，为建设项目生命周期中的不同阶段、不同参与方提供及时、准确、充分的信息数据，能在不同项目阶段之间、不同项目参与方之间、不同应用软件之间提供信息交流与数据共享的技术支持，进而提高项目设计、施工以及后期运营、维护的效率与质量，这样一来，整个工程建设行业的生产力水平就能大大地提升。

（二）BIM 在工程建设行业的位置

目前，我们国家的建筑行业正朝着现代化、信息化的方向发展，而建筑业信息化则分为技术信息化、管理信息化两大部分。就技术信息化而言，其核心内容是对建设项目生命周期的管理，而企业管理信息化的核心则是企业资源计划。

无论是技术信息化，还是管理信息化，建设项目才是建筑业的工作主体。这样说来，若是项目信息得不到有效集成，就很难实现管理信息化上的效益。BIM 通过其承载的工程项目信息，结合其他技术信息化方法（如 CAD / CAE 等），成为技术信息化的核心，打通技术信息化的横向桥梁，实现技术信息化与管理信息化的横向结合。

BIM，其实是在最先进的三维数字设计基础上，利用工程软件建造出来的“可视化”的数字建筑模型，能给建筑工程的设计师、建筑师、工程师、建筑开发商。甚至是用户提供“模拟和分析”的科学协作平台，使各个环节的人员都能受益，并通过三维数字模型，在项目的设计、建造、运营管理中，实现整个工程项目 的设计环节、施工环节等各个阶段的资源、成本最大化节约，还能在降低污染的同时，有效提高工作效率与工作质量。

BIM 是在项目的全生命周期中都可以进行应用的，从项目的概念设计、施工、运营，甚至后期的翻修或拆除，所有环节都可以提供相关的服务。BIM 不但可以进行单栋建筑设计，还包括一些大型的基础设施项目，包括交通运输项目、土地规划、环境规划、水利资源规划等项目。在美国，BIM 的普及率与应用程度较高，政府或业主会主动要求项目运用统一的 BIM 标准，或者是提供法律保障，通过法律来强制州内的所有大型公共建筑项目对 BIM 的使用。目前，美国所使用的 BIM 标准包括 NBIMS（美国 BIM 标准，United States National Building Information Modeling Standard）、COBIE（Construction Operations Building Information Exchange）标准、IFC（Industry Foundation Class）标准等，尽管美国不同州政府或项目业主会选用不同的标准，总的来说，其在统一标准的基础上，能让各利益方得到最大价值。欧特克公司创建了一个指导 BIM 实施的工具——“BIM Deployment Plan”，以帮助业主、建筑师、工程师和承包商实施 BIM。这个工具可以为各个公司提供管理沟通的模型标准，对 BIM 使用环境中各方担任的角色和责任提出建议，并提供最佳的业务和技术惯例，目前英文版已经供下载使用，中文版也将在不久后推出。

BIM 方法与理念可以帮助包括设计师、施工方等各相关利益方更好地理解可持续性以及它的四个重要的因素：即能源、水资源、建筑材料和土地。Erin 向大家介绍了欧特克工程建设行业总部大楼的案例。该项目就是运用 BIM 理念进行设计、施工的，获得了绿色建筑的白金认证。

随着社会的不断发展，各行业也逐渐凸显出对先进技术的迫切需求，而我国的工程建设行业已经逐渐形成共识，BIM 的发展与利用势不可当。较之发达国家，我国工程建设行业对 BIM 的应用还是有一定滞后性，其发展也是远远不够的，实际 BIM 标准的研究工作也仅仅是起步阶段的水平，由此来说我国能在现有的规范与标准基础上，构建出符合中国企业的 BIM 标准还是十分迫切的。当然，中国的 BIM 标准能否与国际的使用标准实现有效对接，政府、企业究竟该怎样有效推动中国 BIM 标准的广泛应用，面对我们也是一个巨大的挑战。

BIM 是未来工程建设行业发展过程中一个必不可少的利器，通过推广 BIM，提高建设工程的设计师、建筑师、开发商以及最终的用户等在设计、建造与管理上的效率与质量，进一步推动中国工程建设行业的长久可持续发展。

（三）行业赋予 BIM 的使命

一个完整的工程项目典型生命周期中的规划和设计策划、设计、施工、项目交付和试运行、运营维护、拆除等阶段中，涉及众多参与方与利益方或者利益相关方，包括有业主、用户、规划、政府主管部门、建筑师、工程师、承建商、项目管理、产品供货商、测量师以及消防、卫生、环保、金融、保险、法务、租售、运营、维护等，时间跨度也有几十年、一百年，甚至更久。能将这些不同项目参与方、项目阶段联系在一起，在建筑业法律法规与合同体系的基础上，有效建立相关业务流程，并能完成业务流程、业务活动，需要各类专业应用软件，在不同业务流程之间，以及一个业务流程内不同任务、活动之间实现有效链接，都离不开信息这一环。

对于一个工程项目来说，其信息数量巨大、信息种类繁多，但是基本上可以分为以下两种形式：一是结构化形式，机器能够自动理解的，如 Excel，BIM 文件。二是非结构化形式，机器不能自动理解的，还是通过人工的解释和翻译才能实现，比如应用比较广泛的 Word、CAIX，现在工程建设行业就是让各个参与方，根据各自不同阶段利用自己的应用软件完成相关任务，将需要的信息输入应用软件中，按照合同的规定，将工作成果交付给接收方，若是双方关系比较好，也会将软件输出信息直接交给接收方，这样对方也能参考其信息，下游（信息接收方）将重复上面描述的这个做法。

目前，在合同规定基础上的交付成果都是以纸质成果为主，在交接过程中，会出现建设项目的信息被重复输入、重复处理，并输出成合同规定的纸质成果，这样下一个参与方再根据自身需求输入需要的信息。不难发现，在整个项目生命周期中每个数据都会被大量重复输入，而据相关科学调查发现，每个数据至少被平均输入七次，这就是在缺信息、缺数字化形式下的信息现状，尽管项目的参与方也都在用计算机处理自己的信息，但还是出现数据被大量重复输入的情况，在经济、法律以及技术的影响下，信息被不同参与方通过数字形式输入处理后，下一方只能接受被降级成为纸质文件，可能有的上游参与方是愿意通过数字化成果交予下一参与方的，但是受限于软件之间无法互用，又无可奈何，只能重复输入。由此看来，我们真正缺少的并不是信息、数字化信息，缺少的应该是对信息的结构化组织管理，以及信息交换，实现机器的自动处理，避免数据的重复输入。

如果能解决建设项目中在不同阶段、不同参与方、不同应用软件之间的信息结构化组织管理与信息交换共享问题，就能改善目前我国工程项目的现状，这就是行业赋予 BIM 的使命，能让合适的人在合适的时候得到合适的信息，而且是更加准确、及时、够用的信息。

第二节 BIM 软件简介

一、BIM 软件的分类

根据 BIM 有一个特点，BIM 并不单是一个软件的事，也不是一类软件的事，对于每一类软件的选择来说也只是一个产品，若是要充分发挥 BIM 价值，最大化创造项目的效益，其涉及的 BIM 软件数量少则有十几个，多则可能达几十个。

不管是在讨论 BIM，还是在实际应用 BIM，都是离不开 BIM 软件的，那么我们将一些在全球有着一定市场影响或者是占有率的软件进行分类，当然也是要参考国内市场的认知情况，希望能为广大同行提供一个参考。

总的来说，BIM 建模类软件可细分为 BIM 方案设计软件、BIM 接口的几何造型软件、可持续分析软件等 12 类软件。接下来我们分别对属于这些类型的软件按功能简单分成建模类软件、模拟类软件以及分析类软件。

（一）BIM 建模类软件

这类软件英文通常叫“BIM Authoring Soft-ware”，是 BIM 之所以成为 BIM 的基础，其实就是在这些软件基础上才有的 BIM，这也是从事 BIM 之后会遇到的第一类 BIM 软件，由此称之为“BIM 核心建模软件”，简称“BIM 建模软件”。

BIM 核心建模软件的具体介绍如下。

首先我们来对 Revit 软件进行一个简单的了解。Revit 系列软件在 BIM 模型构建过程中的主要优势体现在三个方面：具备智能设计优势，设计过程实现参数化管理，能为项目各参与方提供一个全新的沟通平台。

1.Autodesk Revit Architecture

Autodesk Revit Architecture 建筑设计软件可以按照建筑师和设计师的思考方式进行设计，因此，可以开发更高质量、更加精确的建筑设计。专为建筑信息模型而设计的 Autodesk Revit Architecture，能够帮助捕捉和分析早期设计构思，并能够从设计、文档到施工的整个流程中更精确地保持设计理念。利用包括丰富信息的模型来支持可持续性设计、施工规划与构造设计，能做出更加明智的决策。Autodesk Revit Architecture 有以下几个特点。

（1）完整的项目，单一的环境

Autodesk Revit Architecture 中的概念设计功能提供了易于使用的自由形状建模和参数化设计工具，并且还支持在开发阶段及早对设计进行分析。可以自由绘制草图，快速创建三维形状，交互式地处理各种形状。可以利用内置的工具构思并表现复杂的形状，准备用于预制和施工环节的模型。随着设计的推进 Autodesk Revit Architecture 能够围绕各种形状自动构建参数化框架，提高创意控制能力、精确性和灵活性。从概念模型直至施工文档，所有设计工作都在同一个直观的环境中完成。

（2）更迅速地制定权威决策

Autodesk Revit Architecture 软件支持在设计前期对建筑形状进行分析，以便尽早做出更明智的决策。借助这一功能，可以明确建筑的面积和体积，进行日照和能耗分析，深入了解建造可行性，初步提取施工材料用量。

（3）功能形状

Autodesk Revit Architecture 中的 Building Maker 功能可以帮助将概念形状转换成全功能建筑设计。可以选择并添加面，由此设计墙、屋顶、楼层和幕墙系统。可以提取重要的建筑信息，包括每个楼层的总面积。可以将来自 AutoCAD 软件和 Autodesk Maya 软件，以及其他一些应用的概念性体量转化为 Autodesk Revit Architecturetecture 中的体量对象，然后进行方案设计。

2.Autodesk Revit Structure

Autodesk Revit Structure 软件改善了结构工程师和绘图人员的工作方式，优化了工作人员在建模与绘图的重复性工作，重点是有效减少了结构工程师、建筑师、绘图人员在协调中出现的手动错误。而且还能提高最终施工图的创建效率，提高文档的精确度，由此交付给客户的项目质量也应得以全面改善。

（1）顺畅的协调

Autodesk Revit Structure 采用建筑信息模型（BIM）技术，使得每个视图与明细表、每张图纸都能在同一基础数据库上得到直接表现。在实际工作，不可避免地需要建筑团队成员对同一项目的建筑结构进行一些处理与变更，通过利用 Autodesk Revit Structure 中的参数化变更技术，就能将变更自动反映到所有的其他项目视图中，如模型视图、图纸、明细表、剖面图、平面图、详图，这样一来，项目的设计与文档就能始终协调性、一致性和完整性。

（2）双向关联

建筑模型及其所有视图均是同一信息系统的组成部分。这意味着用户只需对结构任何部分做一次变更，就可以保证整个文档集的一致性。例如，如果图纸比例发生变化，软件就会自动调整标注和图形的大小。如果结构构件发生变化，该软件将自动协调和更新所有显示该构件的视图，包括名称标记以及其他构件属性标签。

（3）与建筑师进行协作

与使用 Autodesk Revit Architecture 软件的建筑师合作的工程师可以充分体验 BIM 的优势，并共享相同的基础建筑数据库。集成的 Autodesk Revit 平台工具可以帮助用户更快地创建结构模型。通过对结构和建筑对象之间进行干涉检查，工程师们可以在将工程图送往施工现场之前更快地检测协调问题。

3.Autodesk Revit MEP

Autodesk Revit MEP 建筑信息模型（BIM）软件专门面向水暖电（MEP）设计师与工程师。集成的设计、分析与文档编制工具，支持在从概念到施工的整个过程中，更加精确、高效地设计建筑系统。关键功能支持：水暖电系统建模，系统设计分析来帮助提高效率，更加精确的施工文档，更轻松地导出设计模型用于跨领域协作。

Autodesk Revit MEP 软件专为建筑信息模型而构建（BIM）。BIM 是以协调、可靠的信息为基础的集成流程，涵盖项目的设计、施工和运营阶段。通过采用 BIM，机电管道公司可以在整个流程中使用一致的信息来设计和绘制创新项目，并且还可以通过精确外观可视化来支持更顺畅的沟通，模拟真实的机电管道系统性能以便让项目各方了解成本、工期与环境影响。

借助对真实世界进行准确建模的软件，实现智能、直观的设计流程。Revit MEP 采用整体设计理念，从整座建筑物的角度来处理信息，将给排水、暖通和电气系统与建筑模型关联起来。借助它，工程师可以优化建筑设备及管道系统的设计，进行更好的建筑性能分析，充分发挥BIM的竞争优势。同时，利用Autodesk Revit与建筑师和其他工程师协同，还可即时获得来自建筑信息模型的设计反馈，实现数据驱动设计所带来的巨大优势，轻松跟踪项目的范围、明细表和预算。Autodesk Revit MEP软件帮助机械、电气和给排水工程公司应对全球市场日益苛刻的挑战。Autodesk Revit MEP通过单一、完全一致的参数化模型加强了各团队之间的协作，让用户能够避开基于图纸的技术中固有的问题，提供集成的解决方案。

（1）面向机电管道工程师的建筑信息模型（BIM）

Autodesk Revit MEP软件是面向机电管道（MEP）工程师的建筑信息模型（BIM）解决方案，是一种专门的建筑系统设计工具、分析的工具。工程师在Revit MEP的基础上能在系统设计的早期阶段进行明智决策，并在建筑施工前对可视化建筑系统进行更加精准的设计。这一软件的内置分析功能，能帮助工程师创建出持续性更强的设计内容，再在多种合作伙伴应用上实现这些内容的有效共享，由此建筑效能与效率就能得到空前的优化。对于建筑信息模型的使用，有利于提高设计数据的协调性、统一性，提高模型信息的准确性，并再在此基础上，使得工程师团队与建筑师团队能更加高效、紧密的合作。

（2）建筑系统建模和布局

Revit MEP软件中的建模和布局工具，使得工程师在创建精确的机电管道系统工作中变得更加轻松，而且自动布线解决方案，有效地让用户建立起管网、管道、给排水系统的模型或手动布置照明与电力系统。Revit MEP软件的参数变更技术意味着用户对机电管道模型的任何变更都会自动应用到整个模型中。保持单一、一致的建筑模型有助于协调绘图，进而减少错误。

（3）提高工程设计水平，完善建筑物使用功能

当今，复杂的建筑物要求进行一流的系统设计，以便从效率和用途两方面优化建筑物的使用功能。随着项目变得越来越复杂，确保机械、电气和给排水工程师与其扩展团队之间在设计和设计变更过程中清晰、顺畅地沟通至关重要。

（二）BIM模拟类软件

模拟类软件，即可视化软件，在BIM模型基础上使用可视化软件的好处还是比较多的：有利于减少可视化建模的工作量，有利于提高模型的精度，有利于提升模型设计（实物）的吻合度，有利于提高项目不同阶段中各种变化情况下的可视化效果的产生速度。预测居民、访客或邻居对建筑的反映以及与建筑的相互影响是设计流程中的主要工作。“这栋建筑的阴影会投射到附近的公园内吗？”“这种红砖外墙与周围的建筑协调吗？”“大厅会不会太拥挤？”“这种光线监控器能够为下面的走廊提供充足的日光吗？”只有“看到”设计，即在建成前体验设计才能圆满地回答这些常见问题。可计算的建筑信息模型平台，如Revit平台，能在动工之前对建筑性能进行有效预测。

建筑设计的可视化通常需要根据平面图、小型的物理模型、艺术家的素描或水彩画展开丰富的想象。观众理解二维图纸的能力、呆板的媒介、制作模型的成本或艺术家渲染画作的成本，都会影响这些可视化方式的效果。CAD 和三维建模技术的出现实现了基于计算机的可视化，弥补了上述传统可视化方式的不足。带阴影的三维视图、照片级真实感的渲染图、动画漫游，这些设计可视化方式可以非常有效地表现三维设计，目前已广泛用于探索、验证和表现建筑设计理念。这就是当前可视化的特点：可与美术作品相媲美的渲染图，与影片效果不相上下的漫游和飞行。对于商业项目（甚至高端的住宅项目），这些都是常用的可视化手法—扩展设计方案的视觉环境，以便进行更有效的验证和沟通。如果设计人员已经使用了 BIM 解决方案来设计建筑，那么最有效地可视化工作流程就是重复利用这些数据，省却在可视化应用中重新创建模型的时间和成本。此外，同时保留冗余模型（建筑设计模型和可视化模型）也浪费时间和成本，增加了出错的概率。

建筑信息模型的可视化 BIM 生成的建筑模型在精确度和详细程度上令人惊叹。因此人们自然而然地会期望将这些模型用于高级的可视化，如耸立在现有建筑群中的城市建筑项目的渲染图，精确显示新灯架设计在全天及四季对室内光线影响的光照分析等。Revit 平台中包含一个内部渲染器，用于快速实现可视化。

要制作更高质量的图片，Revit 平台用户可以先将建筑信息模型导入三维 DWG 格式文件中，然后传输到 3ds Max。由于无须再制作建筑模型，用户可以抽出更多时间来提高效果图的真实感。比如，用户可以仔细调整材质、纹理、灯光，添加家具和配件、周围的建筑和景观，甚至可以添加栩栩如生的三维人物和车辆。

1.3ds Max

3ds Max 是由 Autodesk 公司开发的，集成了专业建模、动画以及图像制作的软件，在 Windows 平台上，提供了强大的实时三维建模功能、渲染功能以及动画设计功能等，由此其在建筑、工业、游戏设计以及广告、影视、动画、多媒体制作、辅助教学，加上工程可视化等领域得到广泛应用。尤其是在建筑领域、游戏模型制作等方面，其优势得到更大化的凸显。现阶段，在建筑领域中的一些建筑效果图与动画，还有游戏场景等都需要 3ds Max 这一软件提供强大的技术支持。

从 3ds Max 的发展历程来看，由最初的 1.0 版本，经过多次的改进与优化逐渐发展到现今，能在诸多领域中进行广泛应用，并得到用户的喜爱与支持，离不开它在 Windows 操作系统的基础上对操作技术不断革新，使得交互式的界面变得更加直观、友好、方便，并能使得操作兑现变得更加自由和灵活，由此 3ds Max 也成为从事 3D 图形制作工作人员的首选。另外，值得一提的是 3ds Max 的操作界面保持着与 Windows 的界面相似的风格，使得广大用户能在短时间内熟悉并掌握软件功能的操作，这是深受用户喜爱的一个必不可少的原因。

3ds Max 可以完成简单的棱柱几何体，也可以完成较为复杂的形状，在其复制、镜像、阵列的操作中，能节省设计的时间，使得单一的模型变成无数个设计变化模型。所以，不管是建筑设计中高楼大厦模型，还是科幻电影中的人物角色设计，都可以借助三维制作软件 3ds Max 来实现。

而且，3ds Max 还能提供标准灯光和光学度灯光这两种灯光系统类型，要知道，在三维场景创造中灯光是十分重要的，需要对太阳、照明灯、环境等光源进行模拟，使得模拟的场景更加逼真。3ds Max 能在场景中没有灯光情况下，使用的是系统默认来进行明着色或者是渲染场景，这样才能营造出更加良好的氛围，并增加模拟场景的三维效果，提高场景的清晰度和真实性。

2.Lightscape

Lightscape 是一种先进的光照模拟和可视化设计系统，使得三维模型中的光照模拟变得更加精准，可视化设计变得更加灵活方便。Lightscape 是世界上唯一集光影跟踪技术、光能传递技术、全息技术于一身的渲染软件，在设计中精准地呈现出漫反射光线在环境中传递的模拟效果，获得直接和间接的漫反射光线，而且就算是经验相对欠缺的设计者，也能利用 Ughtscape 进行一系列交互实现光能的传递处理、光影跟踪等，并有效对结果进行处理，由此实现自然、真实的设计效果。

3.Artlantis

Artlantis，是 Abvent 公司（法国）的重量级渲染引擎，与 SketchUp 可以说是天然的渲染伴侣，被用在建筑室内、室外场景中的一种专业渲染软件。它有着超凡的渲染速度以及渲染质量，加上用户界面非常的友好与简洁，常给人带来耳目一新的感觉。它的出现，在建筑绘图场景、建筑效果图画、多媒体制作领域中具有革命性的意义，其优势在于极快地渲染速度，还能与 SketchUp、3ds Max、ArchiCAD 等建筑建模软件进行无缝链接。毫不夸张地说，在被 Artlantis 渲染之后的建筑绘图、动画影像呈现出来的效果，给人留下非常深刻的印象。

另外，Artlantis 中还有许多更为高级的功能，这些功能在三维空间工程中提供较为真实的硬件与灯光现实仿真技术。相对于 ArchiCAD、Vectorworks、SketchUp 等众多主流建筑 CAD 软件，Artlantis 其实有着更好地优势，能给输入通用的 CAD 文件格式：dxf、dwg、3ds 等提供良好的技术支持。

三维空间理念的诞生造就了 Artlantis 渲染软件的成功，拥有 80 多个国家和地区超过 65000 多个用户群。虽然在国内，还没有更多的人接触它、使用它，但是其操作理念、超凡的速度及相当好的质量证明它是一个难得的渲染软件，其优点包括以下几点。

（1）只需点击

Artlantis 综合了先进和有效地功能来模拟真实的灯光，并且可以直接与其他的 CAD 类软件互相导入导出，支持的导入格式包括 dxf、dwg、3ds 等。

Artlantis 渲染器的成功来源于 Artlantis 友好简洁的界面和工作流程，还有高质量的渲染效果和难以置信的计算速度。可以直接通过目录拖放，为任何物体、表面和 3D 场景的任何细节指定材质。Artlantis 的另一个特点就是自带有大量的附加材质库，并可以随时扩展。

Artlantis 自带的功能，可以虚拟现实中的灯光。Artlantis 能够表现所有光线类型的光源（点光源、灯泡、阳光等）和空气的光效果（大气散射、光线追踪、扰动、散射、光斑等）。

（2）物件

Artlantis 的物件管理器极为优秀，使用者可以轻松地控制整个场景。无论是植被、人物、家具，还是一些小装饰物，都可以在 2D 或 3D 视图中清楚地被识别，从而方便地进行操作。甚至使用者可以将物件与场景中的参数联系起来，如树木的枝叶可以随场景的时间调节而变化，更加生动、方便地表现渲染场景。

（3）透视图和投影图

每个投影图和 3D 视图都可以被独立存储于用户自定义的列表中，当需要时可以从列表中再次打开其中保存的参数（如物体位置、相机位置、光源、日期与时间、前景背景等）。Artlantis 的批处理渲染功能，只需要点击一次鼠标，就可以同时计算所有视图。

（三）BIM 分析类软件

1.BIM 可持续（绿色）分析软件

可持续或者绿色分析软件可以使用 BIM 模型的信息对项目进行日照、风环境、热工、景观可视度、噪声等方面的分析，主要软件有国外的 Ecotect、IES、Green Building Studio 以及国内的 PKPM 等。

PKPM 是中国建筑科学研究院建筑工程软件研究所研发的工程管理软件。中国建筑科学研究院建筑工程软件研究所是我国建筑行业计算机技术开发应用的最早单位之一。它以国家级行业研发中心、规范主编单位、工程质检中心为依托，技术力量雄厚。软件所的主要研发领域集中在建筑设计 CAD 软件、绿色建筑和节能设计软件、工程造价分析软件、施工技术和施工项目管理系统、图形支撑平台、企业和项目信息化管理系统等方面，并创造了 PKPM、ABD 等全国知名的软件品牌。

PKPM 没有明确的中文名称，一般就直接读 PKPM 的英文字母。在早期的软件版本中，其只有 PK（排架框架设计）和 PMCAD（平面辅助设计）两个模块，正因为如此，早期版本的软件被称之为“PKPM”。当然，目前这两个模块依然存在，只是在功能方面得到很大程度地增强，同时也有更多功能更强大的模块加入。PKPM 是除了集建筑、结构以及给排水设备、采暖设备、通风空调设备、电气设备等集于一体的 CAD 系统，除此以外，现在的 PKPM 还是建筑概预算系列软件（钢筋计算、工程量计算、工程计价）、施工系列软件（投标系列、安全计算系列、施工技术系列）、施工企业信息化软件（目前全国很多特级资质的企业都在用 PKPM 的信息化系统）。

PKPM 在国内设计行业占有绝对优势，拥有用户上万家，市场占有率达 90% 以上，现已成为国内应用最为普遍的 CAD 系统。它紧跟行业需求和规范更新，不断推陈出新开发出对行业产生巨大影响的软件产品，使国产自主知识产权的软件十几年来一直占据我国结构设计行业应用和技术的主导地位。及时满足了我国建筑行业快速发展的需要，而且很大程度上提高设计的工作效率与工作质量，为住建部提出的“甩图板”目标实现做出了重要保障。

值得一提的是，PKPM 系统不仅在设计工作中提供了专业的软件支持，而且还提供了二维、三维图形平台的保障，使得建筑设计中的全部软件都具备自主知识产权的能力，节省了用户购买国外图形平台的很大一笔开销。在跟踪 Auto CAD 等国外图形软件先进技术前提下，加上应用 PKPM，给专业软件发展带来了契机，而且图形平台也得到进一步发展，由此 PKPM 也成我国一种相当成熟的图形平台。

另一方面，PKPM 软件也逐渐成为国际化的产品，其在国内市场上有着不容小觑的地位，而且在海外市场上也在发挥的积极作用。像目前英国规范、美国规范版本已经被开发，并进入到许多国家及地区的市场中，如新加坡、韩国、越南、马来西亚等，加上我国的香港、台湾等地区，就这一方面而言，对提高我国国产软件的国际竞争地位和竞争实力，有着相当大的贡献。

在建筑工程生命周期中，PKPM 在建筑、结构、设备、节能、概预算、施工技术、施工管理、企业信息化等环节中发挥着极大作用，这一大型建筑工程软件系统正在以其全方位发展的技术领域，逐渐确定了在建筑工程等重要领域中的领先地位。

2.BIM 机电分析软件

水暖电等设备和电气分析软件国内产品有鸿业、博超等，国外产品有 Design Master、IES Virtual Environment、Trane Trace 等。

下面以博超为例，对其下属的大型电力电气工程设计软件 EAP 进行简单介绍。

（1）统一配置

采用网络数据库后，配置信息不再独立于每台计算机。所有用户在设计过程中都使用网络服务器上的配置，保证了全院标准的统一。配置有专门权限的人员进行维护，保证了配置的唯一性、规范性，同时实现了一人扩充，全院共享。

（2）主接线设计

软件提供了丰富的主接线典型设计库，可以直接检索、预览、调用通用主接线方案，并且提供了开放的图库扩充接口，用户可自由扩充常用的主接线方案。可以按照电压等级灵活组合主接线典型方案，回路、元件混合编辑，完全模糊操作，无须精确定位，插入、删除、替换回路完全自动处理，自动进行设备标注，自动生成设备表。

（3）中低压供配电系统设计

典型方案调用将常用系统方案及个人积累的典型设计管理起来，随手可查，动态预览、直接调用。给用户提供相应的定型配电柜方案，呈现出来的系统图表达方式也更加灵活化和多样化，能满足不同单位的个性化需求。加上自由定义功能，能以模型化方式自动生成任意配电系统，有效地解决绘制非标准配电系统的问题。能够识别用户以前绘制的老图，无论是用 CAD 绘制还是其他软件绘制，都可用博超软件方便的编辑功能进行修改。对已绘制的图纸可以直接进行柜子和回路间的插入、替换、删除操作，可以套用不同的表格样式，原有的表格内容可以自动填写在新表格中。

低压配电设计系统，需要根据回路负荷自动整定配电元件及线路、保护管规格，并进行短路、压降及电机启动校验。其最终的设计结果不只是要满足系统正常运行，而且要满足上下级保护元件配合，保证最大短路可靠分断、最小短路分断灵敏度，保证电机启动母线电压水平和电机端电压和启动能力，实现设计结果的自动填写。

二、BIM 软件应用背景

目前，欧美国家等建筑业已经对 Autodesk Revit 系列、Benetly Building 系列，以及 Graphsoft 的 ArchiCAD 等进行普遍使用，相对来说，我国对 BIM 技术本土软件的开发和应用都处于初级阶段水平，BIM 核心软件主要还是天正、鸿业、博超等开发出来的，造价管理软件则是由上海、北京广联达等开发的，加上中国建筑科学研究院的 PKPM，而在 BIM 技术相关的软件，如 BIM 方案设计软件、与 BIM 接口的几何造型软件、可视化软件、模型检查软件及运营管理软件等的开发都还处于空白状态。整体来说，我国在 BIM 的开发与推广都具有滞后性。当然，近些年来国内一些研究机构、学者针对 BIM 软件的研究与开发工作，还是在很大程度上推动了我国自主知识产权 BIM 软件的发展，只是在根本问题的解决上还存在很大不足之处。

当然，国内的一些软件开发商还是在积极开展 BIM 技术的研发工作，如天正、广联达、软件、理正、鸿业、博超等，其对主流 BIM 技术的开发集中的几个方面：BIM 对象的编码规则（WBS / EBS 考虑不同项目和企业的个性化需求以及与其他工程成果编码规则的协调）；BIM 对象报表与可视化的对应；变更管理的可追溯与记录；不同版本模型的比较和变化检测；各类信息的快速分组统计（如不再基于对象、基于工作包进行分组，以便于安排库存）；不同信息的模型追踪定位；数据和信息分享；使用非几何信息修改模型。这些研究极大地推动了我国 BIM 技术的进一步发展，使得 BIM 技术在我国得到更为广泛的推广与应用。

经过不懈努力，我国本土的 BIM 软件研发与应用已经小有成就，在建筑设计、三维可视化、成本预测、节能设计、施工管理及优化、性能测试与评估、信息资源利用等方面都取得了一定的成果。BIM 是一种成套的技术体系，BIM 相关软件也要集成建设项目的所有信息，对建设项目各个阶段的实施进行建模、分析、预测及指导，实现 BIM 技术的应用最大化效益。

三、部分软件简介

（一）DP（Digital Project）

DP 是盖里科技公司（Gehry Technologies）基于 CATIA 开发的一款针对建筑设计的 BIM 软件，已被众多世界级的建筑师和工程师积极采用，主要是应用于比较复杂，且有着极为创造性的设计中。优点就是十分精确，功能十分强大（抑或是当前最强大的建筑设计建模软件），缺点是操作起来比较困难。

（二）Revit

AutoDesk 公司开发的 BIM 软件，主要是针对特定专业的建筑设计、文档系统，支持所有阶段的设计、施工图纸。在概念性研究基础上呈现出最为详细的施工图纸和施工明细表。要知道 Revit 平台的核心是 Revit 参数化更改引擎，它可以自动协调在任何位置（例如在模型视图或图纸、明细表、剖面、平面图中）所做的更改。经过长期实践证明，这一软件的应用有助于提升设计效率，也是我国应用最广的 BIM 软件，因此其优势就是较强的普及性和较为简单的操作性。

（三）Grasshopper

基于 Rhion 平台的可视化参数设计软件，适合对编程毫无基础的设计师，它将常用的运算脚本打包成 300 多个运算器，通过运算器之间的逻辑关联进行逻辑运算，并且在 Rhino 的平台中即时可见，有利于设计中的调整。优点是方便上手，可视操作。缺点是运算器有限，会有一定限制（对于大多数的设计足够）。

（四）Rhino Script

Rhino Script 是架构在 VB（Visual Basic）语言之上的 Rhino 专属程序语言，大致上又可分为 Marco 与 Script 两大部分，Rhino Script 所使用的 VB 语言的语法基本上算是简单的，已经非常接近日常的口语。优点是灵活，无限制。缺点是相对复杂，要有编程基础和计算机语言思维方式。

第三节 BIM 技术体系与评价体系

一、BIM 技术体系

对于大部分建筑同行来说，BIM 技术其实一种比较新颖的技术和方法，其实在 BIM 产生和普及应用之前，建筑行业中还有包括 CAD、可视化、参数化、CAE、协同、BIM、IPD、VDC、精益建造、流程、互联网、移动通信、RFID 等不同种类的数字化及相关技术和方法，那么针对 BIM 技术体系究竟如何，如下进行简要介绍。

（一）BIM 和 CAD

BIM 和 CAD 是两个天天要碰到的概念，因为目前工程建设行业的现状就是人人都在用着 CAD，人人都知道还有一个新东西叫作 BIM，听到碰到的频率越来越高，而且用 BIM 的项目和人在慢慢多起来，这方面的资料也在慢慢多起来。

（二）BIM 和可视化

可视化是创造图像、图表或动画来进行信息沟通的各种技巧，自从人类产生以来，无论是沟通抽象的还是具体的想法，利用图画的可视化方法都已经成为一种有效的手段。

可视化的定义主要是“用图画沟通思想”，站在这一角度上来说，可视化范围可以包括建筑模型、手绘效果图、照片、电脑效果图、电脑动画等，只是二维施工图并不是可视化。这样说来，施工图本身就是一种抽象符号的集合，不是“图画”，是建筑业专业人士的一种“专业语言”。由此施工图是在“表达”范畴内的，其根本目的是在把事情表达或者是讲述清楚，至于事情是否变得容易沟通，还得看专业水平。

当然，我们这里说的可视化是指电脑可视化，包括电脑动画和效果图等。有趣的是，大家约定俗成地对电脑可视化的定义与维基百科的定义完全一致，也和建筑业本身有史以来的定义不谋而合。

用医学术语来做比方的话，BIM 就是建设项目的所有几何、物理、功能信息的完整数字表达，就是建筑物的 DNA，而 2DCAD 平、立、剖面图纸就是具体建筑项目的心电图、B 超、X 线，可视化则是这个项目中呈现出来的特定角度照片，或者是录像。当然，2D 图纸、可视化只是对项目的部分信息进行了表达表现，并不代表信息的完整性。

也就是说，目前 CAD、可视化作为建筑行业的主要数字化工具，CAD 图纸与可视化都存在一定不足，像 CAD 图纸是对项目信息的一种抽象表达，可视化则是对 CAD 图纸表达项目的部分信息进行成图画式的呈现。因可视化是在 CAD 图纸基础上重新建立的三维可视化模型，导致了时间、成本的加大，继而错误发生的可能性也就越大，加上 CAD 图纸需要不断在建筑工程生命周期中进行不断调整、变化，如果想要可视化的模型与 CAD 图纸始终保持一致，时间与成本就会变得更高，尽管错误不可避免地出现，还是看完效果图就好了，不再追究可视化模型与 CAD 图纸是否实时地一致，这也是导致项目建成的结果与可视化效果基本不一致的重要原因。上述这种情况在使用了 BIM 技术之后就发生了改变。其一，BIM 技术将具备一种极高可视化的工具，而可视化能以 BIM 为基础，则能实现更高程度的可视化。其二，因 BIM 信息完整性与各类分析计算模拟软件的集成，使得可视化表现范围得到有效拓展，在具体的 4D 模拟、日照分析模拟、突发事件的疏散模拟中都能有体现。其三，因 BIM 有着极为完整信息，这些信息包括建筑工程的项目几何、物理、功能等众多信息，可视化能在 BIM 模型中获取的众多信息中有几何信息、材料信息、光源信息以及视角信息等，无须可视化模型的重新建立，可视化工作资源就能集中到可视化效果的提高中，加上可视化模型能因 BIM 设计模型改变而发生动态的及时更新，由此可视化与设计的一致性得到很好的保证。

（三）BIM 和参数化建模

1. 什么不是参数化建模

一般地，CAJD 系统确定的图形元素尺寸、定位的不是参数化，而是坐标。为了进一步提升绘图效率，在上述功能基础上可以定义规则来自动生成一些图形，如复制、阵列、垂直、平行等，这也不是参数化。道理很简单，这样生成的两条垂直的线，其关系是不会被系统自动维护的，用户编辑其中的一条线，另外一条不会随之变化。在 CAD 系统基础上，开发对于特殊工程项目（如水池）的参数化自动设计应用程序，用户只要输入几个参数（如直径、高度等），程序就可以自动生成这个项目的所有施工图、材料表等，这还不是参数化。有两点原因：这个过程是单向的，生成的图形和表格已经完全没有智能（这个时候如果修改某个图形，其他相关的图形和表格不会自动更新）；这种程序对能处理的项目限制极其严格，也就是说，嵌入其中的专业知识极其有限。为了使通用的 CAD 系统更好地服务于某个行业或专业，定义和开发面向对象的图形实体（被称之为“智能对象”），然后在这些实体中存放非几何的专业信息（如墙厚、墙高等），这些专业信息可用于后续的统计分析报表等工作，这仍然不是参数化。

2. 什么是参数化建模

图形是由坐标来确定，这些坐标则能在若干参数的基础上进行确定。简而言之，倘若要在建筑中需要确定一扇窗的位置，只要输入窗户定位坐标就可以，或者是通过几个参数来进行定位，这样两种方法都可以实现。假如要在某段墙中间、窗台高度 900mm、内开，这一扇窗在整体建筑项目生命周期中，就会与这段墙产生永恒关系，系统能将扇窗与墙的关系记录下来。参数化建模利用专业知识、规则，进行几何参数的确定，约束一套建模的方法，并不是几何规则，若是用几何规则来确定图形生成方法，两个形体相交会得到一种新形体。

站在宏观角度说，对参数化建模特点进行如下总结：

就参数化对象来说，其有着专业性、行业性的特点，如建筑的门、窗、墙等，如果是在几何元素基础上的 CAD 系统，能为所有的行业应用，但是参数化系统能为某专业和行业所利用。这些参数化的建筑对象，其参数在行业知识上进行驱动的。举例子来说，建筑的门窗需要放在墙里面，而钢筋需要放在混凝土里面，梁则需要有支撑。建筑对象对内部或者外部有刺激反应，如果是比较高的楼层，其楼梯的踏步数量也会自动发生变化，行业知识表现为建筑对象的行为。因为参数化对象对行业知识广度与深度的反应模仿能力高低，直接决定着参数化对象的智能化程度高低，即参数化建模系统下的参数化程度。

站在微观层面上来说，参数化模型系统的特点总结如下：

可以通过用户界面（而不是像传统 CAD 系统那样必须通过 API 编程接口）创建形体，以及对几何对象定义和附加参数关系和约束，创建的形体可以通过改变用户定义的参数值和参数关系进行处理。这区别于传统的 CAD 系统需要借助 API 编程接口。比如一堵墙、一扇窗，用户能在系统中对这些参数化对象进行有效约束。要知道，建筑对象中参数是显式的，能利用某个对象的一个参数，有效推导出其他空间中的一些相关的对象参数。施加的约束能够被系统自动维护，若是两墙相交，一墙发生移动，另一墙体会保持着与其相交，随着自动缩短或者是增长，这就是基于对象和特征的 3D 实体模型。

3.BIM 和参数化建模

BIM 是一个在创建与管理建筑信息过程中，对这一信息进行互用，并得到重复使用。如果是站在理论角度，BIM 与参数化是没有必然联系的，也就是说如果不用参数化建模也能实现 BIM，但是，系统的复杂性、操作易用性、处理速度可行性以及软硬件技术支持性的得以实现，还是需要借助 BIM 进行参数化建模，提供目前的技术水平与工作能力。

（四）BIM 和 CAE

简单地讲，CAE 就是国内同行常说的工程分析、计算、模拟、优化等软件，这些软件是项目设计团队决策信息的主要提供者。CAE 的历史比 CAD 早，当然更比 BIM 早，电脑的最早期应用事实上是从 CAE 开始的，包括历史上第一台用于计算炮弹弹道的 ENIAC 计算机，干的工作就是 CAE。

CAE 涵盖的领域包括以下几个方面：一是使用有限元法，进行应力分析，如结构分析等。二是使用计算流体动力学进行热和流体的流动分析，如风 – 结构相互作用等。三是运动学，如建筑物爆破倾倒历时分析等。四是过程模拟分析，如日照、人员疏散等。五是产品或过程优化，如施工计划优化等。六是机械事件仿真。

现阶段，在大部分情况之下 CAD 作为一种主要的设计工具，这一 CAD 图形自身是极少，真是没有各类 CAE 系统包含的项目模型非几何信息的，像材料的物理、力学性能、外部作用信息，项目团队在进行计算以前需要参照 CAD 图形，利用 CAE 系统的前处理功能重新建立 CAE 需要的计算模型和外部作用；在计算完成以后，需要人工根据计算结果用 CAD 调整设计，然后再进行下一次计算。

由于上述过程有着极大的工作量，不仅工作成本加高，且在实际工作难免会出现错误，由此项目团队只能利用大部分 CAE 系统，对已经确定的设计方案进行事后计算，再根据计算结果配备相应的建筑、结构和机电系统，至于这个设计方案的各项指标是否达到了最优效果，反而较少有人关心，也就是说，CAE 作为决策依据的根本作用并没有得到很好发挥。

因为 BIM 包含着一个项目的完整众多信息，如几何信息、物理信息、性能信息等内容，CAE 能在项目发展的各个阶段在 BIM 模型基础上，自动地抽取各种分析、模拟、优化中所需要数据进行有效的计算，这样一来，项目团队可以结合其计算结果的具体情况，对项目设计方案进行调整，又能对新方案进行计算，这样出来的设计方案满意度会得到极大的提升。

因此可以说，正是 BIM 的应用给 CAE 带来了第二个春天（电脑的发明是 CAE 的第一个春天），让 CAE 回归了真正作为项目设计方案决策依据的角色。

（五）BIM 和 GIS

在 GIS（地理信息系统）及其以此为基础发展起来的领域，有三个流行名词跟我们现在要谈的这个话题有关，对这三个流行名词，不知道作者以下的感觉跟各位同行有没有一些共鸣？GIS：用起来不错；数字城市：听上去很美；智慧地球：离现实太远。

不管如何反应，这样的方向我们还是基本认可的，而且在保证人身独立、自由、安全不受侵害的情况下，甚至我们还是有些向往的。至少现在出门查行车路线、聚会找饮食娱乐场所、购物了解产品性能、销售网点等事情做起来的方便程度是以前不敢想象的吧。

大家知道，任何技术归根结底都是为人类服务的，人类基本上就两种生存状态：不是在房子里，就是在去房子的路上。用简单的概念进行划分，GIS 是管建筑外面的道路、燃气、电力、通信、供水等，BIM 建筑信息模型则管建筑里的结构、机电等，当然这一划分是不具精确性的。

说到这儿，没给 CAD 任何露脸的机会，CAD 可能会有意见，咱们得给 CAD 一个明确的定位：CAD 不是用来“管”的，而是用来“画”的，既能画房子外面的，也能画房子里面的。

技术是为人类服务的，人类是生活在地球上一个一个具体的位置上的（就是去了月球也还是与位置有关），按照 GIS 的这个定义，GIS 应该是房子外面房子里面都能管的，至少 GIS 自己具有这样的远大理想。

在 BIM 技术出现之前，可以说 GIS 是待在房子外面的，而房子里面信息是没有的。在 BIM 应用之后改善了这一局面，实现了双向的影响。针对 G1S 来说，在 CAD 时代中，房子里面信息是无法提供的，只能把房子画成一个实心盒子，就算是现在还是需要有人能提供 CAD 图，这样房子才能不只是空心盒子。但是针对 BIM 来说，房子需要在已有的自然环境，加上人为环境进行有效建设，在新建房子时，要考虑到周围环境、已有建筑物等因素，这些因素对房子都是会有影响的，所以现在不只是管房子里面，还要对房子外面的信息进行收集，其实对房子外面的事情 GIS 系统里面早已经有了，那在利用 BIM 时，怎么规避与 GIS 信息的重复性工作，建造出和谐新房子呢？这一问题需要对 BIM 和 GIS 进行有效集成和融合来解决，这无疑是给人类带来巨大的价值。

然而，就实现方法来说，在技术上或者是管理上都有很多亟待解决的问题和困难，大方向是明确的，一是在 GIS 系统中使用 BIM 模型，二是在 BIM 模型中使用 GIS 系统，这并不能使问题得到解决。

（六）BIM 和 BLM

在建筑工程项目的生命周期中，其由信息过程、物质过程共同组成。在前期施工阶段，对项目的策划、设计、招投标等工作，主要是信息的生产、信息的处理、信息的传递以及对信息的应用。到了中期施工阶段，其工作重点是物质生产，也就是把房子建起来，这一过程的指导思想就是施工前期的信息，加上在施工中产生的一些材料、设备等明细资料的新信息。

BIM 的服务对象其实就是在建设项目的信息过程，这一信息过程可以从三个维度进行描述：第一，建设的项目发展阶段：策划、设计、施工、使用、维修、改造、拆除；第二，项目参与方：投资方、开发方、策划方、估价师、银行、律师、建筑师、工程师、造价师、专项咨询师、施工总包、施工分包、预制加工商、供货商、建设管理部门、物业经理、维修保养、改建扩建、拆除回收、观测试验模拟、环保、节能、空间和安全、网络管理、CIO，风险管理、物业用户等，据统计，一般高层建筑项目的合同数在 300 个左右，由此大致可以推断参与方的数量；第三，信息操作行为：增加、提取、更新、修改、交换、共享、验证等。

二、BIM 评价体系

起初，CAD 刚被应用的时候，若是判断是否是 CAD 难度虽然不大，可以用一个百分比来解决这一问题，也就是说可以对一张 CAD 图进行“百分之多少的 CAD 图”来进行描述。如果一张图只用CAD画了轴网，剩下的内容仍然是手工画的图纸，那么这样的一张是不能称之为CAD图的；换言之，如果是一张用 CAD 画了所有的线条，只是用手工来涂色块，并根据具体的校审意见修改出来的图则就是一张 CAD 图。相同的事，就 BIM 而言其难度就会变大。其实现在于某个软件产品是否为 BIM 软件，或者是某个建设项目的具体做法是否为 BIM 范畴，这些争论和探讨是一直存在，并延续至今的。对于究竟如何判断某个产品、某一项目是不是一个 BIM 产品或 BIM 项目，当然讨论不止于此，还有针对两个产品、两个项目之间的比较，其 BIM 程度或者是能力哪个更强，也是被讨论的热点问题?

BIM 评价体系的主要内容如下

（一）BIM 评价指标

BIM 评价体系选择了下列十一个要素作为评价 BIM 能力成熟度的指标：数据丰富性；生命周期；变更管理；角色或专业；业务流程；及时性／响应；提交方法；图形信息；空间能力；信息准确度；互用性／IFC 支持。

（二）BIM 指标成熟度

BIM 为每一个评价指标设定了 10 级成熟度，其中 1 级为最不成熟，10 级为最成熟。例如，第八个评价指标“图形信息”的 1 ~ 10 级成熟度的描述如下。

1 级：纯粹文字。

2 级：2D 非标准。

3 级：2D 标准非智能。

4 级：2D 标准智能设计图。

5 级：2D 标准智能竣工图。

6 级：2D 标准智能实时。

7 级：3D 智能。

8 级：3D 智能实时。

9 级：4D 加入时间。

10 级：5D 加入时间成本。

第四节 BIM 技术特点

一、BIM 技术相关概念

（一）建筑生命周期

1. 建筑生命周期的含义

建筑生命周期是建筑工程项目从规划设计到施工，再到运营维护，直至拆除为止的全过程。建筑工程项目具有较高的技术含量、较长的施工周期、较高的风险以及相关单位众多等，这些特点尤为凸显。在整个建筑生命周期中具体该怎么进行划分还是十分关键的。一般地，建筑全生命周期被分为规划阶段、设计阶段、施工阶段以及运营阶段四个方面。具体的工程施工要在建设工程设计的要求下进行具体实施，也就是对建设工程的改建活动、新建活动以及扩建活动。在具体运营中，则是有建筑物的实际操作、具体维护与修理、改善与更新、物业管理等众多过程。

2.BIM 在建筑全生命周期中的应用

随着建筑行业的不断发展，BIM 是符合建筑行业发展要求的，这一先进的工具和工作方式也备受广大从业者的喜爱。因其 BIM 对建筑设计手段和方法进行改变，优化了建筑行业之间的协同方式，还能被应用到整个建筑全生命周期中，对建筑行业来说是具有革命意义的。

下面我们具体来说说 BIM 的价值，以及其在整个建筑生命周期中的具体应用。

在 BIM 应用中，其需要按照建设项目的时间进行组织，也就是建设项目的规划、设计、施工、运营的不同阶段，有的应用则是能跨越到一个或者是多个阶段，也有的应用是局限在某一个阶段中的。通过大量项目实践发现，BIM 应用有助于建筑工程全生命周期的信息共享，打破建筑企业间的信息隔阂，提高业主对整个建筑工程项目全生命周期的实际管理能力，使得建筑工程的相关利益相关者的工作效率得到进一步提升。

3.BIM 对于建筑全生命周期的价值

BIM 在建筑全生命周期的价值，在于能有效提供数字的更新记录，使得搬迁规划、管理、重要财务数据得到改善，由此建筑运营中的收益、成本管理水平也能随之得到提升。不仅如此，在具体的搬迁管理、环境分析、能量分析、数字综合成本估算、更新阶段规划中也会发挥着巨大的作用。

另一方面，BIM 的应用，将烦琐的设计修改变得更加容易和便捷。要知道建筑项目设计的修改是必不可少的，在修改之后还能保证整个项目中的自动协调，以及各个视图中的平、立、剖面图也随之进行自动修改。这样一来，建筑信息模型的协调错误就会得到消除，整个工作的质量得到很大程度上的提升，省时省力的同时，避免了平、立、剖面出现不一致的错误情况。

在二维图纸时代，各个设备专业的管道综合是一个烦琐费时的工作，做得不好甚至引起施工中的反复变更。而 BIM 应用，使得整个建筑、结构、给排水、空调、电气等各个专业都能在同一个模型基础上开展，使三维集成协同设计在真正意义上实现。工程师们能随时查看三维模型，并准确发现结构与设备、设备与设备之间的冲突，并结合这些冲突对自己的设计进行及时调整，很大程度上避免了施工中不必要的浪费问题，这些都得益于 BIM 能将整个设计整合到一个共享的建筑信息模型中。

BIM 的模型将传统的二维图纸也放到三维模型中，如果在设计与施工中出现新的指令，就需要对模型进行调整，那么这个调整只有在三维模型中才能被更直观地表达出来，使得工作效率得到极大的提升。由于 BIM 模型是把所有关联的工程信息进行有序地组织、存储起来，在各种分析计算的基础上工程信息也就变成了一个有机整体，这样一来建筑项目的各利益方都能得到所需的各类报表，这样建筑项目信息的准确性与实时性也就得到保证。另外，BIM 在整个施工图纸设计中，能利用计算机自动检查管线与结构构架之间的碰撞问题，使得管线布置中的管线综合设计技术也得到相应的改善，不像传统的二维 CAD 图纸，时常会出现管线碰撞的情况。

在施工阶段,施工单位将BIM模型和计划进度进行数据集成,实现了BIM基于时间维度的4D应用,通过BIM的4D应用,除了可以按天、周、月看到项目的施工进度并根据现场情况进行实时调整,分析不同施工方案的优劣,从而得到最佳施工方案;也可以按秒、分、时对项目的重点或难点部分进行可建性模拟,进行诸如建筑机械的行进路线和操作空间、土建工程的施工顺序、设备管线的安装顺序、材料的运输堆放安排等施工安装方案的优化。

BIM能同步提供相关建筑的质量、进度以及成本等信息，还有工程量清单、概预算、各阶段材料准备等施工信息，实现建筑构件的无纸化加工建造，通过行业之间的信息与数据共享，进一步推动建筑行业的工业化与自动化。

由于建设项目建设的计划和进度都是逐步进行的，因此更是需要应用BIM，与施工计划、工程量造价接在一起，实现建筑业“零库存”施工，使得业主的资金效益能最大化实现。

较之传统二维图纸，应用BIM模型与3D施工图对现场施工进行指导，能有效减少因图纸误读导致的施工错误问题。加上对激光扫描、GPS、移动通信、RFID、互联网技术等的配合，使得施工准确度得到的极大提升，而且具体项目运营维护也因BIM数据库而变得更加直观。

就建筑生命周期中的运营管理阶段，BIM应用优势也是十分凸显的，比如，能同步提供相关建筑各方面的信息，包括建筑的使用情况、建筑的性能、建筑的入住人员与容量、建筑的已用时间、建筑的财务信息等。而且BIM还能提供数字更新记录，有效改善搬迁规划、管理，促使标准建筑模型适应商业场地条件，对于建筑的物理信息、可出租面积、租赁收入以及部门成本分配等一些比较重要的财务数据，都能得到更好地管理与使用，而且这些信息被稳定访问，有助于提高建筑运营中的实际收益和建筑项目的成本管理水平。另外，BIM建筑信息模型还能间接地表现出生产组织模式以及具体的管理方式的有效转型，转变人们的思维模式，对整个建筑行业都有着十分深远的影响。

（二）参数化建模

人们正在进入一个全面的建筑数字仿真时代，数字化的第一个实例发生在电子绘图（CAD）到来之际。自20世纪80年代以来，CAD技术得到极大推广，广大建筑工程项目都开始积极采用CAD技术，这也标志人类进入一个全面建筑数字仿真时代。CAD的应用使得建筑业、制造业项目的设计创作更加自动化，这样一来，大部分建筑模型与图纸都是数字式的，CAD图纸设计方法虽是直接绘制，但都相互独立，缺乏集成性与联动性，更无所谓三维建筑模型。尽管有的图纸是利用三维模型产生的，但是与模型缺乏联系，一旦模型变化，图纸就需要进行手工校对与协调，这样一来，模型设计方法效果就会被极大削弱。其实，从电子绘图到建筑信息模型（BIM）才是具有更大意义的变革。

1. 参数化建模含义

参数是参数化设计的核心概念，在一模型中参数的具体表现形式就是“尺寸”。参数化设计是UG强调的设计理念，在参数化设计上，若是要修改设计意图，只需要变更参数的方法，这样一来设计意图就能得到修改。参数化设计的另一重要内容就是表达式，是参数之间相互制约的“并联”关系的体现。

最开始，CAD 引擎常见图形实体需要借助明确的坐标基础上的几何形状来实现，而在创建文档时则是要在模型与独立生成的二维图纸中提取坐标来实现。如果图形引擎成熟，图形实体就能按照软件与其所代表的设计元素结合，这样一来模型就会变得更加“聪明”，也更容易进行编辑，不得不说，表面、固体模型中增加了更多的智能元素，使得复杂形式得以创立。其结果仍是几何模型，很难进行编辑，加上其较弱的图纸和模型关系提取能力，所以说参数化建筑建模是区别与 CAD 二维绘图的另外一种途径。

2. 参数化设计实现数据的交汇

参数化建模设计分为两个部分：“参数化图元”和“参数化修改引擎”。“参数化图元”指的是 BIM 中的图元是以构件的形式出现，这些构件之间的不同，是通过参数的调整反映出来的，参数保存了图元作为数字化建筑构件的所有信息；“参数化修改引擎”指的是参数更改技术使用户对建筑设计和文档部分做的任何改动，都可以自动地在其他相关联的部分反映出来。在参数化设计系统中，设计人员根据工程关系和几何关系来指定设计要求，参数化设计的本质是在可变参数的作用下，系统能够自动维护所有的不变参数。因此，参数化模型中建立的各种约束关系，正是体现了设计人员的设计意图。参数化设计的数据交互可以大大提高模型的生成和修改速度。若是在参数化建筑模型中一楼墙的移动，其他所有相关的元素都会自动进行调整，屋顶是必须要维护任何悬垂关系的，墙的移动，其他外墙就会发生延长，与移动的墙连接到一起。

3. 参数化建模与 BIM 的关系

BIM 是以参数化建筑建模为基础的，通过对参数（数字或特征）的使用，判断出一个图形实体具体的行为变化，建立出模型组件间的联动关系。由此说来，参数化建筑建模关系到建筑模型的协调性、可靠性、高质量性以及内部一致性，其能很轻松地协调所有图形与非图形的数据，特别是视图、图纸、日程安排等底层数据库的所有视图。要是参数化建筑建模想要实现模型与设计模式之间的合并，需要通过增强管理模型元素之间关系来实现，这样一来整个建筑模型、全套设计文档都在一个综合数据库中，一切都与参数相关联。在机械设计与建筑设计专业中，组件的特性与其相互之间的作用更是需要借助参数化建筑模型，只有在熟练操作模型之后，其才能与元素之间保持着一致性的关系。

4. 参数化实现过程

参数化的实现是以不同的方式来实现的，判断出参数与几何约束进行同时或者是程序性实现，采取关系数据库及行为模型，一起根据需要动态捕捉并提出建筑信息，实现数字化楼宇。参数化建筑建模是可以模仿智能对象的，并能预期设计行为，在这一强大的建模方法的支持下，用户能创建出形状、定义，并根据实际需求添加新的参数关系，并能在用户界面上添加限制几何对象，约束不同参数对象。总结来说，参数化建筑建模，有利于设计和画图成本的减少，有利于增强建筑设计方案的可行性，避免建筑设计中因自动化生产出现的错误。

（三）信息的互用

1. 信息互用的含义

要知道，信息互用的内涵，其实是指项目建设中项目参与方之间、不同应用系统工具之间，共享与交换项目信息的过程。拆解词义，互用指的就是协调、合作，对项目进展所产生的重要影响。准确来说，信息互用定义为“协同企业之间或者一个企业内设计、施工、维护和业务流程系统之间管理和沟通电子版本的产品和项目数据的能力”。

2. 建筑业的信息互用现状

工程建设行业的互用问题主要来源于高度分散的行业特性；长期依赖图纸的工作方式；标准化的缺乏；不同参与方应用的技术的不一致性等几个方面。

全球工程建设行业的软件供应商有几百家，软件产品有几千个。国内曾经做过一个没有公开发布的调研，为工程建设行业客户（业主、设计、施工、运营等）服务的具有一定历史、规模、市场份额、活跃的软件公司大约有 100 家，整个行业正在使用的软件产品也有 1000 种左右。

国内任何一家工程建设行业内的企业，无论是业主、设计院还是承包商，使用的软件产品大部分在几十种到一百多种左右，有些甚至更多，这些软件之间的数据互用状况应该说是非常不理想的。如果认真思考一下业内数百万数千万从业者日常工作中由于上述软件之间数据不能互用所导致的以下一些无效劳动，由此引起的成本增加将是惊人的：从一个应用程序到另外一个应用程序人工重新输入数据的时间；维护多套同类软件需要的时间；在文档版本检查上浪费掉的时间；处理资料申请单所需要增加的时间；用在数据转换器上的成本。

3.BIM 环境下的信息互用

BIM 的核心内容就是信息，其是有着项目信息的共维或多维建筑模型。若是要解决在项目全寿命周期内建筑业信息的较低利用率的问题，还是需要充分发掘与发挥 BIM 的作用。BIM 的核心价值就在于其高效的信息互用。随着建筑行业的不断发展，BIM 的推广与应用，建筑业内的信息互用问题也愈加凸显。行业内工作人员在获得更多专业知识与技术时，其对信息互用的关注度也随之加大，也有更多行业内的人员愿意去获得 BIM 的经验，BIM 的核心价值也就更好地体现。

在 BIM 环境下，有很多种实现信息互用的方法，但是公共数据模型格式的使用优势是最为显著的。目前，IFC（Industry Foundation Classes）就是建筑业中使用最为广泛、最被认可的一种国际性公共数据格式标准。

（1）BIM 信息互用方式——从软件用户角度看

站在软件用户角度，企业之间、一个企业内设计、施工、维护和业务流程系统之间管理、沟通电子版本的产品和项目数据的能力的协同，都可以说是信息互用。其实，企业之间，抑或者是企业内不同系统之间，其信息互用都是不同软件之间的信息互用。具体来说，不同软件之间的信息互用的实现，是语言、工具、格式、手段等，但是其基本方式还是只有双向直接、单向直接、中间翻译和间接互用四种。

①双向直接互用

在双向直接互用的情形之下，软件是自己负责处理与其他软件之间的信息转换的，不只如此还需要把修改后的数据返回到原来的软件里面去。若是需要人工干预，其工作量是相对较少的，若是出现了信息互用的错误问题，与软件本身有关。尽管其实现起来还是有着一定技术条件与水平限制，但是这种信息互用方式的高效率性和较强可靠性优势是存在的。

举例子来说，BIM建模软件与结构分析软件之间信息互用就比较典型。具体说就是建模软件能建立出结构几何、物理、荷载信息，将这些相关的信息转换到结构分析软件实现有效分析。而结构分析软件则是根据计算结果，调整构件尺寸、材料，来适应结构安全的需要，经过调整、修改过之后数据再转换回到原来模型中进行合并，实现BIM模型的更新。若是条件允许，这一信息互用方式应当是首选的。

②单向直接互用

在单向直接互用的情形下，就是数据从一个软件输出到另外一个软件中去，但是并不能被转换回来。

举例子来说，BIM建模软件与可视化软件之间的信息互用就是典型的单向直接互用。可视化软件在做效果图时用到BIM模型的信息，无法把数据再返回到BIM模型中去，尽管现实情况可能也不需要数据的返回，但这就是单向直接互用。要知道，单向直接互用的数据是有着极强可靠性的，若是实际工作只需要实现一个方向的数据转换，那么这一信息交互方式也是首选。

③中间翻译互用

中间翻译互用，指的是两个软件之间要借助一个双方都能识别的中间文件才能实现信息互用，这就是中间翻译互用的信息互用方式，因为有中间文件的存在，导致这一信息交互方式容易出现信息丢失、信息被改变等问题，所以需要在进行转换信息以前进行信息的校验。

在中间翻译互动信息交互方式的应用中，常见的一种中间文件格式有DWG，设计软件、工程算量软件之间的信息互用，算量软件利用设计软件产生的DWG文件中的几何和属性信息，进行算量模型的建立和工程量统计。

④间接互用

在间接互用情形下，信息间接互用的方式是采用人工方式，将信息从一个软件转换到另一软件中，在这种信息交互方式下，有时需要人工将数据进行重新输入，有时则需要对几何形状进行重新建立。依照碰撞检查结果，修改BIM模型，对于这种比较典型的信息交互方式来说，其大部分碰撞检查软件都是检查出有关碰撞问题，而在具体问题的解决中则需要专业人员结合碰撞报告，在BIM建模软件基础上进行人工调整，再将这一信息输出到碰撞检查软件中进行再次检查，由此才可能使问题得到彻底的更正和解决。

（2）信息互用方式——从软件本身角度看

就软件本身角度来看，大部分的 BIM 用户需要对自己使用某两个 BIM 软件之间是采取哪一种信息交互方式进行了解。在实际建筑工程项目中，用户有时候会遇见这种情况，就是自己用的软件并不能满足信息互用功能的实际需求，这样一来就会导致出现信息互用精确度不够、功能性不全等问题。而且，有许多建筑也希望能给客户提供更加强大、更体现自身特色的 BIM 信息互用解决方案。若是站在软件本身或者是软件开发者角度进行问题思考，进而理解 BIM 信息互换方式，建筑软件之间的数据交互可以采取的方式有以下几种：

①直接互用

建筑软件之间的直接互用，就是一个软件对另一个软件信息互用模块的集成，能直接对另一个软件专用格式文件的读取或者是输出，这一交互方式可以进行单向互用，也可以是双向互用。现在来看，绝大部分 BIM 软件都是有自己的 API（Application Programming Interface），第三方能对软件内部数据库进行访问，这样就能创建出内部对象，或者是根据实际需求增加必要的命令。建筑软件之间采取这一方式，有利于提升信息互用的准确性、针对性。由于信息互换软件的数量不断增加，相对应的成本也随之增加。

②使用专用中间文件格式

一般地，软件的生产厂商会研制并公开发行软件的专用中间文件格式，是一种在本厂商软件与其他厂商软件之间的专用数据交换文件格式。而在建筑业常见的专用中间格式是 Autodesk 公司开发的 DXF 格式，当然还有其他格式，如 ICES、SAT、3DS 等。这些格式都有着厂商特殊的要求，所以其完整性会比较差，也只能传递出建筑几何信息等。

③使用基于 XML 的交换格式

XML（Extensible Markup Language）是互联网环境下跨平台的一种技术，被用在结构化文档信息的处理中。实际用户能利用 XML 进行需要转换数据结构的定义和实现，而这些数据结构共同组成了一个 XML 的 Schema，针对不同 Schema 能实现不同软件之间的数据转换。AEC 领域常用的 XML Schema 包括 aceXML、gbXML、IFCXML 等。基于 XML Schema 的信息互用，在进行少量数据转换或者特定的数据转换时还是有着相对明显的优势。

④使用公共数据模型格式

IFC 和 CIS／2（CIMsteel Integration Standards Re-lease 2）是一种公共数据模型格式。其在三维的数据表达基础上，不只是对几何形状进行描述，还能对构件的其他属性进行描述。若是材料性质、空间关系等其实都是可以实现的。这一格式能将构件属性、构件几何信息有效地联系在一起，使得整个建筑项目全生命周期中都能得到有效应用在各个阶段的信息交换与数据共享中都比较适用，由此信息间互用的效率与准确性都得到很大程度的提升。

总而言之，直接互用、使用专用中间文件格式的间接互用，又或是在 XML 的交换格式基础上的信息互用方式都是存在一定局限的，而这些局限问题对建筑业的信息互用是会有很大消极作用的。针对 IFC 这一具备公共性、开放性、国际性的文件格式，就能很好地规避这一问题，因此广大从业者也是十分青睐这一方式。

4. 信息分类体系——信息互用的关键问题

工程师们能利用 BIM 技术，在丰富的建筑生命周期数据基础上进行各种目的建设项目分析与计算工作，建筑业信息分类体系的标准化问题也成为一个不可回避的问题。在对 BIM 环境下高效信息互用的实现，需要一个完整化、标准化的建筑业信息分类体系作为支撑，统一的建筑信息分类体系建立，可以让来自不同国家、不同地区、不同团体的建筑相关单位之间的信息交流与互用得以实现。

随着建筑行业的进一步发展，各个国家都有对各种建筑信息分类方法的建立，分别满足工程造价、建筑规范、项目管理、进度控制等的需要。但是因不同国家的文化背景与法律环境是存在很大差异的，不同国家的分类体系也是不相同的，若是按照其各自分类方法、分类结构、应用范围等都有着极大差异的，更有甚者，在同一国家的内部也可能会出现多种不同分类，这样一来，BIM 的信息互用在建筑领域应用其他 IT 技术上的优势就无法很好地表现，建筑行业国际化步伐也都受到阻碍。

5. 基于 IFC 标准的信息互用

目前，IFC 标准是深受建筑行业广泛认同与使用的一种认可的国际性公共产品数据模型格式标准。众多知名的建筑软件商，都支持 IPC 格式文件，还有许多国家也都在开展在 IFC 标准基础上的 BIM 实施规范制定工作，以此来适应行业发展趋势。

（1）IFC 的定义

IFC 数据模型（Industry Foundation Classes data model）是由 buildingSMART 开发的，是不受某一个或者是某一组供应商控制的中性与公开标准的，在数据模型的基础上面向对象文件格式有助于工程建设行业数据互用，也是 BIM 常用的一种格式。就 IFC 定义的理解来说，它是用来描述 BIM 的标准格式；IFC 定义建设项目生命周期中各个阶段的信息该怎么提供、怎么存储；若是 IFC 细致地记录单个对象的属性。另外，IFC 能把很小的信息改变成为记录“所有信息”，也能容纳几何数据、计算数据、数量数据、设施管理数据以及造价数据等，为建筑、电气、暖通、结构以及地形等众多专业保留必要的数据。

（2）IFC 的目标

IFC 标准的目标，是指建筑行业适合于描述贯穿整个建筑项目生命周期内的产品数据标准，而且是不依赖于任何具体系统的，被用于建筑物生命周期中所有阶段以及所有阶段之间进行信息交换和数据共享。

（3）IFC 的内容范围

IFC 能对建筑工程项目中的真实物体进行描述，具体来说就是建筑构件，也能表示空间、组织、关系、过程的抽象概念，定义了对这些物体或者是抽象概念特性的描述方法，对建筑工程项目的各个方面进行描述。

（4）IFC 的整体框架

在面向对象思想基础上的数据模型，采取 EXPRESS 语言进行建筑工程信息的描述，用户理解采取 EX PRESS 语言建立的数据模型结构图时是需要 EXPRESS 图形符号语言的辅助下进行，而且 EXPRESS 语言能对一切用 EXPRESS 语言定义的内容进行完整描述，但是 EXPRESS 语言只能对描述 EXPRESS 语言定义的部分内容进行描述。IFC 是由四个层次组成的，分别是资源层、核心层、共享层、领域层，而每一层都是由相互独立的若干子模块构成的，每个层次能根据实际需要调用本一层信息或以下层信息，一旦上层信息发生变动，下层信息并不会受到影响，整个体系的稳定性也就得到了很好的保证。具体来说，其一，资源层定义了一些独立于具体建筑的材料、时间、价格等通用信息；其二，核心层则是定义了一些适用于整个建筑行业的抽象概念，Product，Progress，Control，Relationship 等，一个项目的场地、建筑构件等都被定义为 Product 的子实体；其三，共享层定义了一些在建筑项目不同领域比较适用的通用概念，比如 Shared Building Elements Schema 中定义了梁、柱、墙等构件；其四，领域层定义了一些建筑项目不同领域的特有概念，如管理领域的承包商等。

（四）多专业协同

在传统的建筑工程设计上，从建筑设计开始，再由结构、MEP 等专业设计师完成相关专业设计，采取的往往是“单一的流水线”模式。在传统建筑工程设计上，各专业设计师的工作方式都是围绕二维图纸来展开的，他们之间交流与沟通的介质也是图纸。在这一设计流程中各专业设计人员要经过“二维—三维—二维”的思维转换，各环节都相互独立完成，若是没有进行有效沟通与协作，那么设计的图纸就会被反复修改，更严重的需要进行返工，这就造成了大量人力、物力、财力的浪费，导致设计师的工作效率被降低，建筑工程设计进度与质量问题也伴随出现。这样一来，建筑的专业设计师之间如何进行协同与沟通，是建筑工程设计工作效率提升，建筑工程设计品质增强的关键。

相对于传统的二维图纸，在先进三维设计基础上的 BIM，使得可视化数字建筑模型得到有效构建，建筑工程设计的科学协作平台得到保证。BIM 采取三维可视化的信息模型，进行建筑工程设计，有效指导并参与工程项目建造工作和后期运营管理工作。设计师们能在 BIM 技术支持之下，建筑专业、结构专业以及 MEP 专业都是以同一个三维模型为基础的建筑工程设计。由此，建筑工程设计图纸变得更具全面性、有效性、直观性，图纸设计工作也区别于传统设计模式，不再是线性展开，而是在各专业设计师的协同之下进行，有利于提升设计工作效率，并且人力、财力以及时间成本都得到很大程度上的节省。

1.BIM 技术协同设计的特点

在 BIM 基础上，建筑工程多专业协同设计有着能建立统一的三维建筑信息模型的优势。利用三维的信息模型，各个相关专业的设计师们都能分享工程项目信息，并进行同步分工协作，各专业设计师也能尽早地参与设计工作。按照各专业国家标准与规范，在设计师们的协同设计过程中，修改本专业设计图纸能及时反馈给相关专业设计师，由此其他设计师也能快速、直观地分析评估图纸，并能准确地判断出图纸的合理性，这样一来着各个设计效果也就变得更尽如人意。在协同设计方法下，各专业设计师之间的协调时间被大大缩短，设计师也有更多时间去考虑其他设计专业需求，有效规避传统设计模式中的一些施工现场发生的设计修改、设计变更问题。在 BIM 设计流程基础上，更加注重整个项目的多专业协同设计工作，这样设计工作也能更加准时、高质量、高效率地完成，实际设计专业成果的质量也能随之得到提升。

换言之，BIM 协同设计彻底改变了传统的设计方法，一改传统二维图纸，变成更具协调性、准确性、同步性的三维立体模型，还能共享建筑全生命周期所有信息，使得建筑工程项目的建造、运营、维护改建甚至拆除工作变得更加及时、准确。

2. 基于 BIM 的多专业协同设计流程探析

要知道，BIM 协同设计就是将建筑、结构、MEP 等工程、开发商乃至最终用户所提供的所有信息，集成到一个虚拟的三维模型上，便于项目的设计、建造及运营管理工作开展。在建筑工程项目的不断发展下，其工作也变得愈加复杂，特别是一些项目需要由多名专业设计师专家来解决关键问题，彼此之间是需要在各自的专业领域下进行商讨、协作才能很好地解决问题。实际设计目标的实现，需要设计师团队参考大量的项目信息，并整合分析条理化的管理工作。由此，在 BIM 基础上的设计流程，往往是要制定适合特定项目团队明确设计目标多专业协同设计协调规划进行指导。在协调规划工作中，不仅要确定项目的整体计划，也就是说需要设计团队中的各专业设计师对不同阶段中具体任务、图纸深度的要求进行成分了解。而且，要在任务范围内进行各阶段设计质量的核查，能规避以往出现的因疏漏或分工不明带来的相互推诿问题。再者，对各个专业设计师的工作权限进行设定，规避了一些项目图被重复修改或者是删除的情况出现，不仅节省人力，而且也能减少不必要的纰漏产生。在多专业的协同设计工作中，采用并行模式重点还是强调多专业设计师的协同合作，建立的 BIM 网络服务器将工程项目的 BIM 模型包含在内，实现各专业设计师中共享以及工作协调与审核，变得更加有效。

在 BIM 基础上的多专业协同设计的运用，改变了传统工程的工作模式，各自独立工作能协同一起，各专业设计师的工作思路也变得更加清晰，实际工作的目标也变得更加明确，使得在不同专业的设计师之间的相互配合下，更好地完成项目的规划工作、设计工作与施工工作。

（1）创建初步的 BIM 模型

在工程项目设计中，往往是由建筑设计师展开工作的，其需要结合项目设计任务书、实际业主要求来完成工程项目的初步设计，在工作中重点是要对项目的建筑功能、容积率、绿地率、建筑密度、交通区位、用地范围、建筑限高等各方面限制条件进行研究，并利用专业知识来完成设计要求。在 BIM 的方式的基础上创建的初步模型，还要考虑大致体量关系，而建筑平面模型就要对空间围合、限定等因素进行表达，实际模型精细程度都要确保建筑项目的基本功能得到满足。

在网络服务器的建立基础上，专业设计师得到工程项目的 BIM 模型共享。

（2）BIM 模型的细化

最初的 BIM 模型，其基础是要随着制订的多专业协同设计协调规划的，具体的结构、MEP 等专业设计师，要按照自己需求对其提出设计要求、设计条件，这一方式给各专业之间的协同设计，提供了一个平台，这样一来，建筑、结构、MEP 等专业设计工作就能更好地同步开展。专业建筑设计师，就在结构和 MEP 等专业提出的要求上进行项目的细化设计。因为在同一个 BIM 模型上，建筑设计师可以清楚地看到建筑结构、MEP 等图纸设计中的结构、管路的分布或布局，这样门窗开口开洞位置、建筑房间布局大小、楼梯位置等就能得到更好地确定。因 BIM 模型有着即时的可视化特性，相关建筑设计师能更加准确、直观地判断出建筑空间设计中的尺度、大小是否合理。一旦发现建筑结构设计中某一梁影响到建筑内部空间的感受，能保持着与结构设计师的及时沟通与协商，这样结构模型中梁的位置或形式就被及时取消或改变，这种通过同一个 BIM 模型修改进行调整得到及时同步更新，其他相关设计师也能及时地反馈做出调整。在建筑项目工程中结构设计是非常重要的组成部分，其安全性分析计算更是结构设计的首要环节，直接决定着整个工程项目的能否实现与完成。因结构分析模型中包括材料的力学特性、单元截面特性、荷载、荷载组合、支座条件等大量结构分析所要求的各种繁多信息与参数，使用 BIM 模型能保证结构专业与其他专业之间提供信息沟通渠道和平台，也能保证信息的通常传递。在项目初期建筑与结构设计之间往往是需要对图纸进行反复交互修改的，在 BIM 模型基础上给结构专业与其他专业设计都提供了重要的沟通桥梁，使得结构工程师能利用建筑专业 BIM 模型优化自己的设计工作，确保结构设计更符合结构方面的要求。其实 MEP 专业设计中电气照明、给排水、暖通等专业设计都是项目工程中的难点内容。在整个设计过程中，不仅要对设备管线等预留安装空间进行考虑，也要对设备管线等的实际安装顺序进行考虑，加上设备管线运行、维修、替换等众多因素都要考虑在内。通常情况下，MEP 专业设计方法与建筑、结构等设计是不同的。在 MEP 专业 BIM 建模中将结构模型链接到 MEP 模型中进行参考，完成 BIM 模型文件链接之后，修改结构模型后，MEP 模型中结构部分会自动更新，这样就能在 MEP 模型中及时发现、修改其中存在的问题。

（3）审查碰撞冲突和协调设计

在传统建筑工程设计中，各专业设计师需要将图纸打印出来，围绕着二维图纸，反复召开协调会，通过人力复核比对的方式发现图纸中的冲突问题，之后进行分析问题并针对问题提出解决方案。这一方式费时费力，且很容易出现错误。在 BIM 基础上的设计，计算机就能自动、高效、可靠地完成核查出繁多碰撞冲突问题，而且这一工作往往是一瞬间的。各专业设计工作完成之后，只需要将各自设计 BIM 模型链接到整个项目中，核查所有专业设计工作同时进行时产生的冲突碰撞。因为设计工作都是在同一个建筑 BIM 模型基础上展开的，各专业的协调设计是借助 BIM 软件平台，能保持着与相关专业进行协调、交流，并在极短时间内核查出碰撞，提出解决方案，能在工程设计初期对各专业之间的冲突部分进行有效控制。

（4）重复修改和优化设计

建筑工程中重复修改工作是十分烦琐，且容易出现纰漏。在碰撞检查与协调设计中发现的问题，重新返回到相关的 BIM 模型中进行各专业间的讨论协商、修改，在这一过程中各专业设计师就能对自己的 BIM 模型进行不断优化与修改，并与整个项目 BIM 模型始终保持一致。这一高效的工作方式使得整个设计团队都能参与到设计方案工作中来，充分发挥设计师们的设计思路，协调项目团队，使得设计达到最优化。

二、BIM 的技术特点

（一）建筑史的“手工时代”

在原始社会建筑的出现，逐步发展到工业革命时期，不管是农业、手工业，还是畜牧业等，都是以手工劳动为主，建筑业也不例外，像东西方的一些有着悠久历史背景的建筑，如金字塔等，或是居民的住宅等各类建筑都是依靠匠人的手工劳作，实际工作效率十分低下。

（二）建筑史的“机械时代”

在英国工业革命的激发下，建筑开始步入机械时代，一些现代化机器被投入生产中标志着机械时代的到来。在这一背景下，各个行业都试图把最先进的工业技术应用到生产中，建筑行业也有着这样的尝试，在机器的帮助下，钢筋混凝土、钢、玻璃等都被生产出来，建筑也迈向较之手工劳作时期更高的水平，技术使建筑向更高水平发展。

（三）建筑的电子时代

随着 AutoCAD 软件的出现，建筑迎来了电子时代，建筑绘图就从传统手工图板发展到计算机绘图，AutoCAD（Auto Computer Aided Design）是美国 Autodesk 公司首次于 20 世纪 80 年代生产的自动计算机辅助设计软件，用于二维绘图、详细绘制、设计文档和基本一维设计。AutoCAD 确实解放了建筑师手绘图纸的传统，局限于二维矢量图的绘制，并不包含相关的建筑信息，其有着极大的局限性，与当今发展的最大局限传统的建筑建模软件 Sketch up 也有着同样的问题。由于 AutoCAD 的局限性，电子时代的建筑图纸往往以只包含建筑的空间尺寸信息为主，而建筑的材料、构造、设备必须依赖其他图纸辅助，每张图之间没有任何关联，一处更改必须处处更改，工作量大而烦琐，影响设计效率的提高。

由此，可以看出 BIM 的出现是大势所趋，它最突出的技术特点就是 3D 效果，这弥补了之前的“手工时代”“机械时代”“电子时代”的不足，将建筑业推向了另一个时代。

三、BIM 的关键技术

BIM 不只是一种信息化技术，它已经开始影响到建筑施工企业的整个工作流程，并对企业的管理和生产起到变革作用。近年来，各个行业从业者都在密切关注或者是实践 BIM 技术，积极发挥着 BIM 的优势与价值，提高实际效益的同时，也给整个建筑行业的跨越式发展提供保障。下面具体讨论 BIM 具有一些关键技术：

（一）基于 IFC 数据交换标准

要知道，建设工程项目是极为复杂、综合性极强的经营活动，有着参与方众多、生命周期较长、软件产品较为复杂等特征。BIM 则能实现上百上千项目参与者、纷杂众多的软件产品的协同工作，其面临着建筑信息的交换和数据共享的问题，且需要有信息交换、共享问题的标准化问题，在统一标准的基础上，系统之间才能有交流的共同语言。

也正是在这一需求的前提下，Industry Foundation Class（IFC）标准由此出现。前边我们提到过，IFC 数据模型是一个不受某一个或某一组供应商控制的中性和公开的标准，是一个由 Building SMART 开发用来帮助工程建设行业数据互用的基于数据模型的面向对象文件格式，是一个 BIM 普遍使用的格式。IFC 的提出为建筑行业提供了一个不依赖于任何具体软件系统的，适用于描述贯穿整个建筑项目生命周期内产品数据的中间数据标准，应用于建筑物生命周期中各个阶段内以及各阶段之间的信息交换和共享。

（二）三维图形平台

说到 BIM，绕不开三维图形支撑平台，其是支撑 BIM 建模，以及基于 BIM 的相关产品的底层支撑平台。能在数据容量、显示速度、模型建造、编辑效率、渲染速度和质量等众多方面满足 BIM 应用的各种支撑。

由于 BIM 建模软件也有多家产品，需要基于 IFC 数据标准，实现不同专业和业务模型之间的数据交换。以及不同建模软件产品间的数据交换。

四、BIM 的关键价值

BIM 技术对产业链中投资方、设计方、建设方、运维方等参建各方具有非常多的价值，第一章已经描述过，这里主要针对建筑施工企业在工程施工全过程中的关键价值做一个具体描述。

（一）虚拟施工、方案优化

其一，在应用三维建模和建筑信息模型（BIM）技术时，在虚拟施工、施工过程控制、成本控制的施工模型进行建立应用，与虚拟现实技术结合在一起，构造出虚拟。实际模型能将工艺参数和影响施工的属性联系在一起，使得施工模型与设计模型之间的交互作用得到充分发挥。施工模型要具有可重用性，因此必须建立施工产品主模型描述框架，随着产品开发和施工过程的推进，模型描述日益详细。通过 BIM 技术，保持模型的一致性及模型信息的可继承性，实现虚拟施工过程各阶段和各方面的有效集成。

其次，模型结合优化技术，身临其境般进行方案体验、论证和优化。基于 BIM 模型，对施工组织设计方案进行论证，就施工中的重要环节进行可视化模拟分析。按时间进度进行施工安装方案的模拟和优化。在一些比较重要的施工环节，或者是采用新施工工艺的一些关键部位、施工现场平面布置等的施工指导措施进行有效模拟和分析，使得方案得到不断优化，有效提升实际计划的可行性价值，使得整个施工或者是安装环节时间节点与工序都得到更直观地呈现，能更加清晰地把握施工难点与施工要点，进一步优化施工与设计方案，使得施工效率与施工方案的安全性得到提升。

（二）碰撞检查、减少返工

在传统建筑工程施工中，需要对建筑专业、结构专业、设备及水暖电专业等众多专业进行分开设计，这样一来设计图纸中平立剖之间、建筑图和结构图之间、安装与土建之间、安装与安装之间的冲突问题都是比较多的。建筑工程的问题变得愈加复杂，导致上述的一些问题愈加凸显。而在三维模型的基础上，虚拟的三维环境能更好地发现图纸设计中一些碰撞冲突问题，比如在施工之前就能快速、全面、准确地检查出设计图纸存在的一些错误、遗漏、各专业之间的碰撞问题等，一旦出现设计变更就能得到很好的协调，使施工现场的生产效率得到极大提升，实际施工中返工情况会大大减少，整体建筑的施工质量得到保证，时间成本、人力成本等都得到有效控制，实际工期被缩短，施工风险也被降低。

（三）形象进度、4D 虚拟

建筑施工是一个高度动态和复杂的过程，当前建筑工程项目管理中经常用于表示进度计划的网络计划，由于专业性强，可视化程度低，无法清晰描述施工进度以及各种复杂关系，难以形象表达工程施工的动态变化过程。通过将 BIM 与施工进度计划相链接，将空间信息与时间信息整合在一个可视的 4D（3D+TIMe）模型中，可以直观、精确地反映整个建筑的施工过程和虚拟形象进度。4D 施工模拟技术可以在项目建造过程中合理制订施工计划、精确掌握施工进度、优化使用施工资源以及科学地进行场地布置，对整个工程的施工进度、资源和质量进行统一管理和控制，以缩短工期、降低成本、提高质量。因此采用 4D 模型，有效提升承包企业在工程项目投标过程中的竞标优势，采用 BIM 也能让业主更加直观地了解投标单位对投标项目的施工控制方案，很多施工安排的均衡性，总体计划变得更加合理，能更好地评估投标单位的施工经验与施工实力。

（四）精确算量、成本控制

与 4D 结合在一起的工程量统计得到进度控制，也就是 BIM 在实际施工中进行 5D 应用。在实际施工中出现预算超支现象还是比较常见的，出现这一问题的原因还是在基础数据的支撑下导致的超支。要知道，BIM 是集成工程信息的一个数据库，能真实地给造价管理工作提供必要的工程量信息，凭借着 BIM 信息，利用计算机对各种构件进行快速统计和分析，进行混凝土算量和钢筋算量。这样一来，减少人工操作，避免潜在的错误，工程量信息和设计方案也能保持着一致性。在 BIM 基础上，工程量统计进行的成本测算也能更加准确，在实际预算范围中分析不同设计方案的经济指标，比较方案工程造价，在实际施工之前工程预算与施工过程进行有效结算。

（五）现场整合、协同工作

在 BIM 技术应用更像是一个管理过程，和之前工程项目管理过程是有区别的，能协同涉及众多方面。还有各参建方都是在 BIM 模型基础上有着不同需求、不同管理、不同使用、不同控制、不同协同方法。在整个项目运行中可以在 BIM 模型基础上协同各参建方的模型工作、资料工作、管理工作以及运营工作。通过建立统一的集成信息平台，协同建设需求，并进一步提升工作效率。

各个参与方和业主在各个建设部门之间的数据交互，都能在统一的平台基础上进行数据交互。这样参与方之间、各部门之间在各阶段中的沟通环节与时间都实现信息的传递与数据的共享，进行系统的集中部署，数据的集中管理，获取、归纳与分析海量信息，对项目的管理决策进行协调，使得沟通项目成员的协同平台得以建立，这样各参与方就能进行高效地沟通、决策、审批、通信以及项目跟踪等。

在 BIM 模型基础上，在统一的平台上进行项目运营管控强化，围绕着 BIM 模型对工程项目进行分析、算量以及造价，使得预算文件的形成，导入系统平台，使得招标、进度、结算以及变更具有依据性。采取 BIM 模型，集成进度计划，并在进度计划下进行下期资金、招标、采购等工作的积极开展，而实际进度能得到填报，实际工程量申报也能自动形成。围绕着 BIM 模型，项目施工的分包阶段、采购招标阶段，都能进行积极的造价预算分析，形成基于辅助评标系统上的标书文件。而且，分析、指标抽取投标文件。基于 BIM 模型的招标签订合同，申报投资计划，实现设计变更、工程变更、工程结算以及项目成本管理工作。

（六）数字化加工、工厂化生产

工厂预制和现场施工相结合的一种建筑工业化的建造方式。在未来建筑产业中，其发展方向与 BIM 结合在一起的数字化制造，使得承包工程行业的生产效率得到进一步提升，建筑施工流程的自动化也得以实现。在建筑中的一些构件需要进行异地加工，再运到建筑施工现场，像门窗、预制混凝土结构、钢结构等构件再装配到建筑中。采用 BIM 进行数字化加工，工人能准确预制出建筑物构件。利用精密机械技术，制造出高精度的构件，实际建造误差也大大减少，构件制造的生产率得到进一步提升。像这种综合项目交付方式，有助于建造成本的降低，有助于施工质量的提升，项目周期的缩短以及资源浪费的情况减少，实现更加先进的施工管理工作。若是一些没有建模条件的建筑部位，就能利用三维激光扫描技术，获取必要的建筑物或构件模型信息，提升建筑项目的整体水平。

（七）可视化建造、集成化交付（IPD）

传统项目管理模式中，一个建设项目中各参与单位之间是有着各类利益冲突的，出现文化差异与信息保护等问题，导致项目各参与方只关注自身利益，实际协同决策的水平比较低，使得建设项目中局部得到优化，无法实现整体优化。较之传统项目管理模式，建设项目参与者有着极大的不同，集成化程度有极大的提升，在设计阶段与施工阶段的运作状态得到相互联系，这样一来设计商与承包商、总承包商与分包商，甚至是业主与总承包商之间都会有着长期合作，避免出现设计变更、错误误差、工期拖沓冗长、生成效率低下、协调沟通缓慢、费用超支等问题的频频出现。

近些年来，建筑信息模型 BIM 技术得到不断发展，基于 BIM 技术的新建设项目综合交付方法 IPD（Integrated Product Development）成为工程建设行业的一种先进水平，使得行业生产效率、科技水平得到提升。不管是在理论研究上，还是在工程实践基础上，对一种项目信息化技术手段、一套项目管理实施模式进行积极总结，给新的项目管理模式带来极大的变化，整合了建筑专业人员，信息共享、跨职能、跨专业、跨企业团队之间能进行高效的协作工作。

以信息及知识整合为基础的 IPD，是在信息技术、协同技术与业务流程创新的基础上相互融合的一种全新的项目组织与管理模式，能实现 BIM 价值的最大化。若是 BIM 是 IPD 模式实现高度协同的一种支撑，则 IPD 技术手段就能有其高效性。要知道，IPD 核心内容是一个从项目开始之初建立起由项目主要利益相关方参与的一体化项目团队,其是对项目整体的成功与否直接负责。一般地，此团队包括了业主、设计总包、施工总包等至少三方，与传统接力棒形式的项目管理模式不同的是，项目团队会变得更加复杂和庞大，不管在什么时候都要有适合的技术作为支撑，这样项目表达、沟通、讨论、决策工作才能很好地完成，这就是 BIM 技术的应用手段。

在整个项目生命周期中，BIM 作为实现工程项目信息提供技术、共享知识资源的手段，是起着决策性基础作用的。不同参与者都能在项目生命周期不同阶段实施 BIM 信息的有效输入、提取、更新、修改等。IPD 在 BIM 基础上，能让设计阶段、施工阶段、运营阶段都得到高度地协作，建筑师、工程师、承包商、业主等都能积极协调，创建出协调一致地数字设计信息、文档信息。IPD 是一种新的项目交付方法，在项目参与者之间在协同角度进行协作，促使各方参与者之间的合作与创新，使得彼此之间协同工作得到进一步优化与改进。

第二章 BIM 与建设工程项目管理

第一节 项目与建设项目

因现代建筑施工项目结构变得愈加复杂，整体体量愈加巨大，整体投资额也变得越来越高，使得大量的人力财力物力被消耗，在这种情况下就需要有一套现代化项目管理的理论与方法指导，让项目管理者在有限的时间与资源约束条件下，更好地完成项目管理目标。

一、项目的定义及其基本特征

（一）项目的定义

项目的定义有很多，其中引用较多的有国际标准化组织《质量管理体系项目质量管理指南》中给出的定义："由一组有起止日期的、相互协调的受控活动组成的独特过程，该过程要达到符合包括时间、成本和资源的约束条件在内的规定要求的目标。"

（二）项目的基本特征

其一，项目过程与活动组成的阶段是不重复的，具有唯一性。其二，有着一定的风险性与不确定性。其三，能在预先确定的参数之内，关系到质量相关的参数，确保规定的定量结果。其四，对施工开始的时间和完成的日期进行确定，对规定的成本与资源约束条件进行明确。其五，在项目持续过程中，需要指派临时指定人员参与到项目组织中。其六，项目周期的时间可能会比较长，随着时间推移而受内外部变化也会受到极大影响。

二、建筑施工项目

（一）建筑施工项目的特征

建筑施工项目是指需要定量的投资，经过策划、设计和施工等系列活动，在一定的资源约束条件下，以形成固定资产为确定目标的一次性活动。建筑施工项目是最为常见也是最为典型的项目类型，都江堰、金字塔等都是建筑施工项目的典范。

1. 项目产品特征

从最终的建筑施工项目产品形态来看，建筑施工项目通常具有以下基本特征。

（1）唯一性

任何一个建筑施工项目都是独一无二的，为了某种特定的目的在特定的地点建设，其实施的过程和最终的成果是不可重复的。例如，两个外观和结构看起来完全相同的房屋，但在具体方位、建造成本和最终形成的质量等方面都是有差异的，因而不能视为两个相同的项目。

（2）固定性

建筑施工产品通常是固着在地面上不可移动的，所以建筑施工项目的生产活动不可能像其他许多工业产品的生产那样在工厂进行，而是哪里需要就在哪里建设。

（3）产品庞大，造价高

建筑施工项目普遍具有规模大、技术复杂、投资额巨大的特点。例如，京津城际铁路项目，全长120千米，造价约为200亿元人民币。

2. 项目过程特征

从项目的实施过程来看，建筑施工项目通常具有以下特征。

（1）一次性

建筑施工项目产品的唯一性决定了建筑施工项目实施过程的一次性。项目管理者不可能依据以往的项目管理经验，准确地预见拟建项目设计、施工和运转过程中有可能发生的问题，因此，项目管理者必须小心仔细地评估项目实施过程，发现其缺陷或工作中可能会存在的问题，并妥善加以解决。

（2）目标明确性

建筑施工项目有成果性目标、约束性目标。简单来说，成果性目标就是指项目所形成的特定的使用功能，像一座钢厂的炼钢能力：另外，约束性目标是指实现成果性目标的限制条件，如工期、成本、质量等。建筑施工项目的目标一旦确定，项目的范围也即随之确定。

（3）约束性

任何建筑施工项目的实施都是在一系列约束条件下进行的，这些约束条件包括时间、资源、环境、法律等。其中来自时间的约束条件最为普遍，绝大多数的建筑施工项目，客观上都要求迅速建成。巨额的投资使业主都希望尽快实现项目目标，发挥项目效用，有时建筑施工项目作用、功能以及价值等，只能在一定时间范围内体现出来。例如，某种产品的生产线建设项目，只有尽快建成投产才能及时占领市场，该项目才有价值；否则，因时间拖延，市场上同种产品的生产能力已供大于求，那么这个项目就失去了它的价值。

（二）建筑施工项目的类型

根据项目管理的需要，建筑施工项目有不同的分类方法，常见的划分方法有以下几种。

1. 按建设性质划分

（1）新建项目

新建项目是指从无到有，新开始建设的项目。有的建设项目原有基础很小，经扩大建设规模后，其新增加的固定资产价值超过原有固定资产价值（原值）三倍以上的也算新建项目。

（2）扩建项目

扩建项目是指原有企业和事业单位，若是要实现扩大原有产品生产能力和产品生产效益，进一步提升新产品的生产能力，需要新建主要车间或工程的项目。

（3）改建项目

改建项目，指的是原有企业要是想提升生产效率，通过改进产品质量、改变产品方向的方式，积极改造原有设备或工程的项目。举例子来说，有的企业为了保证平衡生产能力，增建一些附属、辅助车间或非生产性工程，这也是一种改建项目。

2. 按项目在国民经济中的作用划分

（1）生产性项目

生产性项目，指的是被直接用在物质生产或者是为物质生产服务的项目，包括工业项目，有矿业、建筑业、地质资源勘探及农林水等相关的生产项目、运输邮电项目、商业和物资供应项目等。

（2）非生产性项目

非生产性项目，指的是直接用在满足人民物质和文化生活需求的项目，包括文教卫生、科学研究、社会福利、公用事业建设、行政机关和团体办公用房建设等项目。

3. 按建设过程划分

（1）筹建项目

筹建项目，指的是尚未开工的项目，一些正在选址、规划、设计等在施工之前，各项准备工作建设项目。

（2）施工项目

施工项目，指的是报告期内实际施工的建设项目，有报告期内新开工项目、上期跨入报告期续建的项目、以前停建而在本期复工的项目、报告期施工并在报告期建成投产或停建的项目等。

（3）投产项目

投产项目，指的是报告期内按照设计规定的内容，形成设计规定的生产能力或生产效益，并投入使用的建设项目，包括了部分投产项目、全部投产项目。

（4）收尾项目

收尾项目，指的是已经建成投产和已经组织验收的项目，设计能力全部建成，仍有少许收尾工作，这些需要进行扫尾建设项目。

（5）停缓建项目

停缓建项目，指的是按照现有的人力财力物力、国民经济调整的实际要求，并在计划期内需要停止或暂缓的建设项目。

（三）建筑施工项目的组成

建筑施工项目按产品对象范围从大到小，一般可分为建设项目、单项工程、单位工程、分部工程、分项工程等五个级别。

1. 建设项目

建设项目，又叫基本建设项目，是通过实物形态表示出来的具体项目。一般地，在一个总体设计、初步设计范围中，一个或几个单项工程共同组成的，需要对其进行统一的经济核算，在行政上有着独立的组织形式，并进行统一管理的建设单位，其往往是以固定资产为目的。若是同属于一个总体设计范围内的分期分批进行建设的主体工程、附属配套工程、供水供电工程等，都可以作为一个建设项目，是不能把它按照地区、施工承包单位等进行划分的。每个建设项目都有具体的计划任务书、独立的总体设计，就比如说，对于一个学校、一个房地产开发小区等建设项目都是如此。

2. 单项工程

建设项目中的重要组成部分之一就是单项工程。要知道，一个建设项目可以是一个单项工程，也可以由几个单项工程组成。而单项工程是有着独立的设计文件，在建成之后能独立发挥其生产能力与生产效益，是有着一组配套齐全的项目单元等。

3. 单位工程

单位工程则是单项工程的重要组成部分之一，单位工程是一种有着相对独立的设计文件，由独立组织施工与单项核算，只是无法独立发挥其生产能力，使用效益的项目单元。单位工程则没有独立存在的意义，因其是单项工程的组成部分之一，举例子来说，一个车间的厂房就是建筑单位工程，而车间设备安装单位工程，另外电器照明工程、工业管道工程等也是建筑单位工程。

4. 分部工程

分部工程也是单位工程的重要组成部分之一，指的是按工程部位、结构形式的不同等进行项目单元的划分。举例子来说，房屋建筑单位工程可以被划分为基础工程、墙体工程以及屋面工程等等；也有按照工种划分的，像土石方工程、钢筋混凝土工程以及装饰工程等。

5. 分项工程

分项工程是分部工程的组成部分，分项工程是根据工种、构件类别、使用材料划分的项目单元。一个分部工程由多个分项工程构成，如混凝土及钢筋混凝土分部工程中的带形基础、独立基础、满堂基础、设备基础等。

（四）建筑施工项目的生命周期

建筑施工项目的一次性决定了项目的生命周期特性，任何一个建筑施工项目都会经历一个从产生到消亡的过程。一般可将建筑施工项目的生命周期划分为前期策划和决策阶段、设计与计划阶段、实施阶段以及使用阶段（运行阶段）四个阶段。

1. 前期策划和决策阶段

在建筑施工项目的前期策划阶段与决策阶段的重点工作，是将项目的目标进行研究、论证以及决策，这一工作的内容主要是包括了项目构思、目标设计、可行性研究、批准立项。

2. 设计与计划阶段

在建筑施工项目的设计与计划阶段的重点工作内容，主要就是对施工项目的设计、计划、招标、投标等，这些都是施工之前的准备工作。

3. 实施阶段

在建筑施工项目的实施阶段，需要从现场开工开始，到工程建成交付为止。

4. 使用阶段（运行阶段）

在建筑项目的正式启用，到报废为止。往往是同一个项目的众多参与方承担着不同的工作任务。就比如说，建设单位、投资人、设计单位、施工单位等都有着不同的工作任务，这些任务分属于整个建筑施工项目的不同阶段，即符合项目定义，又都是一个独立的项目，所以不同参与方都会站在不同角度进行不同项目的管理工作。

第二节 项目管理与建设工程项目管理

一、项目管理

建筑施工项目自古就有，有建筑施工项目就必然有建筑施工项目管理活动。但由于科学技术水平和人们认识能力的限制，历史上的项目管理大都是经验性的、不系统的管理，不是现代意义上的建筑施工项目管理。

人们实施项目管理，无一例外是希望取得项目的成功。通常情况下，一个成功的项目至少应当满足以下条件：在预定的时间内完成项目的建设，按时交付或投入使用；在预算的费用范围内完成项目，不出现超支的情况；满足预期的使用功能要求，能够按照预定的生产能力或使用效果，经济、安全、高效地运行。

项目实施能够按计划有序高效地进行，变更较少，对时间和资源的浪费较少。事实上，对项目成功与否从来都没有一个统一标准，也不可能有。对不同的项目类型，从不同的角度，在不同的时点，以不同的身份，对项目成功会有不同的认识和标准。例如，对承包商来讲，通过项目的实施取得了超额的利润可能被认为是成功的，但是对业主来讲，可能意味着投资控制不力而被认为是失败的。

就现代项目管理理论而言，项目经理与项目组织是负责项目管理工作的，对系统理论、系统方法进行项目资源的有效计划、组织、协调、控制，目的是实现项目的特定目标的管理方法体系。现代项目管理知识体系可分为三个层次。

（一）技术方法层

这是项目管理知识体系中最基础层面的内容，主要是一些相对独立的技术和方法，如工作分解采用的 WBS（工作分解结构）技术、进度管理中采用的网络计划技术、成本管理中采用的净值法、质量管理中的控制图法等。

（二）系统方法层

这是项目管理知识体系中较高层面的知识，强调的是一种综合集成型的方法和技术的有机集合，如项目质量管理中采用的全面质量管理体系方法、项目管理信息系统的应用等。

（三）哲理层

哲理层的知识是项目管理知识体系中最高层面的知识，是整个项目管理知识体系的灵魂，如系统的思想、动态平衡的观念等。

二、建筑施工项目管理

（一）建筑施工项目管理的类型

建筑施工项目管理是项目管理中的一类，其管理对象为建筑施工项目。每个建筑施工项目都可以看作是存在于整个社会经济系统下的一个相对独立的、动态开放的小系统。在建筑施工项目的建设过程中，存在着众多的参与主体，各参与主体的建设活动不仅会对项目自身的最终结果产生影响，也会作用于周围社会环境，所以，受项目建设过程和成果影响的相关组织和个人也会对项目有些要求，整个项目的建设过程都会渗透着社会经济、政治、技术、文化、道德和伦理观念的影响和作用。因此，从不同的角度可将项目管理分为不同的类型。

1. 按管理层次不同划分

按照项目管理层次的不同进行划分，具体分为宏观项目管理、微观项目管理。

（1）宏观项目管理

宏观项目管理是指中央政府或者是地方政府作为主体，进行项目活动的管理工作。就其对象来说，宏观项目管理对象可以是某一类或者是某一地区的项目，但不能是某一个具体项目。其管理目的在于国家或地区的整体综合效益的实现，并不是某一具体项目的微观效益。要说宏观项目管理手段还比较多，包括了行政手段、法律手段、经济手段，简单来说就是通过制定、贯彻相关的法规、政策，进行项目资源要素市场的调控，有效贯彻项目的具体实施程序、实施规范与实施标准，对项目实施过程与结果等进行监督。

（2）微观项目管理

微观项目管理是指各项目一些主要参与方，在各自利益驱使下，对某一具体项目进行具体管理工作。简单来说，就是项目的业主方对建设项目进行的管理，承包商对承包项目进行的管理，设计方对设计项目进行的管理。换句话说，微观项目管理指的就是一般意义上的项目管理。其管理对象就是某一管理主体所能承担的具体项目任务，且目的是实现项目管理主体自身利益。具体的管理手段就是具体的技术、合同、组织等手段。

2. 按管理范围和内涵不同划分

按照项目管理的范围与内涵进行划分，其具体可以分为广义项目管理、狭义项目管理。

（1）广义项目管理

广义项目管理，指的是从项目投资意向、项目建议书、可行性研究、建设准备、设计、施工、竣工验收、项目运行，直至项目报废拆除，整个的全生命周期管理。其管理主体就是业主，实现项目全生命周期的最优化实现。

（2）狭义项目管理

狭义项目管理,指的是从项目正式立项之初,也就是项目可行性研究报告获得批准后,直到项目的竣工验收,整个项目阶段进行的管理工作。具体而言,项目管理往往指的就是狭义项目管理。

3. 按管理主体不同划分

在一项工程建设中会涉及众多管理主体，具体来说有项目业主、项目使用者、科研单位、设计单位、施工单位、生产厂商、监理单位等。在实际施工建设中，不同管理主体有着不同的项目管理任务，管理目的与管理内容，这样不同主体的项目管理也就由此产生，主要包括业主方项目管理、设计方项目管理、施工方项目管理等。

（1）业主方项目管理

这一管理具体来说，就是项目的业主或者是委托人进行建筑施工项目建设全过程的管理，业主想要实现预期目标，利用所有者权利组织，或者是委托相关单位进行建筑施工项目的策划、实施计划、组织、协调、控制等各方面的管理职能的实现。

这一管理的主体指的就是业主，或者是代表业主利益的咨询方。而项目业主往往是指项目的所有出资人，不管是项目资金、项目技术还是其他资产入股等包括在内，实际项目业主指的就是在法律意义上的项目所有人，按照一定法律关系各投资主体组成的法人形式。现阶段，我国所实施项目法人责任制中,项目法人指的就是一个业主方项目管理,按照项目法人责任制的相关规定,在新上项目的建议书被批准之后,投资方派代表就能组建项目法人筹备组,开展具体的筹建工作,等到项目可行性研究报告被批准之后，项目法人正式成立，由项目法人对项目的整个过程全权负责，这个过程包括了项目的策划、资金筹措、建设实施、生产经营、债务偿还以及资产的增值保值，还要按照国家有关规定，进行建设项目的建设资金、建设工期、工程质量、生产安全等的管理，确保这一管理的严格化。

业主是建筑施工项目实施过程的总集成者，他在项目目标的决策、项目实施过程的安排、项目其他参与方的选择等问题上均起决定性的作用。因此，业主方的项目管理是各方建筑施工项目管理的核心。

（2）设计方项目管理

在建设设计方项目管理中，设计方受业主委托承担建筑施工项目的实际设计任务，按照设计合同进行工作目标的界定，还有其管理对象、管理内容、管理条件的过程，都能简称为设计项目管理。大部分情况下，实际设计方项目管理是在项目的设计阶段中，实际业主在自身需求的基础上,将建筑施工设计项目范围进行前或后延伸。实际建筑施工设计项目管理工作包括了设计投标、签订设计合同、开展设计工作、施工阶段等设计协调工作。实际建筑施工设计项目的管理，要确保相关质量、进度、费用等得到控制，按照合同要求，积极完成相关实际设计任务，并获取报酬。

在项目管理中设计方在建筑施工设计阶段项目管理中发挥着极为重要的作用，要按照设计合同要求，积极贯彻建设意图，实现设计阶段投资、质量、进度控制工作。

（3）施工方项目管理

施工方项目管理是指站在施工方的立场，按照建筑施工承包合同所确定的任务范围，积极有效地计划、组织、协调、控制，这样相关项目都能按照合同所要求的时间、费用、质量等规定完成，建筑施工承包利润就能按照预期实现。通常情况下施工方项目管理范围包括很多方面，如建筑施工投标、签订建筑施工承包合同、施工与竣工、交付使用等众多过程，而在项目管理的具体实践中，根据业主选择的发包方式不同，承包方项目管理的范围还有可能是包含设计与设备采购的建设总承包，也有可能是只承担部分施工任务的专业分包或劳务分包。

（二）建筑施工项目管理的基本目标

争取项目成功是建筑施工项目管理的最终目标。但是对以工程建设为根本任务的建筑施工项目管理，判断其是否成功的主要标准就是建筑施工项目建设目标完成的程度如何。在评价建筑施工项目管理绩效的目标体系中至少包括以下五个方面。

1. 安全

安全是指安全地建造。这是所有的项目管理目标中最基本的目标，没有什么东西比人的生命和健康更重要，任何施工生产活动成果的取得都不应当以牺牲建筑工人的健康和生命为代价。

2. 质量

质量是指满足事先所确定的对项目的各种需求，使其具备相应的功能。这个目标是建筑施工项目管理的核心目标，如果项目产品质量不能得到保证，项目无法实现预期的使用价位，则任何其他目标的实现都是毫无意义的。

3. 工期

工期是指在施工合同要求的时间内完成项目施工任务。工期目标往往是业主强调最多的目标，因为项目及早建成投入使用，可以为业主尽快地带来投资回报，反之，工期的拖延很可能会使项目失去最佳的市场盈利机会。因此，所有项目管理计划的安排，都必须以保证工期为前提，如果工期目标难以保证，则再经济合理的方案也无法获得业主的认可。

4. 成本

成本是指为完成项目任务而支付的价值牺牲。对项目施工成本的有效管理是项目盈利的关键，而对利润的追逐是任何企业的本性。因此，在项目管理中，对任何活动的决策都应当考虑成本支出的必要性和合理性。

5. 环境保护

环境保护是指保证施工过程中不对环境造成破坏和污染。环境是人类生存和发展的基本前提，对环境的保护是人类可持续发展的必然要求。在施工项目生产活动中，应当尽可能全面地识别其存在的环境因素，采取措施，把施工生产活动对环境的破坏降至最低。

（三）建筑施工项目管理的工作内容

项目管理目标是需要借助项目管理工作的具体活动来实现，在工程项目的复杂性影响下，实现项目管理目标就要进行项目的全过程全方位的管理。站在不同角度选，具体的项目管理工作内容也都有着不同描述。

1. 从管理职能角度

按照法约尔（Fayol）对管理职能的定义，项目管理工作指的就是项目的计划、组织、指挥、协调和控制，这样一来项目参与方都能在项目组织引导下高效地完成相关项目任务。

2. 从项目管理过程角度

在建筑施工项目实施的不同阶段，项目管理工作的内容各有不同。

（1）发起过程

获得批准或许可，正式开始一个项目或项目的某一阶段的工作。

（2）规划过程

明确项目工作范围，优化管理目标，并为实现目标制订一系列管理计划，包括项目总体计划、工期计划、成本（投资）计划、资源计划等。

（3）实施过程

完成项目管理计划的工作以实现项目管理目标。

（4）收尾过程

完结所有过程活动，以正式结束项目或项目工作阶段。

3. 从管理任务范围角度

按照项目管理任务范围，项目管理工作可分为以下几个方面。

（1）成本管理

具体的管理活动包括：工程估价、成本计划、支付计划、成本控制、工程款结算与审核等，工程估价就是指工程估算、概算以及预算等；成本控制指的是审查监督成本支出、成本核算、成本跟踪和诊断。

（2）工期管理

这方面的工作是在工程量计算、实施方案选择、施工准备等工作基础上进行的。具体的管理活动包括：工期计划编制、资源供应计划和控制以及进度控制。

（3）质量管理

这方面的工作主要包括：制定质量目标、质量策划、质量控制、质量保证和质量改进。

（4）安全管理

这方面的工作主要包括：制定安全目标、危险源辨识与评价、安全管理方案制定、安全控制、应急预案的编制等。

（5）环境管理

环境管理包括制定环境管理目标、环境因素的识别与评价、环境管理方案制定、运行控制、应急预案的编制等。

（6）合同管理

合同管理包括招投标管理、合同策划、合同实施控制、合同变更管理、索赔管理等。

（7）组织和信息管理

组织和信息管理包括建立项目组织机构和安排人事，选择项目管理班子；制定项目管理工作流程，落实各方面责权利关系，制定项目管理规范；处理内部与外部关系，沟通、协调各方关系，解决争执；确定组织成员（部门）之间的信息流，确定信息的形式、内容、传递方式、时间和存档，进行信息处理过程的控制等。

（8）风险管理

由于项目实施过程的不确定性，项目管理必然会涉及风险管理，它包括风险识别、风险计划和控制等。

（9）现场管理

现场管理包括合理规划施工用地、科学进行施工现场平面布置、现场防火、文明施工等。

第三节 建设项目管理系统分析

任何建筑施工项目都是一个系统，具有鲜明的系统特性。建筑施工项目的管理者和参与者都必须确立基本的系统观念。下面主要从系统和系统工程的基本概念入手，系统地介绍建筑施工项目的系统性、建筑施工项目的结构分析、建筑施工项目的界面分析等。

一、系统与系统工程的概念

（一）系统的概念

系统的概念来自人类长期的社会实践及工程实践。中外学者从不同角度对系统的定义做出了描述。在《韦氏词典》中，对系统一词的解释是“有组织的或被组织化的整体所形成集合整体的各种概念、原理的综合，由有规律的相互作用或相互依存形式结合起来的对象的集合”。《中国大百科全书 · 自动控制与系统工程》中的解释是“系统是由相互制约、相互作用的一些部分组成的具有某种功能的有机整体”。在日本工业标准中，系统被界定为“许多组成要素保持有机的秩序，向同一目的行动的集合体”。一般系统论的创始人奥地利生物学家L.V.贝塔朗菲（L.V.Bertalanffy）把系统定义为“相互作用的诸要素的综合体”。美国著名学者R.L.阿柯夫（R.L.Ackoff）则认为，“系统是由两个或两个以上相互联系的任何种类的要素构成的集合”。我国的钱学森院士将系统定义为“由相互作用和相互依赖的若干组成部分合成的具有特定功能的有机整体”，并指出，“这个系统本身又是它所从属的一个更大系统的组成部分”。

整个系统定义的表述方式是不同的，涉及的学科领域也有着极大的不同，究其根本还是相同的。系统多是由两个以上的有机联系、相互作用的要素共同组成的，有着特定结构、环境与功能的整体。这一定义共有四个要点内容。

1. 系统及元素

系统是由两个以上要素共同组成的一个整体，使得这个整体中各个要素既是单个事物（元素），又是一群事物组成的分系统、子系统等。

2. 系统和环境

不管是哪一系统，其从属一个更大系统，彼此之间也相互作用，彼此保持着极为密切的输入、输出关系。系统与环境是两个相对的概念，系统也连同着其环境或者是超系统的系统总体。

3. 系统的结构

要知道，形成系统的众多要素之间是有着一定联系性的，这样才能确保系统内部产生有秩序的结构形式，结构即是组成系统要素之间的相互关联方式。

4. 系统的功能

不管是哪一种系统都有自身的作用和价值，实际运作的具体目的也有着特定功能，当然系统功能也会受到环境因素、结构因素的影响。

（二）系统工程的概念

我国著名科学家钱学森曾指出："系统工程是组织管理系统的规划、研究、设计、制造、试验和使用的科学方法，是一种对所有系统都具有普遍意义的科学方法。"简言之，"系统工程就是组织管理系统的技术"。

站在系统工程角度来说，不管是哪一个系统，其都是由许多不同特殊功能部分共同组成的，这些功能部分是有着相互联系性。换个角度来说，每一个系统都是一个有着完整性的整体，有着一个或多个目标，整个系统工程积极权衡各个的目标，使得最优解或者是满意解的发生，各组成部分之间也能相互适应。日本学者三浦武雄指出："系统工程与其他工程学的不同之处在于它是跨越许多学科的科学，只是填补这些学科边界空白的边缘科学。整个系统工程目的主要是指研究系统，这一系统涉及众多领域，如工程学领域、社会学领域、经济学领域以及政治学领域等。要是让这些交叉领域问题得到解决，除需要某些纵向的专门技术作为支持外，也能利用系统工程这一种技术横向将这些学科领域联系在一起。系统工程主要是对系统所需的思想、技术、方法、理论等体系化研究的总称。"

中国系统工程学会前理事长、中国工程院院士许国志教授认为，系统工程是一大类工程技术的总称，它有别于经典的工程技术；它强调方法论，亦即一项工程由概念到实体的具体过程，包括规范的确立，方案的产生与优化、实现、运行和反馈；因为优化理论成为系统工程的主要内容之一，规划运行中的问题不少是离散的，所以组合优化又显得至关重要。

总而言之，系统工程要站在总体角度，合理开发、运行和革新一个大规模复杂系统所需的思想、理论、方法与技术的总称，属于一门综合性的工程技术。

二、建筑施工项目的系统性

任何建筑施工项目都是一个系统，具有鲜明的系统特性。作为项目的管理者，在实施建筑施工项目管理时，必须有意识地培养自己的系统观，用系统的思想、原理和方法，研究分析项目的系统构成以及与这个系统有关的一切内外环境，全面、动态、统筹兼顾地分析处理问题，寻求建筑施工项目系统目标的总体优化以及与外部环境的协调发展。

（一）建筑施工项目系统描述

建筑施工项目是一个复杂的系统，有其自身的结构和特点，要想对一个建筑施工项目有全面的认识，需要从多个角度对其进行描述和观察。以下是几种重要的建筑施工项目系统描述。

1. 目标系统

建筑施工项目的目标系统即对建筑施工项目所要达到的最终结果状态进行描述的系统。建筑施工项目通常具有明确的系统目标，各层次的项目目标是项目管理的一条主线，人们通常会首先通过项目目标来了解和认识一个项目。建筑施工项目目标系统有如下特点。

（1）项目目标系统有自身的结构

任何系统目标都可以逐层分解为若干个子目标，子目标又可分解为若干个可操作的目标。例如，建筑施工项目施工环境保护目标是建筑施工项目管理目标的一个子目标，这一子目标又可分为大气污染防治目标、水污染防治目标、噪声污染防治目标、危险废物处置目标等。

（2）完整性

建筑施工项目目标系统，其是由多目标共同组成的一个完整系统，能符合项目目标反映出上层系统的项目要求，有着源于法律、法规的强制性目标因素。要知道，目标系统的缺陷性直接导致工程技术系统的缺陷出现，甚至出现计划失误、实施控制困难等问题。

（3）均衡性

建筑施工项目目标系统应当是一个有着稳定性、均衡性的目标体系。若只是片面化或者是过分地强调某一个子目标，那么就会出现另一些目标被牺牲或损害，最终导致项目缺陷的出现，如过分地强调进度可能会导致成本上升、质量下降、安全业绩降低等情况。项目管理者应当不断平衡进度、质量、成本、安全等目标之间的相互关系，才能维持项目作为一个整体的稳定性。建筑施工项目目标的均衡性除包含同一层次的多个目标之间的均衡外，还包括项目总体目标及其子目标之间的均衡、项目目标与组织总体战略目标之间的均衡等。

（4）动态性

建设工程项目系统也有着动态性的发展过程。其在项目目标设计、可行性研究、技术设计、计划中具体实施，一个完整目标保证体系得以建立。在环境因素的影响下，上层系统对项目的要求一旦发生变化，在实施中建设项目目标系统就会变更。不管是目标因素的增加还是减少，调整指标水平，使得设计方案出现变化，合同的变更与调整实施方案。

基于目标系统的定义，其基于项目章程、项目任务书、合同文件、施工组织设计、项目管理大纲等项目管理文件中。

2. 对象系统

建筑施工项目的形成对象是要完成一定功能、规模、质量要求的工程。建筑施工项目包括了许多分部分项工程、有着许多功能的区间组合而成，是一个综合体，有着自己的系统结构形式，每个构件、其中的专业要素都是互相联系和互相影响的，有彼此依赖存在，共同构成了项目工程系统。建筑施工项目的对象系统主要是有着实体系统形式，进行实体分解，得到建筑施工项目的工程结构。

建筑施工项目的对象系统对项目类型与性质都有着决定性的作用，而且项目的基本形象、本质特征、项目实施、项目管理等各个方面都有极大作用。例如，具有同样使用功能的钢结构工业厂房和现浇钢筋混凝土结构的工业厂房，钢结构施工生产活动的主要内容是结构构件的预制和吊装，而现浇钢筋混凝土结构施工生产活动的主要内容则是模板安装、钢筋绑扎、混凝土浇筑。

3. 行为系统

建筑施工项目行为系统即是项目目标、完成项目任务等一些必要过程活动实现的集合。相关具体活动之间有着极强的逻辑关系，一个有序性、动态性的工作过程形成。在各种项目管理计划编制主要内容进行项目实施行为的系统安排。

针对项目行为系统是有着最基本要求的，比如项目行为系统包括了项目目标系统实现必要的全部工作内容，这些内容被纳入到实际计划与控制过程中，确保了项目实施中的程序化、合理化，对劳动力、材料、设备等资源进行合理利用，提高资源的均衡性，确保现场秩序的有序性。工作流程的有序开展，需要有各项活动间的逻辑关系作为依据，这样各分部实施工作、各专业之间进行有效、合理的协调。成千上万个工程活动都需要通过项目管理来保障其能进行有序、高效地实施。实际项目行为系统是一种抽象的系统，具体表示为项目结构图、网络计划、实施计划以及资源计划等。

4. 组织系统

项目组织系统是一种由项目行为主体来构成的系统。因社会化大生产、专业化分工的形成，某一项目会有几个、几十个、成百上千，甚至上万的参加单位或者是参与部门，主要有业主、承包商、设计单位、监理单位、分包商以及供应商等，彼此之间在行政、合同的关系下连接在一起，形成一个完整的组织体系，以此来实现共同的项目目标，完成各自的项目任务。建设项目组织往往是一个目标明确与开放，且是一个动态的和自我形成的组织系统。系统之间有着错综复杂的内在联系，在各个方面对项目形象造成影响。

（二）建筑施工项目的系统特点

建筑施工项目是一个有着比较复杂特性的社会技术系统。在系统理论基础上，实际建筑施工项目的系统特点还是比较明显的。如下：

1. 综合性

不管是哪一种建筑施工项目系统，都由多种要素组合而成的，无论是从哪个角度进行项目系统的分析，具体来说就是组织系统、对象系统、行为系统以及目标系统等，进行结构分解方法的多级、多层次分解实现，得到子单元（或要素），能描述和定义子单元。

2. 相关性

建筑施工项目中的各个子单元都有着必要的联系性，彼此之间互相影响，共同产生作用，由此构成了严密和有机的整体。建筑施工项目的各个系统单元之间和项目各系统、大环境系统之间有着极大的复杂性、联系性。

3. 目的性

不管是哪一建筑施工项目，都有着较为明确的目标，这一目标能始终贯穿在整个项目的过程与实施的各个方面。影响项目目标的因素是多样的，是多目标系统，这一内容对建筑施工项目系统起到核心作用。

4. 开放性

无论是哪一种建筑施工项目，都必然是在一定社会历史阶段下，一定时间或者是空间内存在的。建筑施工项目的发展与实施是社会大系统的某一子系统，与社会大系统的环境等都有着必然联系性。建筑施工项目输出的是工程设施、产品、服务、利润以及信息等内容。而建筑施工项目的输入内容则是有原材料、设备、资金、劳动力、服务、信息、能源、上层系统的要求以及指令等。

只有开放的系统，才存在系统的功能，具有功能的建筑施工项目才有建造的价值。环境系统是会影响项目的，对环境系统提供的条件进行有效利用，与系统环境协调并共同作用。

5. 动态性

在项目过程中各个系统都有着动态性特征。建筑项目整体是动态化的，渐进性的。在整个项目的实施中受到业主需求与环境变化的影响，进行目标与技术设计的修改，整个实施过程的积极调整，还有对项目结构的有效修改。建设项目组织成员也能因相关项目任务的开始与结束，实现项目的进入与退出。

三、建筑施工项目的结构分析

（一）建筑施工项目结构分析的概念

整个建筑施工项目，是由多个互相联系、互相影响、互相依赖的工程活动组成的一行为系统，是有着层次性、集合性、相关性以及整体性特征的系统。按照系统工作程序具体的设计、计划等项目工作，对其系统构造和系统单元的内在联系性进行分析。

建筑施工项目结构分析工作有以下内容：

1. 项目系统的总目标

建设项目需要全面研究项目系统总目标、总任务，对整个项目系统范围进行划定，像工程产品范围、项目实施责任范围都包含在内。具体来说，承包商分析对象比较多，有招标文件中的合同文件、规范、图样以及工程量表等内容，对承包商工程范围、应承担的合同责任进行确定。

2. 建筑施工项目的结构分解

在系统分析方法的基础上，对总目标、总任务所定义项目进行分解，不同层次项目单元或者是具体的工程活动，这样一来项目总任务或者是总目标就被分解成为各种形式的一种工程活动。实际建筑施工项目的结构分解都能按照一定规则进行由粗到细、由整到分、由上而下地有序进行。建设项目系统分析的重中之重就是结构分解工作。

3. 项目单元的定义

项目目标与任务往往是会被分解，并落实到具体项目单元中去，在质量、技术要求、费用限制、工期、活动负责人以及前提条件等各个方面，进行详细的说明和定义。建设项目目标要和相对应的技术设计、计划以及组织安排等工作保持同步。

4. 项目单元之间界面的分析

项目单元之间界面的分析，对界面进行划分与定义，分析逻辑关系，安排实施顺序等。在项目结构上进行分析，要将一完整的项目分解成为有着独立性的项目单元，经过分析项目单元之间的界面，整个全部项目单元还原为一个有机的项目整体。项目结构分析又是项目管理的基础性工作内容，并且也是一项比较得力的工具。通过长期实践发现，一个极为复杂的项目是需要有科学性的系统结构分析，有效利用项目结构分析的结果，项目管理也能呈现出比较高的水平。由于项目设计、项目计划、项目控制等，都不可能是以整个笼统的项目为对象，需要考虑各个部分与细节，同时考虑清楚具体的工程活动。还有，项目结构分析都有着的渐进化过程，要对项目目标设计、项目规划、项目详细设计、项目计划工作进展都逐步细化。

项目设计阶段、计划阶段，要对全部工作进行全面考虑，对各子系统的内部联系进行透彻分析，但这一工作还是有一定难度，难免会出现一些项目所必需工作的疏漏。若是项目设计、计划出现失误，实施中的项目出现频繁变更，打乱实施计划，实际项目功能不周全，项目的质量出现缺陷，甚至出现激烈的合同争执，最终导致整个项目无法顺利开展，以失败告终。在项目的设计阶段与计划阶段，其结构分析能让项目构思变得更加条理化，使得项目目标体系变得更加明确，实际项目实施阶段中的一些结构分析奠定各类复杂项目的管理基础。由此来说，建设项目的总目标和总任务定义之后变得更加详细、更加周密，对整个项目进行系统的剖析，上述问题也就得到规避。越是庞大、复杂的项目，这一工作内容就愈加重要。

（二）项目管理中常用的系统分解方法

项目管理中，系统分解方法就是对复杂管理对象进行结构分解，这样就能更好地进行内部结构与实际联系的观察，是项目管理中的一种比较基本的方法。下面对项目管理中比较常用的系统分解方法进行分析：

1. 结构化分解方法

不管是哪一种项目系统，其都有着自身结构，实现结构分解。具体来说，工程技术系统，要依照一定规则将项目系统分解成为多个子系统、功能区间以及专业要素。整个项目目标系统，又能分解成为系统目标、子目标和可执行目标，项目总成本都能被分解成为各类成本要素。还有项目组织系统和管理信息系统进行结构分解。

2. 过程化分解方法

项目是由众多活动共同组成，相关活动组合在一起使得过程形成。这一过程被划分成为众多互相依赖的子过程或者是某一阶段。在实际项目管理中能站在多个角度进行过程分解。

（1）项目实施过程

按照系统生命周期原理，建筑施工项目被分为若干发展阶段的过程愈加科学化，每一阶段仅会被再分解成为若干个工作过程。以某一军事组织为例。其将武器研制项目具体分为七大阶段，包括了任务需求评估阶段、初步可行性研究阶段、可行性研究阶段、项目决策阶段、计划与研制阶段、生产阶段与使用阶段等。每个阶段之间有着一个决策点、正式评审的程序，每一阶段又被分解为众多工作过程，这就是项目实施的过程。

（2）管理工作过程

在整个项目管理过程中，某一成本管理、合同管理与质量管理等职能管理过程，都被分解成为预测、决策、实施控制或者是反馈的管理活动。

（3）行政工作过程

项目实施中，有着各类申报、批准过程以及招标投标过程。

（4）专业工作的实施过程

整个项目管理中，站在专业角度而言，分解项目实施中进行工作包内工序的安排，而且构造工作包的子网络也是比较重要的内容。建设项目中基础工程的施工分为众多工程活动，具体分解成为打桩、挖土、做垫层、扎钢筋、支模板、浇混凝土以及回填土等活动内容。

这些工程活动中项目实施过程与管理工作过程都是十分重要的，对于项目管理者来说更是关键，也是项目管理的实质。

（三）项目结构分解过程

针对不同类型、不同性质与不同规模的项目，需要站在不同角度下实现结构分解，其方法与思路还是有比较大的差异性，只是分解过程是比较相似的。项目结构分解过程的基本思路的主导内容是项目目标体系，其基础内容是工程技术体系和项目总体任务，这样工作任务就能自上而下、由粗到细地完成。整体来说其具体步骤如下：首先，项目被分解成为一个单独定义的子部分或者是子项目，实际任务范围变得更加明确化。其次，对每个子部分特征与结构规则、实施结果、完成分解所需活动进行研究与确定。再有，对检查表上的层次结构单元进行收集，对每个级别分解结果进行评估。还有，根据系统规则有效进行项目单元的分组，促使系统结构图的形成。最后，分析与讨论分解的完整性，决策者能对结构图与相应文件的确定与形成，项目编码规则的建立，对分解结果进行实际编码。

现阶段，项目结构分解主要由管理者承担，往往作为一项办公室工作。但是，任何项目单元都是由实施者完成的。这样说来，项目结构的分解或者是整个项目系统的分析，有关部门专家、实际项目相关任务的承担者都能参与进来，并进行意见的听取，确保分解的科学性与实用性，这样整个方案也变得更加的科学。

四、建筑施工项目系统界面分析

（一）界面的概念

建筑施工项目系统界面最初被应用在工程技术领域中，用于对各种仪器、设备、部件与其他部件之间接口的有效描述，各个部件在一起组合部分称之为接口，两个对象之间组合的状态由接口概念进行反映，能有效解释元素之间连接关系，在管理活动中被引用。若是站在管理角度而言，能有效拓展接口内涵与外延，不管是不同职能部门之间的联系状态，又能表现出不同过程之间的联系状态，以及人与物之间的关系也能得到很好地描述。举例子来说，在人机界面的内涵来看，管理界面超越工程领域中对象连接部分的含义。

站在工程技术领域来说其接口大部分都是物理接口，实际管理接口多是无形，就实际管理活动中涉及接口问题也多是无形的。像人机界面表示出来的人与计算机交互关系，仅仅指交互状态的一种关系，这一界面的无形性特点无疑会给管理工作带来极大困难，对界面根源与本质无法很好地理解与理解导致界面问题得不到有效解决。总而言之，管理中接口的定义，是为完成一项任务或者是解决某一个问题，地方的一些企业、各组织部门之间、相关成员或各种机械设备、软硬件之间的信息、物资、资金等要素都是交互状态。

对项目的结构分解工作，一个项目被分解为多个独立的项目单元，就结构图进行项目的静态描述，帮助项目的有效实施与安排。但是分解是远远不够的，项目本是一个有机整体，系统功能常是需要系统单元之间的相互作用、联系、影响进行实现。若是按照各单位间联系的规律性，将它们有机结合在一起，建设项目的既定工程就能得到更好地实现。由于不同项目单元之间的关系有着一定复杂性，彼此之间的接口划分与连接，这是项目系统分析的重要内容。

站在建设项目实施角度，有着不同特征的部分可能是物理材料、工作内容、工作活动过程等内容，人类系统角度的实际施工过程中，或者是对施工结果的开放系统。因每一个系统都是由几个子系统或多个元素共同组成的，针对不同的子系统都对系统产生着不同影响。从广义角度而言，项目各子系统之间接口和项目系统、外部环境间的连接都是建设项目接口。若是将建设项目当作轮式设备，不同子系统有着不同车轴，要使轮式设备开展正常工作，除每个车轴的正常同向运行之外，车轴之间不应该产生太多摩擦问题，这一问题的解决离不开传动带或者是润滑剂的使用。实际接口管理问题都需要充分发挥传动带，或者是润滑剂的重要作用，这样一来就能有效减少子系统之间摩擦的问题，内部摩擦减少，子系统之间关系得到有效协调，有限资源得到有效配置，建设项目的总体目标就能得到很好的实现。

（二）界面管理

在建设项目管理工作中界面发挥着十分重要的作用，界面上往往会有比较多的问题，像矛盾、纠纷、损失等。界面管理在现代项目管理中有着重要的作用，也是项目管理研究的热点问题。越是比较大、比较复杂的项目，都需要对组织、设计接口进行详细核查，这些内容也被纳入到整个项目管理范围之内。

在接口管理过程中，应注意以下几点。

其一，接口管理工作是要保证系统接口之间兼容性的特征，便于项目系统单元之间的接口与规范问题。良好的接口确保了项目工程的经济、安全、稳定、高效运行。

其二，系统的完整性得到保证，不能让任何工作、设备以及数据丢失，避免因工作内容、工作成本、工作质量责任归属等引发争议的问题出现，在实际工程中界面上的工作往往是最容易被忽视的，项目参与者也常会逃避界面上的工作任务，使得组织间的纠纷问题出现。

其三，在项目实施中要保持接口清晰，定义、记录接口，尤其注重项目变更中对接口的影响作用。

第四，接口往往是在专业接口、项目生命周期阶段的连接之处。在工程控制中需在接口位置对检查验收点、控制点进行检查。如检查、分析、决策等管理工作都集中到界面上，采取系统方法进行组织、管理、技术、经济以及合同等积极的管理接口工作。

第五，项目设计、项目规划以及项目建设工作，都要联系与制约接口之间关系，进行接口之间不和谐、障碍、纠纷等问题的解决，系统接口之间关系得到积极地管理，影响因素也得到更好地协调。

随着项目管理的集成化和综合化，界面管理越来越重要。由于界面具有非常广泛的意义，所以一个建筑施工项目的界面不胜枚举，数量极大。一般仅对重要的界面进行设计、计划、说明和控制。

（三）建筑施工项目管理界面

1. 建筑施工项目管理界面的类型

界面在建筑施工项目管理中有着十分重要的意义，项目各子系统之间、各系统组成单元之间、系统与外部环境之间都有界面。

（1）目标系统的界面

目标因素之间在性质上、范围上互相区别，但它们之间又互相影响。有的相互依存，如建筑施工项目的工作量和费用；而有的目标因素之间则存在冲突，如建筑施工项目的质量标准的提高会导致项目费用的增加。尤其是在建筑施工项目的工期、质量和费用三大目标之间既有依存，又有矛盾。

（2）技术系统接口项目单元最明显的技术联系是专业依赖和约束

工程技术系统在一定空间上进行运作，完成这一任务活动有着空间联系性，各功能区间、车间以及生产区都有着技术性差异和复杂性联系。若是土木工程与建筑的土木工程、建筑与技术、设备、水、电、采暖与通风之间，工程技术系统需要在一定空间上进行运作，这些任务活动的完成也必然有空间上的联系。

对技术系统接口进行划分，这一工作对建设项目结构分解、合理分标有着极大的影响作用，划分合同接口，以及接口附近工作的责任归属问题都比较重要。

（3）行为系统的界面最主要的是工程活动之间的逻辑关系

分析项目单元之间的关系能将项目还原成为一个整体，这样静态化的项目结构就能被转为动态化实施过程。项目实施构成中的设计与定义其实是逻辑关系的安排的实质内容，以网络的形式进行项目过程的描述。在行为系统中，里程碑位于接口处。在项目阶段的界面上（如从可行性研究到设计、从设计到招标、从招标到施工、从施工到运营的过渡），如规划、组织、指挥及控制等各类管理工作都是十分重要和活跃的。

（4）组织系统的界面

组织系统界面的覆盖范围比较广，项目组织机构被划分成为不同单位、不同部门，其都有着不同任务、不同职责、不同权利。对于项目组织的职责分配、项目管理信息系统设计、组织协调等，都是能有效对组织系统的接口问题进行解决。不同组织有着不同目标、不同组织和不同解决问题的方法，复杂的工作沟通、信息沟通、资源沟通等。

（5）建设项目各系统、系统单元、外部环境系统都有着复杂接口。

项目系统需要的资源、信息、资金以及技术，都是由接口输入的，通过接口输出项目对外提供产品、服务与信息等内容。项目系统取得极大的工程，项目组织需要进行外部团体、上级系统组织与客户、承包商与供应商的环境组织关系进行疏通，若是在上级系统的授权、支持下都尽可能减少来自环境外部因素的影响。项目预期最后能否成功实现，项目与环境系统接口的接触程度都有着直接的影响作用。

2. 建筑施工项目管理界面的定义文件

建设项目管理接口定义文件应能全面表达接口信息，如接口位置；组织责任分工；技术接口，如接口工作的边界和所有权；工期接口，如活动关系、资源、信息和能量交换计划；成本接口等。

项目结构分析中需要对接口定义进行关注，项目实施中要借助图纸、规范、计划等详细描述接口，项目的实际实施中对任何目标、工程设计、实施方案、组织职责进行有效变更。接口文件随着项目变更进行更新，接口文件在一些比较复杂的建设项目中是十分重要的，还对项目的成败有着直接的影响作用。

第四节 BIM在施工管理项目中的优势

随着建筑行业的快速发展，传统的分专业设计、分包施工的模式虽然提高了设计和施工速度，但是由于各专业的协作不紧密、三维设计无法表现、各施工队交接不衔接的问题，越来越多地困扰着设计和施工质量的提升。BIM的主要目标就是通过三维表现技术、互联网技术、物联网技术、大数据处理技术等方式使各专业设计协同化、精细化，全周期项目成本的明细化、透明化，施工质量的可控化、工程进度的可视化，做到施工过程的精细化管理。由于社会对精细化设计的要求会越来越高，建设规模的速度不断降低，国家对于工程浪费等现象管理越来越严格，BIM技术的推广和普及将是建筑行业发展的必然趋势。

一、传统项目管理存在的缺陷

传统的项目管理模式，管理方法成熟、业主可控制设计要求、施工阶段比较容易提出设计变更、有利于合同管理和风险管理。但存在的不足在于：第一，业主方在建设工程不同的阶段可自行或委托进行项目前期的开发管理、项目管理和设施管理，但是缺少必要的相互沟通；第二，我国设计方和供货方的项目管理还相当弱，工程项目管理只局限于施工领域；第三，监理项目管理服务的发展相对缓慢，监理工程师对项目的工期不易控制、管理和协调工作较复杂、对工程总投资不易控制、容易互相推诿责任；第四，我国项目管理还停留在较粗放的水平，具有国际水平的工程项目管理咨询公司还很少；第五，前期的开发管理、项目管理和设施管理的分离造成的弊病，如仅从各自的工作目标出发，而忽视了项目全寿命的整体利益；第六，由多个不同的组织实施，对相互之间的信息交流有着直接影响作用，对项目全寿命的信息管理也有着极大的影响作用；第七，二维CAD设计图的形象性比较差，采用二维图纸不便于各专业间的协调与沟通，在传统方法下管理的规范化、精细化达不到要求，实际成本分析的数据精细度也是远远不够的，实际功能比较薄弱，企业级管理能力也不够强。精细化成本管理的实现，需要对不同时间、组件和流程进行细化管理，实际流程管理难以实现；第八，施工人员的专业技能达不到要求，导致使用材料中出现不规范的情况，不能按照设计、规范进行施工，最终竣工后的质量效果也无法得到保证；第九，施工方都只顾自身的利益，实际质量管理方法的作用无法充分发挥；第十，对环境因素的估算不够，注重考察，忽视积累。若是想要弥补这些不足，需要利用适合当前形式的信息技术，BIM就比较符合当前的趋势。

二、基于BIM技术的项目管理的优势

在BIM管理模式的基础上创建、管理、共享信息的一种数字化方式，其优点还是比较突出的。

基于BIM的项目管理，能实现量价等基础工程数据，数据准确、数据透明、数据共享，并

在短周期、全过程内进行资金风险与利润目标控制的实现；基于 BIM 技术，可对投标书、进度审核预算书、结算书进行统一管理，并形成数据对比；可以提供施工合同、支付凭证、施工变更等工程附件管理，并为成本测算、招投标、签证管理、支付等全过程造价进行管理；BIM 数据模型保证了各项目的数据动态调整，可以方便统计，追溯各个项目的现金流和资金状况；根据各项目的形象进度进行筛选汇总，可为领导层更充分的调配资源、进行决策创造条件；基于 BIM 的 4D 虚拟建造技术能提前发现在施工阶段可能出现的问题，并逐一修改，提前制定应对措施；使进度计划和施工方案最优，在短时间内说明问题并提出相应的方案，再用来指导实际的项目施工。BIM 技术的引入可以充分发掘传统技术的潜在能量，使其更充分、更有效地为工程项目质量管理工作服务；除了可以使标准操作流程“可视化”外，也能够做到对用到的物料，以及构建需求的产品质量等信息随时查询。采用 BIM 技术，可实现虚拟现实和资产、空间等管理、建筑系统分级等技术内容，从而便于运营维护阶段的管理应用；运用 BIM 技术，可以对火灾等安全隐患进行及时处理，从而减少不必要的损失，对突发事件进行快速应变和处理，快速准确掌握建筑物的运营情况。

总体上讲，采用 BIM 技术可使整个工程项目在设计、施工和运营维护等阶段都能够有效地实现建立资源计划、控制资金风险、节省能源、降低成本、减少污染和提高效率。应用 BIM 技术，能改变传统的项目管理理念，引领建筑信息技术走向更高层次，从而大大提高建筑管理的集成化程度。BIM 技术集成了包括几何模型信息功能要求、构件性能的内容，利用独立建筑信息模型进行建筑项目全寿命周期内全部信息的涵盖，具体来说有规划设计、施工进度、建造、维护管理过程等众多内容。相较于 2DCAD 技术，BIM 技术是更具优势的，而站在基本要素下，CAD 技术基本要素内容就是点线面，缺乏专业化的意义，CAD 技术需要重新绘制或进行尺寸的调整。而 BIM 技术的基本要素内容是墙、窗、门等，不管是几何特征，还是有着建筑物理特征、功能特征等，进行图元位置和尺寸方面的修改，BIM 技术中全部元素都有着建筑属性参数化建筑构件。若是对属性进行更改，进行组件的大小、样式、材质、颜色的积极调整。站在建筑元素相关性来说，CAD 技术和建筑元素不相关。BIM 技术组成部分是有着相互关联性的，像对墙的删除，墙上窗、门都能进行自动化的删除，若是对窗进行删除，墙就能自动恢复成为完整化的墙，进行建筑物整体的积极修改。CAD 技术与 BIM 技术是有区别的，就 CAD 技术而言，其需要对建筑物的每个投影面进行依次手动修改，而 BIM 技术只需要修改一次就可以，相关的平面、立面、剖面、三维视图以及明细表都会自动修改；在建筑信息表达方面，CAD 技术的电子图纸所提供的建筑信息非常有限。BIM 技术包含建筑物的所有信息。它不仅提供可视化的二维和三维图纸，还提供更丰富的信息，如项目团队列表、施工管理、虚拟施工、成本估算等。

对于建设施工方来说，BIM 技术应用的好处是比较多的，具体来说业主、实现规划方案演练、现场分析、建筑性能预测、成本估算等。实际设计单位能促使可视化设计、协同设计、基于性能的设计、工程系统设计和管线集成的实现。施工单位则可以对施工进度模拟、数字化施工、材料跟踪、可视化管理、施工配合的实现。相关运维单位能在虚拟现实和漫游、资产和空间管理、建筑系统分析和灾害应急模拟的实现。软件供应商、用户数量和软件销售价格都能得到较快增长。为了让各方提出的各种要求得到满足，对软件工程进行合理的开发与完善，后续的软件升级与技术支持都能获得很大受益。

在技术交底实现的基础上，进行项目的事前控制。就传统技术来说，其公开都是纸质的，整个施工过程都借助文字进行表达。尽管文字记录需要有各班组签字确认，但会受到文字表达能力与工人文化水平的影响，甚至工人对技术交底内容的理解程度也会直接影响到技术交底工作质量，工人往往是按照经验进行交接，实际纸质记录就会被搁置不用。而在BIM基础上的可视化技术交底，其仿真优势得到充分发挥，特殊施工过程、特殊施工方案的视频动画都能得以展现，相关技术人员能与工人进行更好的交流，整个施工过程与技术重难点内容变得更加直观、准确，避免出现因工艺不清、技术经验不足导致的施工质量和安全问题出现。通过可视化交底内容，按照工程部给某一工序进行具体施工方案的实施，通过采用BIM建模软件建立三维模型，采用渲染工具渲染模型，对视频编辑软件的利用能让施工过程和注意事项的文字注释合成视频，工程部技术人员需要对施工过程中实现目视交底，还有注意事项的表达，这样工人就能学习和使用视觉披露数据。

可视化技术交底的应用，能有效避免工程质量出现方向性的误差，规避很多现场重大安全隐患的存在，但现场仍有许多细节不足的存在。较之传管理模式，现场技术、安全人员都能及时发现问题，报告给分部组长，组长再派人对问题进行处理，因存在的问题得不到有效记录，会有很多问题被遗漏，得不到及时处理。还有业主要求下的工期时间还是比较紧张的，会出现急于浇筑混凝土的问题，钢筋工程、预埋件等隐蔽工程问题变得愈加混乱，现场管理人员的记录方法、管理方法以及在复查施工中的问题应该如何解决?

在BIM基础上的质量控制工作，指的就是在施工中项目技术、安全人员发现的质量与安全问题的图片，被直接上传到BIM协同管理平台中，工作人员再利用BIM模型来准确标记出相关问题的具体位置，对问题内容进行描述，而分区组长则负责整改工作，整改之后的情况被有效上传，最终上传问题的工作人员来对整改工作是否合格进行确定。

在这一封闭质量与安全控制过程中，获取一定成果，相关施工单位能有效解决管理人员发现相关细节问题，保证工程的顺利实施与开展，相关质量与安全问题都能以这种方式出现并生成数据。在这些数据被调用之后，可以方便有效地找到问题的细节。在整理了一定数量的问题数据后，对这些问题进行分类分析，对一类经常发生的问题采取专项预防和管理措施，从源头上消除问题。

在BIM协同平台上的三维模型上可直观看出不同坐标、不同高程的监测点的位置，可按不同类型、不同日期快速查询每个监测点的数值，以及系统分析处理后给出监测点的状态。经过监测值与规范要求的极限值的对比，对变形大的监测点显示红色预警。通过这样的精细化管理，使项目的管理方和相关各部门成员都能清晰地掌握基坑安全情况，及时对预警部位设置警戒标志，采取加固措施等，从而保证工程的顺利、安全进行。

按照施工总进度计划，进行施工工程进度的具体安排。施工前采用 BIM 软件，有效模仿整个施工过程与关键工序，促使施工方案的可行性得到有效验证，实现施工方案得到优化。可视化施工计划进度、实际形象进度，相关模型在提取一定数量数据与成本数据，都被用在项目的阶段性资源分配任务中。采取一定措施有效减少返工、材料浪费等情况出现，有效提升建设项目的整体实施效果与质量。

第五节 建设工程项目全寿命周期管理

全寿命周期理念准确地说是在 BIM 技术出现之后被专家和学者提出来的。通过仿真、可视化、三维建模，BIM 技术能积极改变建筑行业工作模式的现状，实际建筑项目的工作效率得到极大提升。要知道整个建筑行业发展的改变，不只是需要对 BIM 技术的依靠，发挥其优势，适当地引入生命周期概念。这样一来，相关概念和 BIM 概念价值都是十分重要的，对这一理念核心价值的挖掘，在建设项目全生命周期中进行 BIM 技术的有效应用，快速存储、传输、共享出相关建设项目全生命周期信息。基于 BIM 数字设计模型数据信息，使用统一的项目管理平台和网络技术，实现协同工作流程，以提高管理效率并创造额外的附加值。

全寿命周期理念是一种管理策略，要实现全寿命周期管理的目标，必须解决现阶段建筑业各阶段的割裂现象，基于统一的思想、统一的方法通过人力和信息技术的运用来管理项目，项目各参与方在统一的价值观下致力于实现项目的总体目标，从始至终实现建设工程项目全寿命周期集中管理。BIM 技术为建筑全寿命周期管理过程提供相应的信息，这可以有效地将信息集成管理集成到建筑生命周期的每个阶段。

一、传统的建设工程管理组织模式及其弊端

（一）传统的建设工程管理组织模式

工程项目管理是指采用项目策划、目标控制，有助于项目投资目标、进度目标、质量目标的实现过程。完整的建设工程项目周期可划分为工程项目策划和决策阶段，这一阶段的主要工作包括：可行性研究、项目评估及决策。在相关工程项目的实际准备阶段，其具体工作任务包括项目初步设计、施工图设计、工程招投标以及签订承包合同等。在工程项目的实施阶段中由“蓝图”变实体的过程，实际投资决策意图得以实现；而在工程项目的竣工验收阶段与运营阶段，对工程项目的试车、试生产、竣工验收进行总结评价，给后期运营做充分的准备工作。传统上的项目管理被人为划分为 DM、OPM 和 FM 三个主要阶段，也就是决策阶段的项目开发管理（简称 DM）、实施阶段的业主方管理（OPM）、运维阶段的经营管理（FM）三个方面，实际项目参与者之间各自独立，缺乏有效地沟通，只关注自身利益，忽视项目总体的目标，共享信息、防止资源浪费都无法得到共享，实际运营优化也就难以实现。

工程项目管理的组织模式是项目管理能否有效运行的关键，只有合理有效地组织管理模式才能保证项目的高效运营，组织模式常用组织结构模型图来表示，一般来说，项目组织结构模型包括三种类型：职能组织结构，线性组织结构和矩阵组织结构。

1. 职能组织结构

职能组织结构是一种较为传统的组织模型，又称作是U型组织结构，源自于法约尔建立的组织结构模式，又称为“法约尔模型”，不同部门都要按照各自不同工作方法、不同技能，以此来提升实际工作效率。相关组织结构模式的特点具体来说：一是实行专业化分工，每个部门作为整个组织的组成部分按照分工履行各自职责；二是管理高度集权，按照职能分工各个职能部门履行各自的职责，只有公司的高层才总览全局并协调各个职能部门，因此企业的决策权必然集中于高层领导，一般是公司的总经理担任。

职能组织结构模式为企业带来便利的同时，也存在着一定的缺点，一是没有人对项目直接负责，一个项目确定以后，各职能部门按照职责分工各自完成各自分内的任务，没有一个强有力的部门或者负责人对项目整体负责；二是这种组织结构模式不是以项目目标为导向，各职能部门以完成各自任务为目标，对项目的整体目标不够重视，各部门的负责人在做决策时往往考虑的是部门的利益而不是整体的利益；三是每个职能部门要同时接受直接上级和间接上级部门的多条指令，而且这些指令之间缺乏整体考虑往往存在矛盾，如何执行还需要向上级汇报，降低了部门的工作效率；四是部门之间协调困难，对于需要多个部门合作的项目，由于各个职能部门互不隶属，各部门之间的组织协调工作难以开展。

在现代企业里，职能组织部门适用于产品结构单一、生产技术发展较慢的中小型企业，这类企业部门较少，各部门之间协调难度不大，能够充分发挥职能组织结构的优点，当企业规模和复杂程度变大以后，这类组织结构的缺点开始被放大，不应再继续采用这种组织结构模式。

2. 线性组织结构

线性组织结构来自军事组织系统，最大特点是组织中各部门按照垂直路线排列，在组织结构内部指令按照纵向逐级传递，每个职能部位只有一个唯一的指令源，指令在传递过程中不会出现交叉和矛盾，上下级隶属关系明确，在这种组织结构模式中，由于指令源唯一，避免了多头管理出现的矛盾现象，有利于政策的快速执行，这也是在军事领域被广泛采用的原因之一。

线性组织结构是建设项目管理组织系统常用的一种模式，其管理部门数量随着管理层次的下移而显著增多，在这种组织结构模式中，部门上下级之间权责利关系明确，一级向一级汇报，一级对一级负责。但这种模式适用于中小型项目，在大型建设项目中，由于指令传递路线太长，造成信息沟通不畅，且指令从决策层传递到最底层耗费时间较长而且也会造成信息在传递过程中失真。近来，一些学者提出扁平化组织模型，这种模型是在传统线性组织模型的基础上人为地降低组织内部纵向传递的层次，扩展了横向的组成部门，这种模式的优点是指令能够及时有效地传递到项目底层，有效地提高生产组织效率。但在这种扁平化组织结构模式中也存在相应的弊端，由于横向部门增多，且这些部门之间没有隶属关系，部门之间联系薄弱，不利于信息的有效传递和协同工作，尤其是当项目较大时，横向部门的增多会造成部门之间的协调困难，增加了项目经理协调各部门的工作量，降低了项目整体的工作效率。

传统的线性组织结构在建设项目早期还具有一定的优势，它为一些项目提高了管理效率，降低了成本，但是随着信息化的发展，信息传递和共享在建设工程项目中的作用越来越重要，线性组织模式在信息传递方面的弊端随着信息化的加深被无限放大，越来越不适应信息化的高速发展。

3. 矩阵式组织结构模式

矩阵式组织结构模式，有着"非长期固定组织"，其线性组织结构模式结合横向协调体系。这一组织结构能对线性组织结构模式横向联系差、缺乏弹性的弊端进行有效规避与改善，使组织的机动性加强，专业人员潜能得到充分发挥。这种组织结构形式是固定的，人员随着项目的开展而随时变动，具有机动、灵活的优点。在矩阵式组织结构模型中，各小组任务清楚、目的明确，这种结构将职能与任务结合一起，既满足对专业的要求又满足快速反应的要求。

矩阵类型，具体又分为弱矩阵、平衡矩阵、强矩阵结构模式。这一弱矩阵结构模式中，对线性结构模式的众多特点进行保留；而在弱矩阵中项目经理的工作侧重于协调，其结构模式都被应用在技术相对简单的项目中，不同职能部门都会承担一定工作，实际技术接口比较清晰，实际跨部门协调工作比较少；平衡式矩阵结构模式适合技术较复杂而且建设跨度大的项目，在这种结构模式中部门之间的沟通协调工作较复杂，对协调人员的要求较高；强矩阵组织结构模型适合于技术复杂且时间紧迫的项目，这种结构模式对项目经理的要求较高，需要给项目经理较大授权以协调各部门。

矩阵型组织结构模式优点和缺点都很明显，优点是既有集权又有分权，加强了横向部门之间的沟通协调，打破了线性组织结构模式中上级对下级唯一指令的情况；设备资源配置灵活，提高了利用率，项目参与人员可以同时在多个项目任职，充分调动了人员的积极性；加强了不同部门之间的沟通协调，且处于不同项目的相同职能部门的员工由于存在竞争关系，有利于激发他们的活力，同时也加速了人员的流动。这种组织结构模式的缺点主要有，项目管理需要平衡项目经理和职能部门之间的权力，而在实际操作中这种平衡基于这样那样的原因很难做到理论中的平衡；信息回路比较多，由于项目涉及部门较多，信息传递要在多个部门之间进行，容易出现交流沟通不顺畅的问题；由于项目成员在正常情况下要同时接受项目经理和部门负责人的两个指令，而这两个指令往往会不完全一致，造成行动无所适从的问题。

（二）传统的建设工程管理组织模式存在的弊端

在传统的工程项目管理组织模式中，由于人为地把建设项目全过程分为几个阶段，各阶段的项目参与者只考虑本阶段的利益而不是从建设项目全寿命周期通盘考虑。在这种情形下，建设项目的各个阶段缺乏有效衔接，项目的实施阶段和运维阶段相互脱节，尤其是后期物业管理单位和其他运营方，基本上是在项目竣工验收以后才接手项目的运行，其服务往往很被动，不利于实现项目总体目标。这种相互独立的项目各阶段带来的弊端主要有以下四个方面。

1. 项目管理缺乏专业的组织

以业主代表建立的业主方项目管理，这是一个临时性机构，其人员缺乏专业的项目管理经验，很难对项目做到高效的管理。总承包方模式的项目管理，其只在项目建设期具有管理经验，在其他阶段也缺乏成熟的经验。

2. 不能站在全寿命周期的角度宏观分析

目前普遍采用的施工管理模式，基本是对项目的建设阶段进行管理，很少介入对项目有较大影响的决策和运营阶段。

3. 项目管理机制不合理

在总承包商管理模式中，总包方既负责项目施工又负责项目日常管理工作，既当“运动员”又当“裁判员”，缺乏有效的监督，很难做到客观公正地对项目进行管理。

4. 对不同阶段的信息缺乏系统管控

全寿命周期不同阶段的信息标准性差、支离破碎，无法做到灵活准确地传递，造成较大的资源浪费，不利于项目全寿命周期目标的实现。

二、建设项目全寿命周期管理模式

建设项目全寿命周期理念应用非常广泛，对一个项目整体而言可分为项目立项期、项目启动期、项目发展成熟期和项目完成期等四个阶段，也有学者把项目全寿命周期划分为项目策划和决策阶段、项目实施阶段和运营阶段，不同的划分标准其实质是一样的，都是基于事前、事中、事后三个大阶段划分的。对项目的每一个阶段来说，也可以按照全寿命周期的理论来划分，比如项目实施阶段，也可划分为实施准备阶段、主体实施阶段和养护阶段等。灵活掌握全寿命周期的理念对快速准确的完成项目目标具有重大指导意义，对于项目建设方来说，在项目生命周期内的不同阶段所对应的管理各不相同，在决策阶段主要是项目开发管理，在实施阶段是业主方项目管理，在项目运维阶段是项目经营管理。

（一）传统全寿命周期管理模式

在传统的项目管理模式中，从建设意图的产生到项目废除或拆迁，中间经历了决策、实施和运营三个阶段，而且这三个阶段是相互独立的，在这三个阶段中项目的参与者之间各自完成各自的目标任务，较少有交集，在项目建设开始之初，发展到项目决策的完成，这一阶段要实现项目的开发管理 DM，在项目的决策阶段实现项目管理 OPM，在项目运营阶段进行物业管理 FM，这三个阶段管理都是有着一定独立性的管理系统网。

传统全寿命周期管理模式中，DM、OPM 和 FM 的相互独立对项目各阶段的管理带来一系列弊端，具体表现如下。

由于传统管理模式中人为分开的三个阶段是相对独立的系统，各个阶段之间没有从属关系，各阶段以实现各自利益最大化为目标而开展工作，未能从全寿命周期角度进行分析，只是站在了各自的立场看问题，项目全寿命周期的目标成为空中楼阁而无法实现。

在传统管理模式的背景下，执行的任务都是以合同规定的形式出现的。实际项目建成之后，项目运营期目标并在合同规定范围之内，而决策、实施中具体都不用考虑。在项目开始实施时，相关用户的实际需求往往被忽视，项目运营的目标难以得到优化和实现。

在传统管理模式下，由于 DM、OPM 和 FM 三个阶段彼此独立，缺乏有效和及时的信息交流和沟通，在项目推广的不同阶段，在交接和交付过程中经常会发生信息和数据丢失和遗漏，导致许多任务出现问题和麻烦，项目的相关信息无法实现真正统一集成管理。而且传统管理模式下，项目开发管理、业主项目管理、项目运营管理、物业管理需要由业主、不同相关主体进行签署，主体之间缺乏隶属关系，彼此之间也无法很好地进行沟通与协调管理。还有传统管理模式下各阶段都是独立运行的，缺乏统一的信息存储平台，造成全寿命周期不同阶段业主方可以利用的信息零零散散，信息在不同阶段的传递过程中不断衰减和失真，不利于实现全寿命周期的管理目标。

（二）基于 BIM 的全寿命周期管理模式

建设工程项目全寿命周期是指从产生工程构思、发改立项、勘察设计、项目实施，直到竣工交付使用和项目报废拆除的过程，都涉及项目的决策阶段、实施阶段以及运营维护阶段。比如，在决策阶段中要对编制项目建议书、可行性报告进行研究，而在项目实施阶段还是要保证项目初步设计、施工图设计的重要作用，编制招投标说明书、设计任务书、签订承包合同，组织施工以及竣工验收；在项目运维阶段主要是运营维护和后期相关事项的处理。这三个阶段之间本应是相互递进紧密线性的有机整体，但是由于我国现行项目管理模式中项目各参与方之间没从项目全寿命周期的利益去考虑如何实现项目的整体目标，而是基于自身利益考虑的是如何实现自身利益最大化，项目各参建方之间没有互相隶属关系，加上彼此之间缺乏有效信息交流与数据共享，缺少在项目整体目标基础上的统一管理工作，导致项目实施中“信息孤岛”等问题的产生。

建设工程项目全寿命周期集成管理（Life Cycle Integrated Management，LCIM）是为了解决传统模式中决策、实施和运营三个阶段因相互独立而造成信息孤立而成立的一种全新的项目管理模式，运用集成的思想，将相同的管理目标、统一的管理理念和统一领导下的管理组织等方面有机地集成起来，最终实现基于统一管理语言的建设项目全生命周期的优化目标，管理规则和综合管理信息系统。

在建设项目的实施过程中，将产生各种各样的工程数据。这些工程数据具有海量性、离散性和专业性的特点。及时、准确地获取这些海量数据是建设项目全生命周期综合管理的核心竞争力。BIM 技术以 IFC 标准为基础，可以将项目各阶段产生的数据有机整合，为建设项目的所有参与者提供信息集成管理平台。在这个集成平台上，项目各参与方都可以针对某一问题发表意见和看法，同时这些意见会及时进入 BIM 系统平台以供其他参与者参考。通过集成平台的使用，项目各参与方能得到一致、准确的数据，从而实现建设工程项目不同阶段和不同参与方之间的信息共享。

三、应用BIM技术进行建设项目全寿命周期管理的优势

（一）构建基于BIM的建设工程项目全寿命周期管理框架

建筑业管理上的最大难点在于建设工程项目参与方众多，项目特点多样性、项目地点不固定性、建设团队临时性、涉及项目管理的信息复杂性，这些制约因素使得建筑业在管理改进、实施信息化、获取即时有效地数据方面比较困难。BIM技术的出现为改变上述局面提供了全新的视角，通过为建设工程项目全寿命周期集成管理提供信息集成管理平台，其优势有以下四个方面。

1. 建筑信息模型的准确性与完整性

工程项目管理全过程会产生海量的信息，这些信息涉及各个专业及各个阶段，BIM对全过程产生的信息描述包括结构类型、空间信息、场地、日照等决策阶段的数据信息，施工质量、新材料新工艺的应用、项目成本的控制等实施阶段的数据信息；复合材料的抗疲劳性、关键设备的耐久性、设备保修期等一系列在运维阶段产生的信息，以及项目与周围环境的融合性，项目建成对生态环境的影响分析等提炼的信息，建筑信息模型的完整性体现在数据信息的准确性与完整性。

2. 复杂信息的处理能力

信息离不开数据，信息和数据之间有千丝万缕的联系。数据是在建设项目全过程中产生的客观事实、图片和一些文字，这些零散的数据之间没有或者缺少逻辑关系，它的价值在于积累，当数据积累到一定程度，彼此之间看似不相关的数据在某种逻辑关系的支持下形成了具有关联性的信息，如何高效地利用这些信息是实现项目目标的关键。建设项目涉及环境复杂多样，项目参与者众多，在项目的全过程中会产生材料、资金等各种各样的数据，随着项目的开展，这些数据激增，若不利用相关软件，基本上是无法获取准确可靠信息的。采取BIM技术的重点就是将工程实体发展成为工程数字模型，有效创建、存储、和分析数据，并基于BIM平台的信息共享特点，实现“一次创建，多次使用”的目标，每个参与者都可以根据工程数字模型进行分析，使协作和共享成为现实。

3. 体现模型数据的关联性

数据是在工程各个阶段产生的离散的、不相关的文字或者图片，基于BIM动态化、集成化的项目管理模式，这些数据通过集成与加工成为表达特定客观事实的信息，这些信息可通过建筑信息模型生成与项目各阶段相关的文档和图形，并与模型保持动态的关联性，当模型中的相关数据发生变化时，与它有关的信息也会自动更新，以此来保证模型的稳定运行。

4. 实现模型数据的信息共享

BIM技术作为整合了建设项目全过程信息的大平台，使建设项目各个阶段产生的信息完整地保存下来，并对信息进行整合组织以便检索，能够更好地支持信息的创建和共享，可以进行项目策划、实施、进度以及成本的有效管理和监控，克服传统纸质媒介中信息传递会出现失真、信息衰减等众多问题，为全寿命周期管理提供数据支持，有效实现了各专业之间的信息共享。

基于BIM的建设项目全寿命周期管理是以BIM为技术支撑，对建设项目的勘察设计、施工、

运营等阶段进行纵向集成管理；对招投标管理、进度、质量、成本、环境等进行多要素横向集成管理；将投资方、承包商、业主、设计、施工、运维、物业单位组成一个整体，使工程项目全过程产生的各种信息能够在项目各参与方及各个阶段自由流通。通过运用 BIM 技术，使项目开发管理、业主方项目管理、项目经营与物业管理在建筑信息模型上有效衔接，消除了传统项目管理模式产生的信息孤岛和信息断层，形成了基于 BIM 技术的面向建设工程项目全寿命周期的系统协调运行的集成管理框架。

（二）实现基于 BIM 的建设工程项目全寿命周期信息共享

建立全寿命周期管理概念的目的是实现项目各参与方之间、建设工程项目实施各阶段之间的信息全面共享，通过信息模型的创建畅通了建筑工程师、结构工程师、建造施工人员和业主之间的信息沟通渠道，使得快速、准确地获得各种信息成为可能，避免了传统项目管理模式下出现的信息在传递过程中“失真”的现象。在全寿命周期理念中，建设工程项目的全过程包括信息管理、进度控制、质量控制、成本控制等，BIM 技术的运用极大地提高了项目运行效率，有效缩短了工期、提升了整个项目的质量，最终达到了使项目增值的最终目标。

建设工程项目全过程会产生浩如烟海的各类数据，这些数据具有涉及面广、变化周期短、信息量大且丰富多样的特性，如何有效利用这些数据成为制约建筑业发展的瓶颈。全寿命周期理念的产生为解决上述难题提供了全新的视角，通过创建基于 BIM 的信息管理平台，使信息管理、文件管理、信息创建、信息共享成了一种日常工作模式，大大提高了项目管理人员的工作效率。

整个生命周期信息的高效集成是提升信息价值的核心，通过一次创建、多次利用，提高了信息的利用率，通过将 PIP 技术与 BIM 技术融合在一起，共同提高信息的集成规模，使信息在生命周期的价值得到充分的发挥。项目信息门户系统使用 BIM 模型作为数据项目的基本源平台能为用户创建更方便的信息共享通道，并且项目的所有参与者都配置了适当的登录权限，方便项目参与者能随时访问，整个共享访问过程清晰流畅。

基于 BIM 的建设工程项目全寿命周期理念的优势是通过使用计算机数字技术，降低工程项目整体的成本损失和项目各个阶段的风险，提高了建设项目整个生命周期中每个工作环节的效率和质量。具体体现在以下三个方面。

1. 使信息管理更有效率

通过全寿命周期理念的运用使信息管理更有效率，信息的共享成为发展的必然。信息集成的目的是信息共享，以 PIP 为主的软件为信息集成、信息共享提供基础，信息管理的关键是通过 PIP 技术的使用，参考 BIM 模型中存储的各种相关数据，为项目参建各方提供一个信息共享平台；第二步是通过 PIP 技术在此阶段进行信息集中管理的运用，项目各参与方可以在建设项目的全过程中实现信息的有效筛选，并使用通过整个系统监控所筛选的信息。

2. 使创建信息更加高效

保证信息的真实与完整性是信息传递的根本，这也是实现信息共享的前提，也就是信息在传递过程中不能出现断档与失真，同时这也是全寿命周期理念对于信息的基本要求。在传统建筑行业里，一个项目的方案设计往往通过设计图纸来展示，这种基于2D模型的设计图纸不能给人直观的印象，且在设计图中会有大量的设计图例，如何详细地解释这些图例也变得困难。由于CAD无法对数据进行系统集成，无法准确表达设计图中大量构件所使用的材料以及它们之间的逻辑关系，这就容易产生误解从而增加造价。而BIM技术应用到全寿命周期理念之后，不仅使信息通过数字化优化而提高了质量，而且也减少了设计人员的工作量，使设计人员有更多的精力用来参与设计施工的全过程，更能够提升信息的有效性与准确性，提升信息创建的效率。

3. 使共享信息更加便捷

BIM的核心在于信息整合与共享，在施工过程中利用特定标准信息表达各种构件，通过此标准，项目各个阶段的专业人员可以通过基于BIM的3D模型了解别人的工作内容，从而实现及时有效地信息沟通，快速整合各专业之间的误解，通过BIM技术的使用，将信息真正有机整合与共享，保证了信息的真实、准确、有效、完整，为项目参建各方进行沟通协调提供了方便，实现了全寿命周期理念的核心价值，优化了项目管理机制，最终实现了项目效益最大化、工作效果最优化。

第三章 全寿命周期工程造价管理

第一节 工程造价管理的基本内容

工程造价是工程项目按照确定的建设内容、建设规模、建设标准、功能要求和使用要求等全部建成并验收合格交付使用所需的全部费用。工程项目建造所需的资金，是建设项目投资中最主要的部分。因此，了解工程造价构成中的每一项费用组成是合理确定工程造价的基础。

一、概述

（一）工程造价的内容

站在理论意义上来说，工程造价主要包括了以下几个方面，首先，建设工程物质消耗转移价值的货币表现，主要是有工程施工材料、燃料、设备等物化劳动、施工机械台班以及工具的消耗。其次，建设工程中广大劳动者在为自己劳动创造的价值，其货币表现就是劳动工资报酬，包括了劳动者的工资、奖金等费用等。最后，建设工程中劳动者给社会创造价值的货币表现，就是盈利，也就是设计工作、施工工作、建设单位的利润与税金等都是盈利表现。

（二）我国现行工程造价的构成

建设项目投资含固定资产投资和流动资产投资两部分，建设项目总投资中的固定资产投资与建设项目的工程造价在量上相等。工程造价的构成按工程项目建设过程中各类费用支出或花费的性质、途径等来确定，是通过费用划分和汇集所形成的工程造价的费用分解结构。工程造价基本构成中，包括用于购买工程项目所含各种设备的费用，用于建筑施工和安装施工所需支出的费用，用于委托工程勘察设计应支付的费用，用于购置工程所需材料的费用，也包括用于建设单位自身进行项目筹建和项目管理所花费的费用等。工程造价是工程项目按照确定的建设内容、建设规模、建设标准、功能要求和使用要求等全部建成并验收合格交付使用所需全部费用。

二、设备及工、器具购置费构成和计算

设备及工、器具购置费由设备购置费和工、器具及生产家具购置费组成，是固定资产投资中的积极部分。在生产性工程建设中，设备及工、器具购置费占工程造价比重的增大，进一步提升

生产技术的进步与资本的有机构成。

（一）设备购置费

1. 设备购置费的概念

设备购置费，指的是在建设项目过程中购置、自制符合固定资产标准的设备、工具、仪器产生的费用。固定资产标准指在使用年限超过一年单位价值超过国家或者是各主管部门规定的限额。一些新建、扩建项目新建车间购置或自制的所有设备、工器具，无论是否符合固定资产标准，都可以纳入设备、工器具购置成本中来。

2. 设备购置费的构成及计算

设备购置费由设备原价和设备运杂费构成，即

设备购置费 = 设备原价 + 设备运杂费

公式中，设备原价是指国产标准设备、非标准设备的原价；设备运杂费是指设备原价中未包括的包装和包装材料费、运输费、装卸费、采购费及仓库保管费、供销部门手续费等。

（1）国产设备原价的构成及计算

一般地，国产设备原价指的是设备制造商的交货价或者是订单合同价。按照制造商或者是供应商来确定询价、报价、合同价格，或利用某种计算方法确定相关价格。国产设备原价被分为两种，一种是国产标准设备原价，另一种则是国产非标准设备原价。

①国产标准设备原价

具体来说，国产标准设备指的是中国设备制造商按照相关主管部门发布出来的标准图纸、实际技术需求，采取批量生产并符合国家质量检验标准的设备。国内标准设备原价指的是设备制造商的出厂价。国内标准设备的原价有两种，一种是带备件的原价，另一种是不带备件的原价。在计算中一般采取的是带备件的原价。

②国产非标准设备原价

国产非标准设备指的是没有被定型的国家标准，在生产过程中各个设备的生产厂家不能采用批量生产，只能进行一次订购，按照相关具体的设计图纸制造出来的设备。而非标准设备原价的计算方法比较多，比如成本计算与评估法、系列设备插入评估法、分段组合评估法、定额评估法等。其实不管是采取哪一种方法，非标准设备定价是更接近实际出厂价格的，而且这一计算方法相对是比较简单的。成本计算与估价法是估算非标准设备原价的常用方法。

（2）进口设备原价的构成及计算

按照进口设备原价定义，指的是进口设备的到岸价格，也就是抵达买方边境口岸或者是边境站，进行关税和其他税费缴纳之后的价格。实际进口设备到岸价格构成，与进口设备的交货方式有着极大关系。

①进口设备的交货方式

进口设备的交货方式有三种，分别是内陆交货、目的地交货、装运港。

其一，内陆运输。指的就是卖方在出口国大陆一地方交货，在交货地点中卖方应及时提交合同规定的货物和相关证明文件，承担交货之前的一切费用与风险。买方则需要按照收到货物、支付货款，并承担收到货物之后的一切费用、风险，对出口手续、出口装运等进行自动办理。货物所有权应在交付之后发生由卖方到买方的转移。

其二，目的地交付，指的就是卖方在进口国港口或者是大陆交货，有多种交货价格，比如目的港 FOB、目的港 FOB（完税）和 DDP（进口国指定地点）等。其特点就是买方与卖方共同承担的责任、成本、风险基于目的地约定的交货点。在交货地点卖方将货物置于买方的控制下，交货才能完成，继而向买方收取货款。对于卖方来说，这种交货类别无疑是有很大风险的，一般情况下卖方是不会愿意在国际贸易中采用这一方法的。

其三，在装运港交货。也就是说卖方在出口国装运港进行交货，主要是有装运港的 FOB，又称之为是 FOB，有运费（CIF）、保险费（CIF）、CIF。这一方法的主要特征是卖方在约定时间内实现装运港的交货。若是卖方在合同规定中货物装船之后，再提供装运单据，也就完成了交货任务，也能凭借单据收回货款。在中国进口设备使用最广的价格就是装运港的 FOB。采取 FOB 这一方法时卖方要在责任范围和规定期限内，按照合同规定将货物在装运港装上买方指定的船舶，及通知到买方。在这个过程中卖方承担货物装船之前一切费用与风险，并需要办理出口手续；提供出口国政府或相关方出具的证明，负责提供相关装运单据。而在这一过程中，买方则负责租船或者订舱，支付相关运费，船的日期和名称要及时通知卖方。买房需要承担货物装船后的一切费用与风险，负责办理保险与缴纳保险费，并需要办理目的港进口与接收手续，接受卖方提供的相关装运单据，按照合同规定对货款进行支付。

②进口设备原价的构成及计算

常用的进口设备就是装货港的 FOB，而 CIF（进口设备原价）的计算公式是：

进口设备原价 = 货物价格 + 国际运费 + 运输保险费 + 银行财务费 + 外贸手续费 + 关税 + 增值税 + 消费税 + 海关监管手续费 + 车辆购置附加费

价格：指的就是装运港的 FOB 价格。实际设备价格被分为原币价格、人民币交货价格。将原币价格换算成美元，人民币价格由原币价格乘以外汇市场美元中间汇率确定。而进口设备价格要按照相关制造商的询价、报价、订购合同价格计算。

国际货运：从中国装货港（站）到到达港（站）的货运。中国进口的设备大部分是海运，一小部分是铁路运输，还有一些是空运。

运输保险费：外贸货物运输保险是保险人（保险公司）与被保险人（出口商或进口商）签订的保险合同。被保险人支付约定的保险费后，保险人将按照保险合同的规定，对货物运输过程中发生的保险责任范围内的损失给予经济赔偿。这是一种财产保险。

银行财务费：一般指中国银行的手续费。

就对外贸易手续费来说，指的就是按照对外经济贸易部规定的对外贸易手续费率计算的费用。通常情况下外贸办理率是1.5%。

关税：指的是海关对进出该国或者是关税区的货物和物品征收的税款。

增值税：指进口货物申报进口后，对从事进口贸易的单位和个人征收的税款。

消费税：对一些进口设备（如汽车、摩托车等）征收。

海关监管费：指海关对进口减税、免税、保税货物的监管和提供服务收取的费用。对于需缴纳全额进口税的货物，此费用不包括在内。

车辆购置附加费：对于进口车辆，应支付进口车辆购置附加费。

（3）设备运杂费的构成和计算

①设备运杂费的构成

运费、装卸费：国内标准设备从设备制造厂交货地点到施工现场仓库（或施工组织设计规定的待安装设备堆放地点）的运费、装卸费。进口设备从中国登陆港和边境站到现场仓库（或施工组织设计中规定的待安装设备堆放地点）的运费和装卸费。

包装费：设备包装及包装材料、器具的费用不计入设备出厂价；已包含在设备出厂价或进口设备价格中的，不得重复计算。

供销部服务费：按有关部门规定的统一费率计算。

项目的承保公司与或者是业主采购和保管费，指的就是设备的采购、验收、储存、收发中产生的各类费用，其中包括了设备的采购、储存，以及给管理人员发放的工资、工资附加、办公费用等内容，加上差旅费、交通费和设备供应部办公室、仓库占用的固定资产使用费、工器具使用费、劳动保护费、检验试验费等，按照主管部门规定购置、保管费率进行计算。一般来讲，沿海和交通便利的地区，设备运杂费率相对低一些；内地和交通不很便利的地区就要相对高一些，边远省份的则要更高一些。对于非标准设备来讲，应尽量就近委托设备制造厂生产，以大幅度降低设备运杂费。进口设备由于原价较高，国内运距较短，所以运杂费比率应适当降低。

②设备运杂费的计算

设备运杂费按设备原价乘以设备运杂费率计算，其计算公式为

$$设备运杂费 = 设备原价 \times 设备运杂费率$$

公式中，设备运杂费率按各部门及省、市等的规定计取。

（二）工、器具及生产家具购置费

1. 工、器具及生产家具购置费的概念

工、器具及生产家具购置费是指新建或扩建项目初步设计规定的，保证初期正常生产必须购置的没有达到固定资产标准的设备、仪器、工卡模具、器具、生产家具和备品备件等的购置费。

2. 工、器具及生产家具购置费的构成及计算

一般地，以设备购置费为计算基数，按照部门或者是行业规定的工器具、生产家具费率计算，其计算公式为

工、器具及生产家具购置费 = 设备购置费 × 定额费率

三、建筑安装工程费组成和计算

（一）建筑安装工程费组成

为了加强工程建设的管理，使得确定的工程造价变得更加合理，促使基本建设投资效益得到进一步提升，国家对建筑、安装工程费用项目组成的口径进行统一。工程建设各方在编制工程概预算、工程结算、工程招投标、计划统计、工程成本核算等方面的工作有了统一的标准。

1. 建筑安装工程费项目组成（按费用构成要素划分）

建筑安装工程费用按照费用构成要素划分为人工费、材料（包含工程设备，下同）费、施工机具使用费、企业管理费、利润、规费和税金组成。其中人工费、材料费、施工机具使用费、企业管理费等。

（1）人工费

人工费是指按工资总额构成规定，支付给从事建筑安装工程施工的生产工人和附属生产单位工人的各项费用，其内容包括：一是计时工资或计件工资，是指按计时工资标准和工作时间或对已做工作按计件单价支付给个人的劳动报酬。二是奖金，是指对超额劳动和增收节支支付给个人的劳动报酬，如节约奖、劳动竞赛奖等。三是津贴、补贴，是指为了补偿职工特殊或额外的劳动消耗和因其他特殊原因支付给个人的津贴，以及为了保证职工工资水平不受物价影响支付给个人的物价补贴，如流动施工津贴、特殊地区施工津贴、高温（寒）作业临时津贴、高空津贴等。四是加班加点工资，是指按规定支付的在法定节假日工作的加班工资和在法定日工作时间外延时工作的加点工资。五是特殊情况下支付的工资，是指根据国家法律、法规和政策规定，因病、工伤、产假、计划生育假、婚丧假、事假、探亲假、定期休假、停工学习、执行国家或社会义务等原因按计时工资标准或计时工资标准的一定比例支付的工资。

（2）材料费

材料费是指施工过程中耗费的原材料、辅助材料、构配件、零件、半成品或成品、工程设备的费用，其内容包括：一是材料原价，是指材料、工程设备的出厂价格或商家供应价格。二，运杂费是指将材料和工程设备从货源地运至现场仓库或指定堆放地点所发生的一切费用。三，对于运输的损耗费，也就是物料在运输、装卸中产生无法规避的损耗。四，采购仓储费，指的是组织材料、工程设备的采购、供应、仓储中需要的各类费用，有采购费、仓储费、现场仓储费以及仓储损失等各类费用。设备是指构成或拟构成永久工程一部分的机械和电气设备、金属结构设备、仪表和其他类似设备和装置。

（3）施工机具使用费

施工机具使用费是指施工作业所发生的施工机械、仪器仪表使用费或其租赁费。

①施工机械使用费

施工机械使用费以施工机械台班耗用量乘以施工机械台班单价表示，施工机械台班单价应由

下列七项费用组成：一是折旧费，指施工机械在规定的使用年限内，陆续收回其原值的费用。二是大修理费，指施工机械按规定的大修理间隔台班进行必要的大修理，以恢复其正常功能所需的费用。三是经常修理费，指施工机械除大修理以外的各级保养和临时故障排除所需的费用，包括为保障机械正常运转所需替换设备与随机配备工具附具的摊销和维护费用，机械运转中日常保养所需润滑与擦拭的材料费用及机械停滞期间的维护和保养费用等。四是安拆费及场外运费，安拆费指施工机械（大型机械除外）在现场进行安装与拆卸所需的人工、材料、机械和试运转费用，以及机械辅助设施的折旧、搭设、拆除等费用；场外运费指施工机械整体或分体自停放地点运至施工现场或由一施工地点运至另一施工地点的运输、装卸、辅助材料及架线等费用。五是人工费，指机上司机（司炉）和其他操作人员的人工费。六是燃料动力费，指施工机械在运转作业中所消耗的各种燃料及水、电等费用。七是税费，指施工机械按照国家规定应缴纳的车船使用税、保险费及年检费等费用。

②仪器仪表使用费

仪器仪表使用费是指工程施工所需使用的仪器仪表的摊销及维修费用。

（4）企业管理费

企业管理费是指建筑安装企业组织施工生产和经营管理所需的费用。内容包括：一是管理人员工资，是指按规定支付给管理人员的计时工资，奖金，津贴、补贴，加班加点工资及特殊情况下支付的工资等。二是办公费，是指企业管理办公用的文具、纸张、账表、印刷、邮电、书报、办公软件、现场监控、会议、水电、烧水和集体取暖降温（包括现场临时宿舍取暖降温）等费用。三是差旅交通费，是指职工因公出差、调动工作的差旅费、住勤补助费，市内交通费和误餐补助费，职工探亲路费，劳动力招募费，职工退休、退职一次性路费，工伤人员就医路费，工地转移费，以及管理部门使用的交通工具的油料、燃料等费用。四是固定资产使用费，是指管理和试验部门及附属生产单位使用的属于固定资产的房屋、设备、仪器等的折旧、大修、维修或租赁费。五是工具、用具使用费，是指企业施工生产和管理使用的不属于固定资产的工具、器具、家具、交通工具和检验、试验、测绘、消防用具等的购置、维修和摊销费。六是劳动保险和职工福利费，是指由企业支付的职工退职金、按规定支付给离休干部的经费，集体福利费、夏季防暑降温、冬季取暖补贴、上下班交通补贴等。七是劳动保护费，是指企业按规定发放的劳动保护用品的支出，如工作服、手套、防暑降温饮料及在有碍身体健康的环境中施工的保健费用等。八是检验试验费，是指施工企业按照有关标准规定，对建筑及材料、构件和建筑安装物进行一般鉴定、检查所发生的费用，包括自设实验室进行试验所耗用的材料等费用。其不包括新结构、新材料的试验费，对构件做破坏性试验及其他特殊要求检验、试验的费用和建设单位委托检测机构进行检测的费用，对此类检测发生的费用，由建设单位在工程建设其他费用中列支。但对施工企业提供的具有合格证明的材料进行检测不合格的，该检测费用由施工企业支付。

2. 建筑安装工程费项目组成（按造价形成划分）

建筑安装工程费用按照工程造价形成由分部分项工程费、措施项目费、其他项目费、规费、税金组成，分部分项工程费、措施项目费、其他项目费包含人工费、材料费、施工机具使用费、企业管理费和利润。

（1）分部分项工程费

分部分项工程费是指各专业工程的分部分项工程应予列支的各项费用。

①专业工程

是指按现行国家计量规范划分的房屋建筑与装饰工程、仿古建筑工程、通用安装工程、市政工程、园林绿化工程、矿山工程、构筑物工程、城市轨道交通工程、爆破工程等各类工程。

②分部分项工程

是指按现行国家计量规范对各专业工程划分的项目，如房屋建筑与装饰工程划分的土石方工程、地基处理与桩基工程、砌筑工程、钢筋及钢筋混凝土工程等。

（2）措施项目费

措施项目费是指为完成建设工程施工，发生于该工程施工前和施工过程中的技术、生活、安全、环境保护等方面的费用，内容包括：

①安全文明施工费

一是环境保护费，是指施工现场为达到环保部门要求所需要的各项费用。二是文明施工费，是指施工现场文明施工所需要的各项费用。三是安全施工费，是指施工现场安全施工所需要的各项费用。四是临时设施费，是指施工企业为进行建设工程施工所必须搭设的生活和生产用的临时建筑物、构筑物和其他临时设施费用，包括临时设施的搭设、维修、拆除、清理费或摊销费等。

②夜间施工增加费

是指因夜间施工所发生的夜班补助费、夜间施工降效、夜间施工照明设备摊销及照明用电等费用。

③二次搬运费

是指因施工场地条件限制而发生的材料、构配件、半成品等一次运输不能到达堆放地点，必须进行二或多次搬运所发生的费用。

④冬、雨期施工增加费

是指在冬期或雨期施工需增加的临时设施、防滑、排除雨雪，人工及施工机械效率降低等费用。

⑤已完工程及设备保护费

是指竣工验收前，对已完工程及设备采取的必要保护措施所发生的费用。

⑥工程定位复测费

是指工程施工过程中进行全部施工测量放线和复测工作的费用。

⑦特殊地区施工增加费

是指工程在沙漠或其边缘地区、高海拔、高寒、原始森林等特殊地区施工增加的费用。

⑧大型机械设备进出场及安拆费

是指机械整体或分体自停放场地运至施工现场或由一个施工地点运至另一个施工地点，所发生的机械进出场运输及转移费用及机械在施工现场进行安装、拆卸所需的人工费、材料费、机械费、试运转费和安装所需的辅助设施的费用。

⑨脚手架工程费

是指施工需要的各种脚手架搭、拆、运输费用及脚手架购置费的摊销（或租赁）费用。

（3）其他项目费

①暂列金额

是指建设单位在工程量清单中暂定并包括在工程合同价款中的一笔款项。用于施工合同签订时尚未确定或者不可预见的所需材料、工程设备、服务的采购，施工中可能发生的工程变更、合同约定调整因素出现时的工程价款调整及发生的索赔、现场签证确认等的费用。

②计日工

指在施工过程中，施工企业完成建设单位提出的施工图纸以外的零星项目或工作所需费用。

③总承包服务费

指总承包方在配合、协调业主在实现专业工程承包，确保业主采购的材料与工程设备，还有管理施工现场、汇总整理竣工资料等众多服务需要的费用。

（二）建筑安装工程费计算

1. 费用构成计算方法

（1）人工费

人工费计算公式为

$$人工费 = \sum(工日消耗量 \times 日工资单价)$$

项目成本管理机构确定出来的日薪单价，按照项目技术需要进行实物量人工单价综合分析的参考，最终在市场调研基础上进行确认。值得注意的是，日最低工资单价不能比当地人力资源和社会保障部门颁布的最低工资标准的 1.3 倍还要低，通常一般的技术人员是不能低于 2 倍，而高级技术人员则是不能低于 3 倍，这就是日工资最低单价。

对于工程计价定额来说，需要列出一个综合人工日单价，且要在工程技术要求、工种差异的基础上进行，对各种日人工单价进行合理划分，促使各分部工程人工成本的合理化实现。

（2）材料费及工程设备费

材料费计算公式为

$$材料费 = \sum(材料消耗量 \times 材料单价)$$

$$材料单价 = [(材料原价 + 运杂费) \times (1 + 运输损耗率)] \times (1 + 采购保管费率)$$

工程设备费计算公式为

$$工程设备费 = \sum(工程设备量 \times 工程设备单价)$$

$$工程设备单价 = (设备原价十运杂费) \times [1 + 购保管费率(\%)]$$

（3）施工机械使用费及仪器仪表使用费

施工机械使用费计算公式为

$$施工机械使用费 = \sum(施工机械台班消耗量 \times 机械台班单价)$$

2. 建筑安装工程计价参考公式

（1）分部分项工程费计算公式为

$$分部分项工程费 = \sum (分部分项工程量 \times 综合单价)$$

上述公式中综合单价包括人工费、材料费、施工机具使用费、企业管理费和利润，以及一定范围的风险费用。

（2）措施项目费

国家计量规范规定应予计量的措施项目，其计算公式为

$$措施项目费 = \sum (措施项目工程量 \times 综合单价)$$

（3）其他项目费

暂列金额由建设单位根据工程特点，按有关计价规定估算，施工过程中由建设单位掌握使用、扣除合同价款调整后如有余额，归建设单位。计日工由建设单位和施工企业按施工过程中的签证计价。总承包服务费由建设单位在招标控制价中根据总包服务范围和有关计价规定编制，施工企业投标时自主报价，施工过程中按签约合同价执行。规费和税金。建设单位和施工企业均应按照省、自治区、直辖市或行业建设主管部门发布标准计算规费和税金，不得作为竞争性费用。

第二节 工程造价的计价模式

工程计价指的就是计算工程造价。建筑成本就是建筑产品的价格，因建筑产品价格有着极为特殊的特征，无法与一般工业产品的计价方式一样，需要采用一种比较特殊的计价模式，就是定额计价模式、工程量清单计价模式。当然这样两种定价模型的基础与定价方法也是有很大区别的。

一、概述

（一）工程造价计价依据简介

工程造价计价依据主要包括工程量计算规则、建筑工程定额、工程价格信息及工程造价相关法律法规等。

工程造价计价依据的编制，需要尊重真实原则与科学原则。现阶段，在劳动生产率的前提之下，对相关资料的广泛收集，研究与论证各种动态因素，并对其进行科学化的分析。实际工程造价计价的依据需要与多种内容结合在一起，这一有机整体的结构十分严谨，层次十分鲜明。经过

规定程序、授权单位审批颁发的工程造价计价依据，其是有着很大权威的。比如，工程量计算规则、工料机定额消耗量，就具有一定的强制性；而相对活跃的造价依据，如基础单价、各项费用的取费率，则赋予一定的指导性。

在注重工程造价计价依据权威性的过程中，必须正确处理计价依据的稳定性和时效性关系。计价依据的稳定性，指的就是在一定时间内造价依据表现出极大稳定性状态。一般的工程量计算规则也是比较稳定的，保持着十几年或几十年；实际工料机定额消耗量也比较稳定，大概能保持在5年左右，基础单价、各项费用取费率以及造价指数的稳定时间也比较短。因此，为了适应地区差别、劳动生产率的变化及满足新材料、新工艺对建筑工程的计价要求，必须认真研究计价依据的编制原理，灵活应用、及时补充，在确保市场交易行为规范的前提下满足建筑工程造价的时代要求。

（二）工程造价计价模式

1. 定额计价法

定额估价法又称施工图预算法，在我国计划经济时期、计划经济向市场经济转型时期，常采用这一计价方法，而且是相对有效的一种方法。在定额计价法中，包括了人工费、材料费和机械台班使用费，是分部分项工程的不完全价格。我国有以下两种计价方式。

（1）单位估价法

单位估价法根据国家或地方政府统一下达的预算定额中规定的消耗量和单价，以及配套的收费标准和材料预算价格，根据施工图纸计算相应的工程量，采用相应的定额单价计算人工成本、材料成本和施工设备使用成本，然后在此基础上计算各项相关费用、利税，最后汇总建筑产品成本。

（2）实物估价法

实物估价法这一方法，先根据施工图纸计算工程量，再就是基础定额，计算人工、材料、机械台班消耗量，这样一来所有分部分项工程资源消耗量都能得到归类汇总，按照当时当地的人工、材料和机械单价，将人工费、材料费、机械使用费进行计算与汇总，分部分项工程费也能计算出来。

按照国家或地区统一颁布出来的预算定额，视作为一种地方经济法规，还要按照规定严格执行。一般来说不同的计算依据，实际计算结果是相同的，也不会出现计算错误。

按照定额计价的方式来确定建设工程造价，因预算定额与标准化进行消耗，在各种文件的基础上对人工、材料、机械的单价以及各种收费标准进行规定，有效规避了高估、草率的计算，避免了等级和降价，体现了工程造价的规范性、统一性和合理性。但它对市场竞争具有抑制作用，不利于促进施工企业提高技术水平、加强管理、提高劳动效率和市场竞争力。因此，出现了另一种估价方法——工程量清单计价法。

2. 工程量清单计价法

（1）工程量清单计价法简介

工程量清单计价法是我国在21世纪初提出的一种与市场经济相适应的投标报价方法，这种计价法是按照国家统一项目编码、项目名称、计量单位、工程量计算的规则实现的。在投标报价时各施工企业可以按照企业技术装备、施工经验、企业成本、企业定额、管理水平、企业竞争目的及竞争对手情况自主填报单价而进行报价的方法。

采用工程量清单计价法，需要建立一种强有力且可行、有效的竞争机制，在投标竞争中施工企业必须要做出合理的有竞争力的价格才能中标，这样一来对施工企业积极改进技术、加强管理、提高劳动效率和市场竞争力起到了积极的推动作用。

在工程量清单计价的规范作用之下，设置工程量清单项目、各专业工程计量规范规定的工程量进行规则计算，实际工程量清单需要对各项目工程量，结合具体工程施工图纸、施工组织设计计算，综合单价按规定方法进行计算，对各工程量清单总价进行汇总，得到工程总价。

（2）工程量清单计价的影响因素

工程量清单中所报中标项目无论采用何种计价方式，在正常情况下，基本上表明工程造价已经确定。仅当设计变更或工程量变更时，通过 visa 再结算调整单独计算。工程量清单中工程造价要素的管理重点是如何在既定收益的前提下控制成本支出呢?

①对用工批量的有效管理

人工费支出约占建筑产品成本的 17%，且随市场价格波动而不断变化。对人工单价在整个施工期间做出切合实际的预测，是控制人工费用支出的前提条件。根据施工进度，月初依据工序合理做出用工数量，结合市场人工单价计算出本月控制指标。

在施工过程中，依据工程分部分项，对每天用工数量连续记录，在完成一个分项后，就同工程量清单报价中的用工数量对比，进行横评找出存在的问题，办理相应手续以便对控制指标加以修正。每月完成几个工程分项后各自同工程量清单报价中的用工数量对比，考核控制指标的完成情况。通过这种控制节约用工数量，意味着降低人工费用支出，即增加了相应的效益。这种对用工数量控制的方法，最大优势在于不受任何工程结构形式的影响，分阶段加以控制，有很强的实用性。人工费用控制指标，主要是从量上加以控制。重点通过对在建工程过程控制，积累各类结构形式下实际用工数量的原始资料，以便形成企业定额体系。

②对材料费用的有效管理

材料费用开支约占建筑产品成本的 63%，其是成本要素控制的重点。材料费用因工程量清单报价形式、材料供应方式不同而有所不同。如业主限价的材料价格如何管理，其主要问题可从施工企业采购过程降低材料单价方面来把握。先对本月施工分项中需要材料按量下发给采购部门，在材料质量得到保证的基础上对不同提供商的产品质量进行比较。在实际采购过程中，按照工程清单报价确定材料价格的控制指标，在实际采购中会产生一定收入。对材料、供货量这两个环节进行严格控制，促使材料与供货的质量得到充分保证。还有，在实际施工中要严格按照质量程序文件执行，促使材料堆放、布局更加合理，避免二次搬运的产生。按照实际工程进度进行具体操作，分项完成之后对控制效果进行评价。再有，对无收入支出进行消除，能在很大程度上减少返工的损失。在月末将控制的消耗量和价格与实际数量进行横向比较，评估出实际的效果，对超用材料的数量进行明确。

③对机械费用的有效管理

实际机械费的开支占到建筑产品成本的7%，这一控制指标主要是根据工程量清单计算出使用的机械控制台班数。在施工过程中，应每天做详细台班记录，了解是否存在维修、待班的台班。如现场停电超过合同规定的时间，应在当天同业主做好待班现场签证记录，月末将实际使用台班同控制台班的绝对数进行对比，分析量差产生的原因。对机械费价格一般采取租赁协议，合同一般在结算期内不变动，所以关键是控制实际用量。在现场情况到设备合理布局，都要得到充分利用，尤其是对大型设备进出场时间进行合理安排，降低费用。

④对施工过程中水电费的有效管理

在以往工程建设中水电成本管理往往是被忽视的。众所周知，水是人类赖以生存的宝贵资源，现如今变得愈加稀缺，因此在施工中加强水电费管理工作尤为关键的。在施工中为了保证支出得到有效的控制和管理，采取将控制金额计入施工分项中，更便于控制水电成本。月末依据完成子项所需水电用量同实际用量对比，找出差距的出处，以便制定改正措施。总之，施工过程中对水电用量控制不仅仅是一个经济效益的问题，更重要的是一个合理利用宝贵资源的问题。

⑤对设计变更和工程签证的有效管理

在施工过程中，时常会有一些原设计未预料的实际情况或业主单位提出要求改变某些施工做法、材料代用等情况，引发设计变更；同样，对施工图以外的内容及停水、停电，或因材料供应不及时造成停工、窝工等都需要办理工程签证。以上两部分工作，首先，由负责现场施工的技术人员做好工程量的确认，如存在工程量清单不包括的施工内容，应及时通知技术人员，将需要办理工程签证的内容落实清楚；其次，明确工程造价人员审核变更或签证签字内容是否清楚完整、手续是否齐全，如手续不齐全，应在当天督促施工人员补办手续，变更或签证的资料应连续编号；最后，工程造价人员应特别注意施工方案中涉及的工程造价问题。在投标时，工程量清单是依据以往的经验计价，建立在既定的施工方案基础上。施工方案的改变便是对工程量清单造价的修正。变更或签证是工程量清单工程造价中不包括的内容，但在施工过程中费用已经发生时，工程造价人员应及时编制变更及签证后的变动价值。加强设计变更和工程签证工作是施工企业经济活动中的一个重要组成部分，它可防止应得效益的流失，反映工程真实造价构成。

⑥对其他成本要素的有效管理

成本要素除工料单价法包含的以外，还有管理费用、利润、临设费、税金、保险费等。这部分收入已分散在工程量清单的子项之中，中标后已成既定之数，在施工过程中应注意以下几点：第一，节约管理费用是重点，制定切实的预算指标，对每笔开支严格依据预算执行审批手续；提高管理人员的综合素质，做到高效精干，提倡一专多能。第二，利润作为工程量清单子项收入的一部分，在不亏损的情况下，就是企业既定利润。第三，临设费管理的重点是，依据施工工期及现场情况合理布局临设。尽可能就地取材搭建临设，工程接近竣工时应及时减少临设的占用。对购买的彩板房每次安拆要高抬轻放，延长使用次数。日常使用及时维护易损部位，延长使用寿命。第四，对税金、保险费的管理重点是一个资金问题，依据施工进度及时拨付工程款，确保按国家规定的税金及时上缴。

3. 实行工程量清单计价的目的和意义

（1）实行工程量清单计价是促进建设市场有序竞争和企业健康发展的需要

工程量清单是招标文件的重要组成部分，由招标单位编制或委托有资质的工程造价单位对编制进行咨询，实际工程量清单编制也变得更加准确、更加详尽与更加完整，实际招标单位的管理水平得到有效提升，索赔事件也能减少发生。公开化的工程量清单，能在很大程度上减少招标项目欺诈事件、暗箱操作等问题的出现。通过分析单位工程的成本与利润，投标人能更加认真地选择出合理的施工方案，按照企业定额合理确定出劳动力、材料以及机械等要素的配置，特别是对组合进行优化，对现场资金、施工技术措施进行合理控制。在满足招标文件要求下对自己报价合理性进行确定，这样企业的独立报价权利就能得到保证，改变以往依靠建设行政主管部门下达的定额和规定的收费标准进行定价的模式，促使劳动生产率有效提升，企业技术得到极大的进步，投资得到有效节约，建筑市场得到规范。使用工程量清单计价方法之后，极大程度上增加了招标活动的透明度，在充分竞争前提下对成本进行有效降低，促使投资效益的有效提升，便于建设项目更好地操作、实施。而且业主、承包商都能接受这一定价模式。

（2）实行工程量清单计价有利于政府职能的转变

实行工程量清单计价有利于我国工程造价中政府职能的转变，也有利于由过去的政府控制的指令性定额转变为制定适应市场经济规律需要的工程量清单计价方法，由过去的行政干预转变为对工程造价进行依法监管，有效地强化政府对工程造价的宏观调控。

（3）实行工程量清单计价是我国与国际接轨的需要

工程量清单计价是目前国际上通行的做法，一些发达国家和地区，如我国香港地区基本采用这种方法，在国内，世界银行等国外金融机构、政府机构贷款项目在招标中大多也采用工程量清单计价办法。随着我国加入世贸组织，国内建筑业面临着两大变化，一是中国市场将更具有活力；二是国内市场逐步国际化，竞争更加激烈。加入世界贸易组织以后，外国建筑商要进入我国建筑市场开展竞争，必然要带进国际惯例、规范和做法来计算工程造价；国内建筑公司也同样要到国外市场竞争，也需要按国际惯例、规范和做法来计算工程造价；我国的国内工程方面，为了与外国建筑商在国内市场竞争，也要改变过去的做法，参照国际惯例、规范和做法来计算工程承发包价格。因此，建筑产品的价格由市场形成是社会主义市场经济和适应国际惯例的需要。

（4）实行工程量清单计价是深化工程造价管理改革，推进建设市场化重要途径

长期以来，工程预算定额是我国承发包计价、定价的主要依据。预算定额中规定的消耗量和有关施工措施性费用是按社会平均水平编制的，以此为依据形成的工程造价基本上也属于社会平

均价格。这种平均价格可作为市场竞争的参考价格，但不能反映参与竞争企业的实际消耗和技术管理水平，在一定程度上限制了企业的公平竞争。20世纪90年代，国家提出了“控制量、指导价、竞争费”的改革措施，将工程预算定额中的人工、材料、机械消耗量和相应的量价分离，国家控制量以保证质量，价格逐步走向市场化，这一措施走出了传统工程预算定额改革的第一步。但是，这种做法难以改变工程预算定额中国家指令性内容较多的状况，难以满足招标投标竞争定价和经评审的合理低价中标的要求。因为国家定额的控制量是社会平均消耗量，不能反映企业的实际消耗量，不能全面体现企业的技术装备水平、管理水平和劳动生产率，不能体现公平竞争的原则，社会平均水平不能代表社会先进水平，改变以往的工程预算定额的计价模式，适应招标投标的需要，推行工程量清单计价是十分必要的。

在建设工程招标中，工程量清单计价是一种比较常用的工程造价计价模式，在国家统一的工程量清单计价规范下，实际招标人能对工程量进行充分了解，投标人也能进行独立报价，经评审之后以低价中标。实际工程量清单计价也能很好地反映出项目的单项成本，便于企业开展独立报价，实现公平竞争。

（5）规范建筑市场秩序

在建设工程招标投标中，实行工程量清单计价是规范建筑市场秩序，适应社会主义市场经济需要的根本措施之一。工程造价是工程建设的核心，也是市场运行的核心内容，建筑市场存在许多不规范的行为，大多数与工程造价有直接联系。尽快建立和完善市场形成工程造价的机制，是当前规范建筑市场的需要。推行工程量计价，有利于发挥企业自主报价的能力，同时也有利于规范业主在工程招标中的计价行为，有效改变招标单位在招标中盲目压价的行为，从而真正体现公开、公平、公正的原则，反映市场经济规律。

4. 工程量清单计价的特点

（1）统一计价规则

通过制定统一的建设工程工程量清单计价方法、统一的工程量计量规则、统一的工程量清单项目设置规则，达到规范计价行为的目的。这些规则和办法是强制性的，建设各方面都应该遵守，这是工程造价管理部门首次在文件中明确政府应管什么，不应管什么。

（2）有效控制消耗量

通过由政府发布统一的社会平均消耗量指导标准，为企业提供一个社会平均尺度，避免企业盲目或随意大幅度减少或扩大消耗量，从而达到保证工程质量的目的。

（3）彻底放开价格

将工程消耗量定额中的工、料、机价格和利润、管理费全面放开，由市场的供求关系自行确定价格。

（4）企业自主报价

投标企业根据自身的技术专长、材料采购渠道和管理水平等，制定企业自己的报价定额，自主报价。企业尚无报价定额的，可参考使用造价管理部门颁布的工程消耗量定额。

（5）市场有序竞争形成价格

通过建立与国际惯例接轨的工程量清单计价模式，引入充分竞争形成价格的机制，制定衡量投标报价合理性的基础标准，在投标过程中，有效引入竞争机制，淡化标底的作用，在保证质量、工期的前提下，按《中华人民共和国招标投标法》有关条款的规定，最终以“不低于成本”的合理低价中标。

5. 招标投标过程中采用工程量清单计价的优点

较之招标过程中的定额计价法，工程量清单计价法的优势还是比较凸显的，如下：

（1）满足竞争的需要

在整个投标过程中，其本质就是一个竞争过程。招标人给出工程量清单，投标人填写包括成本、利润在内的单价。高标不同于低标，低标会导致损失的出现，尤其是能表现出企业技术水平和管理水平，促使企业综合竞争实力的提升。

（2）提供平等的竞争条件

采用施工图预算来投标报价，由于设计图纸的缺陷，不同投标企业人员的理解不同，计算出的工程量也不同，容易产生纠纷。工程量清单报价为投标者提供了一个平等竞争的条件，相同的工程量，由企业根据自身的实力来填不同的单价，符合商品交换的一般性原则。

（3）有利于工程款的拨付和工程造价的最终确定

中标后，业主要与中标施工企业签订施工合同，工程量清单报价的基础上中标价就成为合同价基础。投标清单上单价就成为拨付工程款的重要依据，业主按照施工企业完成的工程量，就确定进度款的拨付额。在工程竣工之后按照设计变更、工程量增减乘以相应的单价的方法，确定工程的最终造价。

（4）有利于实现风险的合理分担

在工程量清单报价方式的使用基础上，投标人不只能对自己所报成本和单价进行负责，还能对工程量的变更或者是计算错误不承担责任。这样说来，这一部分的风险会由业主来承担，十分符合合理风险分担、平等权利关系的原则。

（5）有利于业主对投资的控制

采用施工图预算形式，业主对因设计变更、工程量的增减所引起的工程造价变化不敏感，往往等工程竣工结算时才清楚这些对项目投资的影响有多大，而采用工程量清单计价的方式则一目了然，在要进行设计变更时，能马上确定它对工程造价的影响。这样，业主就能根据投资情况来决定是否变更或进行方案比较，以确定最恰当的处理方法。

（三）定额计价与工程量清单计价的区别

1. 编制工程量的单位不同

定额计价法是建设工程的工程量分别由招标单位和投标单位分别按图计算。工程量清单计价是工程量由招标单位统一计算或委托有工程造价咨询资质单位统一计算，“工程量清单”是招标文件的重要组成部分，各投标单位根据招标人提供的“工程量清单”，以及自身的技术装备、施工经验、企业成本、企业定额、管理水平自主填写报单价。

2. 编制工程量清单时间不同

定额计价法是在发出招标文件后编制（招标与投标人同时编制或投标人编制在前，招标人编制在后）。工程量清单报价法必须在发出招标文件前编制。

3. 表现形式不同

定额计价法一般采用总价形式。工程量清单报价法采用综合单价形式，其具体包括了人工费、材料费、施工机具使用费、企业管理费、利润，还要考虑风险这一因素。实际工程量清单报价能更加直观地呈现，实际单价也相对固定，如果工程量出现变化，而单价一般不调整。

4. 编制依据不同

以定额计价方法来说，其是以图纸为基础，每班人工、材料以及机械消耗，按照建设行政主管部门下达的预算定额进行具体执行。每一班人工、材料、机械的单价，都要按照项目成本管理部门发布的价格信息进行有效计算。实际招标控制价，在工程量清单、招标文件的要求之下，施工现场情况、合理的施工方法、建设行政主管部门制定的有关工程造价计价进行编制。而且企业投标报价需要按照企业定额、市场价格信息进行编制，或者是参照建设行政主管部门下达的社会平均消费定额进行编制。

5. 费用组成不同

定额计价法的项目成本包括人工成本、材料成本、施工机具使用成本、企业管理成本、利润、税费。工程量清单计价法的工程造价包括分部分项工程费、措施项目费、其他项目费、规费和税金；包括完成每项工程包含的全部工程内容的费用；包括完成每项工程内容所需的费用（规费、税金除外）；包括工程量清单中没有体现的，施工中又必须发生的工程内容所需费用，包括为应对风险因素而增加的费用。

6. 评标所用的方法不同

定额计价法投标一般采用百分制评分法。采用工程量清单计价法投标，一般采用合理低报价中标法，既要对总价进行评分，还要对综合单价进行分析评分。

7. 合同价调整方式不同

定额计价法合同价调整方式有变更签证、定额解释、政策性调整。工程量清单计价法合同价调整方式主要是“索赔”。一般地，工程量清单的综合单价是采取招标中报价的形式，若是中标报价作为签订施工合同的重要依据会被固定下来，实际工程结算按照承包商实际完成工程量，乘以清单中相应的单价计算，避免调整活口的减少。采取定额常采用定额解释与定额规定，实际结算过程中又有政策性文件进行调整，然而工程量清单计价单价是不能被随意进行调整的。

8. 工程量计算时间前置

按照工程量清单需要在招标之前，由招标人来进行编制，因建设周期往往比较长，站在业主角度上需要对建设周期进行减缩，在设计初步完成，就要开展施工招标工作，当然要在不影响施工进度的情况下陆续进行施工图纸的发放，由此来说，承包商按照报价的工程量清单中各项工作内容下的工程量来进行概算工程量。

9. 投标计算口径达到了统一

由于各投标单位都是按照统一的工程量清单进行报价的，实现投标计算口径的统一，就不再是预算定额招标，参与投标的各单位都要进行各自的工程量计算工作，因此各投标单位计算的工程量都是不一致的。

10. 索赔事件增加

由于承包商对工程量清单单价、工作内容都是一目了然的，故凡建设方不按清单内容施工的，任意要求修改清单的，都会增加施工索赔的因素。

二、工程造价计价依据

（一）工程造价计价依据的种类及作用

就工程造价计价的依据来说，其主要分为工程量计算规则、建筑工程定额、工程价格信息、工程造价相关法律法规等内容。

在社会主义市场经济条件下，建筑工程造价计价依据不仅是建筑工程计价的客观要求，也是规范建筑市场管理的客观需要。建筑工程造价计价依据的主要作用表现在以下几个方面：一是计算确定建筑工程造价的重要依据。按照投资估算、设计概算、施工图预算，到承包合同价、结算价、竣工决算各项工作来说都是离不开工程造价计价的。其二是投资决策的重要依据。投资者按工程造价计价依据预测投资额，进而对项目作出财务评价，进一步提升投资决策的科学性。其三是工程投标、促进施工企业生产技术进步的工具。投标时根据政府主管部门和咨询机构公布的计价依据，得以了解社会平均的工程造价水平，再结合自身条件，做出合理的投标决策。由于工程造价计价依据较准确地反映了工料机消耗的社会平均水平，这对于企业贯彻按劳分配、提高设备利用率、降低建筑工程成本都有重要作用。其四，是政府对工程建设进行宏观调控的依据。在社会主义市场经济条件下，政府可以运用工程造价依据等手段，对人力、物力、财力的实际需要量进行计算，对投资规模进行适当调控。

（二）工程量计算规则

1. 制定统一工程量计算规则的意义

工程量计算规则需要采用全国统一的工程量计算规则，实现对工程建设各方的计价计量行为进行有效规范，这样就能有效减少计量争议问题的产生。

（1）有利于“量价分离”

固定价格不适用于市场经济，因为市场经济的价格是变动的，必须进行价格的动态计算，把价格的计算依据动态化，变成价格信息。因此，需要把价格从定额中分离出来：使时效性差的工程量、人工量、材料量、机械量的计算，与时效性较强的价格进行分离。依照全国统一的工程量计算规则，其不仅是量价分离的产物，也是促进量价分离不可或缺的因素，更是建筑工程造价计价改革的关键一步。

（2）有利于工料消耗定额的编制

为计算工程施工所需的人工、材料、机械台班消耗水平和市场经济中的工程计价提供依据。对于工料消耗定额的编制，其是建立在以工程量计算规则统一化、科学化为基础，工程量的计算规则与工料消耗定额的出台，形成了量价分离后实现完整“量”的体系。

（3）有利于工程管理信息化

统一的计量规则，便于统一的计算口径，便于统一划项口径。而且统一的划项口径，便于统一信息编码，实现统一的信息管理工作。

2. 建筑面积计算规则

建筑面积，称之为建筑展开面积，指的是建筑物中各层面积总和。建筑面积有使用面积、辅助面积、结构面积。实际建筑面积的计算主要有以下作用。

（1）建筑面积是一项重要的技术经济指标

国民经济时期实际建筑面积完成了多少，标志着一个国家工农业生产的发展现状，以及改善人民生活居住条件与文化生活福利设施发展的程度。

（2）建筑面积是计算结构工程量或用于确定某些费用指标的基础

举例子来说，计算出建筑面积之后，能根据这一基数计算出地面抹灰、室内填土、地面垫层、平整场地以及脚手架工程等项目的预算价值。为了简化预算的编制和某些费用的计算，有些取费指标的取定，如中小型机械费、生产工具使用费、检验试验费、成品保护增加费等也是以建筑面积为基数确定的。

（3）建筑面积作为结构工程量的计算基础

建筑面积是结构工程量的计算依据，这一内容十分重要，且是一项需要认真对待和认真计算的工作。工作人员的任何种粗心大意导致计算错误的出现，不只会导致出现结构工程量的计算偏差问题，还会导致概算的准确性受到极大影响，造成人力、物力以及国家建设资金地极大地浪费，出现大量建筑材料的积压问题。

（4）建筑面积与使用面积、辅助面积、结构面积之间存在着一定的比例关系

设计人员在进行建筑或结构设计时，都应在计算建筑面积的基础上再分别计算出结构面积、有效面积及诸如平面系数、土地利用系数等技术经济指标。有了建筑面积，才有可能计算单位建筑面积的技术经济指标。建筑面积的计算对于建筑施工企业实行内部经济承包责任制、投标报价、编制施工组织设计、配备施工力量、成本核算及物资供应等，都具有重要的意义。

（三）工程定额

定额是在正常的施工生产条件下，完成单位合格产品所必需的人工、材料、施工机械设备及其资金消耗的数量标准。在建筑生产中，为了完成建筑产品，必须消耗一定数量的劳动力、材料、机械台班，以及相应的资金，在一定的生产条件下，用科学方法制定的生产质量合格的单位建筑产品所需要的劳动力、材料和机械台班等的数量标准，就称为建筑工程定额。

建筑工程定额是指按国家有关产品标准、设计标准、施工质量验收标准（规范）等确定的施工过程中完成规定计量单位产品所消耗的人工、材料、机械等消耗量的标准，其作用如下。

其一，建筑工程定额有着节约社会劳动、提高生产效率的促进作用。企业采用定额计算工料消耗、劳动效率、施工工期以及实际水平对比，对自身竞争能力进行有效衡量，加强企业管理工作，进行使用资源的合理分配，确保节约目的的有效实现。

其二，给建筑工程定额提供有效的信息，为建筑市场供需双方的交易活动与竞争创造条件。

其三，建筑工程定额，能有效完善建筑市场信息系统。而且定额本身是有着大量信息的一种集合，还有对大量信息进行加工的重要结果，给使用者提供重要的信息。建筑工程造价，给制定定额提供了信息。

（四）建筑工程价格信息

1. 建筑工程单价信息和费用信息

在计划经济条件下,工程单价信息和费用是以定额形式确定的,定额具有指令性;在市场经济下,它们不具有指令性,只具有参考性。对于发包人和承包人及工程造价咨询单位来说,这都是十分重要的信息来源。单价可以从市场上调查得到,也可以利用政府或中介组织提供的信息。单价有以下几种。

（1）人工单价

人工单价是指一个建筑安装工人一个工作日在预算中应计入的全部人工费用，它反映了建筑安装工人的工资水平和一个工人在一个工作日中可以得到的报酬。

（2）材料单价

材料单价是指材料由供应者仓库或提货地点到达工地仓库后的出库价格。材料单价包括了材料原价、供销部门手续费、包装费、运输费、采购保管费。

（3）机械台班单价

机械台班单价，指的是在正常运转条件下一台施工机械每一个台班都会被计入费用中。机械台班单价包括了折旧费、大修理费、经常修理费、安拆费、场外运输费、燃料动力费、人工费、运输机械养路费、车船使用税及保险费。

2. 建筑工程价格指数

建设工程价格指数就是反映一定时期内价格变动，针对工程价格影响指数。对建设项目价差的依据进行调整，实际建筑价格指数就是报告期内价格和基期的比率。这样来说，价格变化趋势得到有效反映，实现估价与结算，估计出价格变化对宏观经济的重要影响作用。随着社会主义市场经济的不断发展，建筑材料、设备价格都会发生变化，其对市场经济也产生极大的影响作用。当建筑市场供求、价格水平发生一定波动时，建筑工程价格和其组成部分也会发生一定变化，不同时期工程价格就没有可比性，导致成本控制变得愈加困难。编制建设项目价格指数，是有效解决动态控制的重要途径之一。按照不同分类标准，建筑价格指数有着很多种类。按照项目范围、类别、目的，可分为单项价格指数、综合价格指数两种。具体来说，单项价格指数能有效反映出报告期内的各项目劳动力、材料、施工机械、主要设备价格，促使基期价格发生极大地变动。人工成本或者是设备成本水平的变化综合反映出各个工程项目的人工成本或者是设备成本的整体变化趋势。还有，按照结合工期价格数据来说，具体分为时点价格指数、月度指数、季度指数、年度指数。其三，按照不同基期可分为固定基期指数、逐月指数。前者是对每个时期价格、固定时期的价格之比，后者能指出各期价格、前期价格的比率。

第三节 工程量清单计价的基本原理

工程建设领域实行招标投标制，已经成了一种普遍现象，这是为了适应市场的客观要求，通过市场这个手段来优化各种相关资源的配置，从而实现低成本、高质量、高效率地进行工程建设的目工程量清单是在建设工程招标时招标人依据工程设计图纸及招标要求，以统一的工程量计算规则和统一的项目划分规定，为投标人提供实物工程量项目和技术性措施项目的数量清单，工程量清单报价是投标人在国家相关定额的指导下，结合工程具体情况、企业自身实力和竞争机制情况，考虑各种因素，自主填报综合单价。

一、工程量清单计价的基本原理来源

（一）工程量清单计价的基本方法与程序

工程量清单计价的基本过程可以描述为：在采用统一的工程量计算规则的基础上，制定出工程量清单项目编制规则，根据具体工程的施工图纸计算出各个清单项目的工程量，再根据各种渠道所获得的工程造价信息、企业定额和经验数据汇总计算得到工程造价。

工程量清单的编制过程可以分为两个阶段：工程量清单格式的编制阶段和利用工程量清单来编制投标报价阶段，投标报价是在业主提供的工程量计算结果的基础上，根据企业自身所掌握的各种信息、资料，结合企业定额编制得出的。

1. 工程分部分项工程费

$$\sum 分部分项工程量 \times 分部分项工程单价$$

其中，分部分项工程单价由人工费、机械费、材料费、管理费、利润等组成，并考虑一定的风险费用。

2. 措施项目费

$$\sum 措施项目工程量 \times 措施项目综合单价$$

其中，措施项目包括通用项目、建筑工程措施项目、安装工程措施项目和市政工程措施项目，措施项目综合单价的构成与分部分项工程单价构成类似。

3. 单位工程报价

$$分部分项工程费 + 措施项目费 + 其他项目费 + 规费 + 税金$$

4. 单项工程报价

$$\sum 程工单位工程报价$$

5. 建设项目总报价

$$\sum 程工单项工程报价$$

二、工程量清单计价的操作过程

工程量清单计价作为一种市场价格的形成机制，主要使用在工程的招投标阶段，因此工程量清单计价操作过程可以简要地从招标、投标、评标三个阶段来进行阐述。

（一）工程招标阶段

若是按照项目施工方案、初步设计、部分施工图设计完成之后，招标单位可以委托基础编制单位或者是招标代理机构，依照统一的工程量计算规则，依照单位工程计算、列出各分部分项工程的工程量清单，分发给各投标人。在分项工程量清单中，招标方应按照国家统一的工程量清单项目设置规则和计量规则填写工程编号、工程名称、计量单位和工程数量，若是投标人能在自己施工组织设计基础上，开展综合评估，然后再仔细填写单价、总价，且要按照招标文件中考虑到工程质量要求、工期等各种重要的因素。

（二）投标单位作标书阶段

投标人在收到招标文件后，应首先对招标文件进行详细研究，主要是对工程量和工程特点的说明。若是在招标方允许的情况之下，进行工程量清单的有效列出，积极调整工程量的错误，实际投标人应当按照详细的审查工程量清单，对列出的每一项目工程量进行标记，若是出现较大误差就在招标单位答疑会上提出调整意见，经过招标单位同意之后实现有效调整。若是出现数量不允许调整的情况下，不需要对数量进行详细审查。若是审查的主要项目或者是较大数量的项目。一旦发现这些项目出现极大错误，则可能需要对这些项目单价进行调整。

工程量套用单价及汇总计算，工程量单价的套用有两种方法：一种是工料单价法，即工程量清单的单价，按照现行预算定额的工、料、机消耗标准及预算价格确定，其他直接费、现场经费、管理费、利润、有关文件规定的调价；风险金、税金等费用计入其他相应标价计算表中；一种是综合单价法，即工程量清单的单价综合了直接工程费、间接费、有关文件规定的调价、材料价格差价、利润、风险金、税金等一切费用。综合单价法的优点是当工程量发生变更时，易于查对，能够反映本企业的技术能力、工程管理能力，根据我国现行的工程量清单计价办法，单价采用的是综合单价。

（三）评标阶段

在评标阶段招标人是坚持以合理低价中标为原则的。当然，综合评分法还是可以用来评标的。不仅要考虑报价因素，还要对投标人的施工组织设计、企业业绩、声誉，按照一定的权重进行打分，继而根据总分情况来确定中标人，或采用两阶段评标法，即：首先对投标人的技术方案进行评审，然后在技术方案可行的前提下，将投标人的报价作为评标和授标的唯一因素，这样既能保证工程施工质量，又能帮助业主选择报价合理且较低的单位中标。

三、工程量清单计价法的特点和作用

（一）工程量清单计价法的特点

项目价格形成的主要阶段是投标阶段。若是在工程量清单计价法招标方法之下，各业主或者是招标单位要按照统一的工程量清单项目设置规则、工程量清单计量规则编制工程量清单，积极鼓励企业自主报价。若是业主按照这一报价，综合评价结合质量、工期等因素，有效对最佳投标企业中标进行选择，实际工程量清单计价，有效实现工程交易的市场定价，长期以来招标阶段“逐项计算定额下分项工程量”的做法也被打破，取定额单价，并能对直接成本进行确定，然后按照规定计算出其他的直接成本、间接成本、利税，加上重大差异调整，在“工程预算或标底”模式得到汇总之后，这一工程量清单计价模式下标底不再是评标的主要依据，而且标底也是无法进行编制的。实际市场参与双方的主体进行自主定价，按照符合价格形成的重要原则。

（二）工程量清单计价法的作用

工程量清单计价法的作用分别有：其一，工程量清单计价法对建筑市场秩序进行规范，也是对社会主义市场经济发展的适应；其二，工程量清单计价方法能有效确保企业的健康发展，积极进行有序竞争；其三，工程量清单计价方法有助于转变政府的成本管理职能。其四，工程量清单计价方法，适应我国加入 WTO 和融入世界市场的实际需求。

（三）工程量清单计价与工程招投标，工程合同管理的关系

1. 工程量清单计价与工程招投标的关系：工程量清单计价方法一般被称之为工程量清单招标。

2. 工程量清单计价与合同管理的关系：首先工程量清单计价体系要采用单价合同的合同计价方式，分别是固定单价合同、可调单价合同。具体来说，就固定单价合同而言，若是设计或其他施工条件没有得到有效执行，未来增加工程内容可按相应单价增减结算。

对于可调整单价合同，举例子来说就是当这一工程材料价格发生变化、合同中因某些不确定因素需要对单价进行确定，结算时要按照实际情况调整合同单价，确定实际结算单价。

若是单价合同中各类工程细目的单价进行协议明确，承包商只按照实际完成的工程量，确定

计算。与此同时，单价合同一方面能进行工程变更处理，也便于施工索赔工作，较好的合同公平性与可操作性，若是工程量清单的计价体系需要与单价合同的合同计价方式进行匹配。比较常用的形式就是固定合同单价，也就是工程结算，实际结算单价按照投标人来确定投标价格，按照工程量来完成实际工程量结算。特别是招标人需要提供工程量清单中的相关数量，数量变化也由招标人承担。

再有，工程量清单计价体系中的工程量计算也会影响到合同管理。工程量清单中可以提供工程量，这是投标人投标报价的依据，这都是需要比较高的计算精度。要确保工程量计算能做到不漏不重，反之就会有十分严重的后果。若是投标方发现或者是利用的工程量计算是错误的，就会给招标方带来严重的经济损失，导致其他施工索赔问题出现。除此之外，不平衡的报价可以获得超额利润，而且承包商也能提出索赔问题。比如，因工程量的增加，相关承包商的启动费用就可能出现相应超支的情况，极大的可能是向业主进行索赔。工程量计算错误会出现工程变更难度加大的问题，因承包商采用不平衡的报价，一旦合同设计变更，会出现工程量清单中工程量出现增加或者是减少的问题，相对应的工程师也就要在不得已的情况下和业主、承包商协商，继而能促使新的单价确定，对变更后的工程进行重新评估。相关工程量计算中错误的出现，也同样给投资控制、预算控制带来不可回避的困难。要知道，合同预算是按照投标价格加上一定预留费用来进一步确定实现的，工程量计算中的错误会给项目管理的预算控制、预算带来极大的困难。

（四）投标报价中工程量清单计价

工程量清单计价办法。

第一，工程量清单计价包括编制招标标底、投标报价、合同价款的确定与调整和办理工程结算等。

招标工程如设标底，标底应根据招标文件中的工程量清单和有关要求、施工现场实际情况、合理的施工方法以及按照建设行政主管部门制定的有关工程造价计价办法进行编制。

第二，股标报价应根据招标文件中的工程量清单和有关要求、施工现场实际情况及拟定的施工方案或施工组织设计，应根据企业定额和市场价格信息，并参照建设行政主管部门发布的先行消耗量定额进行编制。

第三，工程量清单计价应包括按招标文件规定完成工程量清单所需的全部费用，包括了分部分项工程费、措施项目费、其他项目费和规费、税金组成。

具体来说就是，分部分项工程费是为完成分部分项工程量需要的实体项目费用；措施项目费除了分部分项工程费之外，进一步完成这一工程项目施工的有效开展，便于这一工程施工之前和施工中技术、生活、安全等各个方面进行非工程实体项目需要的费用；若是其他项目成本是按照部分项目成本、计量项目成本之外，实际项目建设中产生其他成本的问题。

还有，分部分项工程、计量项目以及其他项目的费用按综合单价计价。综合单价包括了人工费、材料费、机械使用费、管理费、利润，完成规定计量单位的工程量清单项目需要其他费用共同组成，这一综合单价中需要考虑风险这一因素。

另外，预测项目成本变化对宏观经济形势是有着极大影响的。在工程量清单中投标人需要填写报价中应避免以下情况，一是单价和工程量的乘积要和总价保持不一致性，二是小数点位置出现明显的错误问题，三是报价组价格中缺乏必要的项目。现阶段，工程量清单计价变得愈加成熟，工程造价领域中造价管理部门也要积极进行职能的转变。除此之外，在建筑市场中实现宏观调控与积极管理，要积极树立企业的服务理念，改变之前政府强制控制行为。经过长期的实践与探索，制定出符合市场需求的工程量清单的计价方法，积极指导和支持企业编制企业定额，确定企业成本价格，适应市场竞争的需要。

第四节 全过程造价管理与全寿命周期工程造价管理

一、全寿命周期造价管理

生命周期成本管理（LCC）主要由英国和美国的一些成本工程学者和实践者在 20 世纪 70 年代末和 80 年代初提出。最早使用“生命周期成本管理”一词的文献是 1970 年代英国皇家特许测量师学会《建筑与工程量调查季刊》和美国建筑师协会（AIA）出版的《建筑师生命周期成本分析指南》中的 Gordon。在 20 世纪 80 年代之初，一批以英国成本管理学者和实践者为主的研究人员在全寿命周期成本管理方面进行了大量的研究并取得了突破。

工程项目生命周期成本的管理思想和方法，其核心概念与定义，积极整理和归纳现有各种相关文件，积极表达工程项目生命周期成本管理定义内容。若生命周期成本管理，就是项目投资决策的具体分析工具，实际生命周期成本管理就是一种用于选择决策方案的数学方法。而且还要提出生命周期成本管理的思想、方法，并有着极大的决策性的支持工具地位。有效指导人们站在项目的生命周期角度，有意识地、全面地对项目建设成本和运行维护费用进行综合考量，这样一来，投资决策才能实现更好的科学决策。

还有，生命周期成本管理在建筑设计中有着指导思想与手段的重要地位，这是一种技术方法，有效计算出项目整个服务期中的全部成本，包括了直接成本、间接成本、社会成本以及环境成本，这样就能有效对设计方案进行确定，给出全寿命周期成本管理中的思想、方法。在实际项目建筑设计阶段中成为指导建筑设计、建筑材料选择的方法与手段，积极指导设计者按照项目全寿命周期中工程造价、运营维护成本进行有意识地、全面地考虑，这样就能更科学、更合理地确定建筑设计，并选择相关建筑材料，这样一来在确保设计质量的前提之，进一步实现项目生命周期成本有效降低的目的。

再有，要知道在工程项目的全寿命周期中全寿命周期成本管理包括众多期限，包括了早期的施工，加上施工期、服务期、改建期、拆除期，最大限度缩小总成本。生命周期成本管理是一个可以进行审计、跟踪的项目成本管理系统。要在工程项目生命周期阶段中，有效构成生命周期成本管理，要对生命周期成本管理进行定义。而且生命周期成本管理中，不仅需要应用于项目成本的确定阶段，而且要应用于项目成本的控制阶段中。

二、全面造价管理

在全面成本管理工作中，要有效利用专业知识，对资源、成本、利润、风险等进行控制与管理。该定义在美国成本工程师学会会议上通过后，成为美国成本工程师学会对全面成本管理的最初正式定义。

在成本管理的全过程中，需要有成本工程、成本管理科学原理的支持，通过相关验证技术方法与最新操作技术进行实现。这样一来，国际促进全面成本管理协会，要在全面成本管理系统方法涉及管理阶段的划分，给出全面成本管理的重要阶段。成本管理中进行发现需求、机会阶段；说明目标、使命、指标、政策计划的各个阶段；对具体需求进行明确，确定支持技术的重要阶段；实际方案评估与选择阶段；新方法研发阶段；按照选定方案进行开发设计的初步阶段；设施与资源的获得阶段；实施阶段；修订完善阶段；服务和重新分配资源的开展阶段；补救和处置阶段。就全面成本管理采取的方法来说，这一文章需要实施全面的成本管理方法：作业管理方法与工作计划方法；成本预算方法；经济与财务分析方法；成本工程方法；操作方法和项目管理；计划和调度的方法；成本和进度的测量与变更控制方法。

全面成本管理包括了四个内容，分别是项目全过程成本管理、项目全要素成本管理、项目全风险成本管理、项目全团队成本管理。

（一）工程项目全过程造价管理

工程项目指的是人类通过自身生产、技术活动等，各种资源都能转化成为人所需工程设施的独特过程。这一过程通常是将项目建设分为多种阶段，包括了投资决策和可行性研究阶段、设计阶段、招标阶段、施工阶段、项目竣工阶段等。每个子过程都是由不同活动共同组成的，一个项目全过程成本都是由每个子过程的成本来共同构成，每个子过程的成本都是由许多特定活动的成本共同构成的，项目全过程成本管理需要以活动、过程为基础，实际项目全过程成本管理需要按照项目过程、活动的构成与分解规律来进行实现。

（二）工程项目全要素造价管理

由于项目实现中，每一项活动都受到成本、工期、质量这三个基本要素的影响：由此工程造价要从全过程造价管理中对工程造价的综合管理进行考虑，要从如何管理影响工程造价的所有因素，有效对工程造价的综合管理进行考虑。整个过程的实施中上述的三个要素都是相互影响和转化的。在特定条件之下项目工期和项目的质量都能被转化为项目成本。这样说来，在工程项目的全面成本管理基础上，需要站在影响成本的全面因素管理的角度上，若是从全面因素管理着手，分析并找出一套全面、具体的成本管理技术方法，这是工程项目的全要素成本管理内容。

（三）工程项目全风险造价管理

在工程项目的实现过程中，与一般产品的生产过程是有不同的。通常来说，实际产品的生产过程都是有着一定可控性的，相对于企业内部环境来进行确定，其主要影响因素就是企业内部条件。在众多风险和不确定性外部环境条件下，工程项目的实际实施受到极大的影响。对工程造价的主要影响因素是外部环境条件，具体指的就是通货膨胀、气候条件、地质条件以及施工环境条件等，这些不确定因素对项目成本都有着极大的影响，而项目成本一般由确定性成本、风险性成本、完全不确定成本组成的。这些因素的存在会随时造成各类损失，导致项目成本的增加。项目成本管理还是要考虑风险对成本的影响作用，综合管理确定性成本、不确定性成本。因此，项目成本管理的重要任务就是不确定成本的管理，也就是项目全风险成本管理内容。

（四）工程项目全团队造价管理

在项目的实施中，涉及项目建设众多不同利益相关者，这些利益相关者包括了项目法人、项目业主、承担项目设计任务的设计单位或建筑师、工程师、承担项目监理的项目监理咨询单位或监理工程师，承担项目成本管理的成本工程咨询单位或者是成本工程师与工料测量师，承担着项目施工任务的成本工程咨询单位或者是成本工程师和工料测量师，承担项目施工任务的施工单位或承包商和分包商，以及提供各种项目所需材料和设备的供应商等。这些不同的利益相关者一方面合作实现同一个项目，而且按照分工完成项目的不同任务，获取各自的利益。在项目实现中这些利益相关者都有着自己的利益，利益相关者的利益发生极大的冲突。在工程项目成本管理中进行各利益相关者之间的利益和关系的有效协调，团结各利益冲突的不同主体，从而形成全面的协作团队，在团队的共同努力之下，有效实现工程项目的全面成本管理，也就是工程项目的全团队成本管理。

三、工程全寿命造价管理

项目生命周期就分为建设期和服务期。建设期中又分五个阶段，即项目决策阶段、项目设计阶段、项目招投标阶段、施工阶段、竣工结算阶段。因此，全寿命周期成本控制是在上述五个阶段以及服务期内，实现项目成本的有效控制。

（一）初始化成本控制

1. 项目决策阶段工程造价的控制

投资估算指的就是在可行性研究、评价的各个阶段，对项目建设投资需求从粗到细进行多阶段估算的汇总。在中国投资估算中项目设计任务或可行性的研究阶段与评估阶段，项目总投资、单项工程投资估算，实际估算结果的准确性对项目投资决策的正确与否有着直接的影响作用，这样给初步设计概算、施工图预算、工程招投标、后期工程造价都会造成极大的影响。项目成本管理的第一阶段就是投资估算，其控制相当于确定投资估算，若是只进行施工阶段的考虑，投资估算是能采取指数法、类似工程法、神经网络法、模糊数学法以及灰色系统模型法等方法。

2. 初步设计概算和施工图预算阶段对工程造价的控制

在编制初步设计预算、施工图预算，我国的应用软件都是十分成熟的，应该在预算审查时加强对设计阶段工程造价概算的控制，一些经验丰富的预算估计员使用这一传统审核方法，进行非常详细的审核，这一方法既耗时又比较依赖于工作人员的经验。一些预算软件公司是开发了审查预算的软件，这一方法和预算编制方法类似，有助于审核人员的审核工作。建立了竣工资料数据库之后，开发了一种类似竣工资料的预算审查方法。

3. 施工阶段工程造价控制

在施工阶段中的工程造价控制工作，要通过控制资金的使用计划，实际影响工程造价的表现有几种。首先，编制资金的使用计划，合理确定项目成本的总目标值和各阶段成本目标值，使项目成本的控制得到充分保障，打下了资金筹措和协调的重要基础。若是缺乏明确的成本控制目标，那么项目的实际支出就无法比较，无法发现其中的偏差，具体的措施也就缺乏针对性。

其次，在科学编制资金的使用计划上，有效预测出未来工程项目的资金使用、进度控制，避免不必要的资金浪费与进度失控，导致未来工程项目由缺乏依据出现草率的判断，并导致损失的产生，要减少盲目性，有效提高相关意识，充分发挥现有资金的重要作用。

再次，建设项目实施中要有严格的执行资金使用计划，有效控制项目成本上升，能极大节约投资，并提升投资效率。

最后，有效进行科学评估，修改和修订脱离实际情况的工程造价目标值和资金的使用计划，这样工程造价就能变得更加合理，建设单位和承包人的合法权益也能得到合理保证。

（二）未来成本控制

未来成本被分为年度定期成本和非年度成本，二者会以模糊集合形式给出其他因素，若是成本在给定模糊集合之内，这就是合理的。要采用以下方法进行未来成本的控制。

1. 类似工程法

因生命周期成本分析周期比较长，加上极大的未来不确定性与风险问题，未来年度成本与非年度成本都有可能会发生变化。由此需要采取以下步骤进行未来成本的控制。在全寿命周期成本分析范围内未来年度成本、非年度成本都是合理的。若是未来年度成本、非年度成本不在生命周期成本分析范围之内，极可能出现成本不准确或者失控，这样就能转到下一步来实施。

若是比较项目的年度定期成本，或者是非年度成本，实际比较中采取数量和价格的分离原则，将类似项目数量乘上比较期内劳动力、材料、机器的价格，之后对所有类似项目的年度定期成本与非年度成本实现有效地加权平均。在比较之下若是比较小的误差，其成本就是合理的。若是成本不合理，则要找出不合理的因素。

2. 对年度周期发生的成本进行预测法

生命周期成本分析的时间往往是有着极长的跨度，按照每年年度周期成本历史数据出现时间序列，按照这一时间序列开展预测工作。若是审查年度的实际年度周期成本，和通过预测获得的年度周期成本差别不大，也就是合理化的。这一方法不只要进行事后分析，且要进行事前控制。与此同时，要积极调整生命周期成本，有效弥补生命周期成本分析中一些不确定性和风险引发的系统误差问题。

3. 审计方法

若是上述方法不对，采取审计方法进行年度周期记录到当地账簿中，实现逐项审查，确保年度周期成本的合理性。

第四章 基于BIM的工程项目造价管理

第一节 BIM项目工程算量及造价的关系

一、BIM技术简介

BIM技术是一种应用于工程设计建造管理的数据化工具，它通过参数模型整合各种项目的相关信息，在项目策划、运行、维护的全生命周期过程中进行共享和传递，使工程技术人员能够对各种建筑信息做出正确理解和高效应对，为设计团队以及包括建筑运营单位在内的各方建设主体提供协同工作的基础。BIM技术在提高生产效率、节约成本和缩短工期方面发挥重要作用。

BIM是一个设施物理和功能特性的数字表达，是一个共享的知识资源，是一个分享有关设施（项目）的信息，它是为设施从建设到拆除的全生命周期中的所有决策提供可靠依据的过程。

二、工程造价

工程造价就是指工程的建设价格，是指完成一个工程建设项目，预期或实际所需的全部费用总和。从业主（投资者）的角度来定义，工程造价是工程的建设成本，即为建设一项工程预期支付或实际支付的全部固定资产投资费用。这些费用主要包括设备及工器具购置费、建筑工程及安装工程费、工程建设其他费用、预备费、建设期利息、固定资产投资方向调节税（现已停收）。尽管这些费用在建设项目的竣工决算中,按照新的财务制度和企业会计准则核算新增资产价值时，并没有全部形成新增固定资产价值，但这些费用是完成固定资产建设所必需的。因此，从这个意义上讲，工程造价就是建设项目固定资产投资。从承发包角度来定义，工程造价是指工程价格，即为建成一个项目，预计或实际在土地、设备、技术、劳务以及承包等市场上，通过招标投标等交易方式所形成的建筑安装工程价格和建设工程总价格。

（一）工程造价的职能

1.工程造价的评价职能

工程造价是评价总投资和分项投资合理性及投资效益的主要依据之一。在评价土地价格建筑安装产品和设备价格的合理性时，就必须利用工程造价资料，在评价建设项目偿贷能力、获利能力和宏观效益时，也可能依据工程造价。工程造价也是评价建筑安装企业管理水平和经营成果的重要依据。

2. 调控职能

国家对建设规模、结构进行宏观调控是在任何条件下都不可或缺的，对政府投资项目进行直接调控和管理也是必需的。这些都要将工程造价作为经济杠杆，对工程建设中的物资消耗水平、建设规模、投资方向等进行调控和管理。

3. 预测职能

无论投资者或建筑者都要对拟建工程进行预先测算。投资者预先测算工程造价不仅可以作为项目决策依据，同时也可以作为筹集资金、控制造价的依据。承包商对工程造价的预算，既为投标决策提供依据，又为投标报价和成本管理提供依据。

4. 控制职能

工程造价的控制职能表现在两方面：一方面，是它对投资的控制，即在投资的各个阶段，根据对造价的多次性的控制；另一方面，是它对以承包商为代表的商品和劳务供应企业的成本控制。

（二）工程造价的形式

按不同建设阶段，工程造价具有不同的形式。

1. 投资估算

投资估算是指在投资决策过程中，建设单位或建设单位委托的咨询机构根据现有的资料，采用一定的方法，对建设项目未来发生的全部费用进行预测和估算。

2. 设计概算

设计概算是指在初步设计阶段，在投资估算控制下，由设计单位根据初步设计或扩大初步设计图纸及说明、概预算定额、设备材料价格等资料，编制确定的建设项目从筹建到竣工交付生产或使用所需全部费用的经济文件。

3. 修改概算

在技术设计阶段，随着对建设规模、结构性质、设备类型等方面进行修改、变动，初步设计概算也做相应的调整，即为修改概算。

4. 施工图预算

施工图预算是指在施工图设计完成后，工程开工前，根据预算定额、费用文件计算确定建设费用的经济文件。

5. 工程结算

工程结算是指承包方按照合同约定，向建设单位办理已完工程价款的清算文件。

6. 竣工决算

竣工决算是由建设单位编制的反映建设项目实际造价文件和投资效果的文件，是竣工验收报告的重要组成部分，是基本建设项目效果的全面反映，是核定新增固定资产价值，办理其交付使用的依据。

三、工程造价引入 BIM 技术的必要性

传统的工程造价计算和统计主要是基于二维 CAD 图纸，耗时长，工作量大。在应用 BIM 技术后，可将二维 CAD 图纸创建三维 BIM 模型，基于 BIM 模型可以统计和计算构件的精准工程量，从而辅助工程造价计算。但 BIM 模型出来的工程量并不是全部工程造价的预算量或者清单量。BIM 技术有助于将造价三维信息化，提高算量效率和精准度。

BIM 在工程造价行业的变革和应用，是现代建设工程造价信息发展的必然趋势。工程造价行业的信息化发展历经从绘图计算，到二维 CAD 绘图计算，再到现在正如火如荼地 BIM 应用的时代变迁，整个造价行业，都向精细化、规范化和信息化的方向迅猛发展。BIM 技术的应用和推广，必将对建筑业的可持续健康发展起到至关重要的作用，同时还将极大地提升整个项目管理的集中化程度，以及项目的精益化管理的集中化程度，同时减少浪费，节约成本，促进工程效益的整体提升。

我国现有的工程造价管理在决策阶段、设计阶段、交易阶段、施工阶段和竣工阶段，多采用阶段性造价管理，并非连续的全过程造价管理，致使各阶段的数据不够连续，各阶段、各专业、环节之间的协同共享存在障碍。就 BIM 技术的实际优势来说，BTM 能为覆盖项目全生命周期和参与施工各方提供一个良好的集成管理环境，在统一的信息模型基础上实现协同共享和集成管理。就工程造价行业而言，BIM 可以实现各个阶段中的数据流动，促使多方协同工作，实现全过程、全生命周期成本管理、全要素成本管理，并提供可靠的依据。

成本技术能有效实现 BIM 数据的积累，给可持续发展奠定扎实的基础。就项目的安全生命周期、成本全过程来说，其具体实施中的各个阶段都会生成 BIM 模型，也就是以模型为载体，每一阶段都添加或者是生成各阶段的信息与数据，并在这些信息数据基础上，以模型为载体，更便于数据的积累和沉淀。

与此同时，通过处理与深化各成本体系，这些数据能很好地提取关键指标，由此产生成本数据库，这对成本型企业来说无疑是更有利的，相关数据与云计算技术都能被当作是成本信息与成本数据的重要载体，而 BIM 则可以作为云成本载体内容。

第二节 BIM 技术与全寿命周期工程造价管理

近些年来，随着社会的不断进步，我国经济得到持续性的发展，建筑业也在这一背景下取得了极大的进步。工程造价成为建筑行业中建筑工程的重要组成部分之一。而在成本管理工作中，全生命周期管理也无疑是项目成本管理的主要目标。经过分析，对 BIM 技术在全寿命周期成本管理中的应用进行简要分析，促使 BIM 技术和全寿命周期成本管理相互融合和相互促进，为我国经济发展做出重要贡献。

随着我国社会经济的不断发展，建筑企业数量逐渐增多，已然成为我国经济建设中的重要支柱行业，工程造价是建筑业中的重要基础，促使建筑行业得到广泛发展。尽管项目成本管理水平得到进一步提升，仍然存在着独立管理、被动管理等众多问题。在项目各个阶段管理中采取BIM技术，有助于增强市场竞争力。将BIM技术和生命周期成本管理有效地结合在一起，促使企业管理得到最大程度化的发展。

一、BIM技术及全寿命周期造价管理

（一）BIM技术

BIM技术是工程设计和施工管理的一种十分重要的数据管理工具。采取BIM技术，建筑企业从资源、行为、交付三个方面进行施工方法与实践内容的标准化设计。BIM作为一种数字化应用，被应用在设计、施工、管理的数字化项目中，直接地表现在工程项目中。BIM技术为全寿命周期成本管理提供了十分有效的技术支持，帮助施工单位提高施工效率，有效降低不必要的风险产生。

在建筑行业中应用BIM有着十分重要的意义，给建筑技术行业的发展提供重要保障。随着BIM技术的广泛应用，设计师能以平面图形式展示出相关设计理念。一些项目的建筑结构变得十分复杂，设计师无法通过图纸充分地给展现出来，基于BIM技术建立起来的三维模型，能更好地体现出设计师的想法，这样一来其他建筑参与者也能很好地了解到设计师的想法，实现数据信息共享。与此同时，在全周期管理中对建筑模型BIM技术的应用，建设项目管理中出现的问题能得到有效的解决，实际工程造价得到有效降低，工程的工作效率也能得到极大的提升。

（二）全寿命周期造价管理

对于全寿命周期成本管理，其实是一种全新的工程管理方法，在建筑工程开始实施之初，就强调将整个管理方法直接渗透到施工的整个过程和各个阶段，包括施工完成之后。因时间跨度涉及项目的整个生命周期，便于安全设施处于良好状态和正常运行。经过经济分析与技术手段的有效应用，能最大化地实现项目价值，促使现金成本实现最小化，这一管理模式贯穿于全寿命周期成本管理的项目决策阶段与设计招标阶段等。

二、基于BIM技术全寿命周期造价管理方法

（一）投资决策阶段

通常来说，在项目的投标期间，项目的投资方将根据项目的实际情况、市场情况和自身情况，对项目的投资金额进行科学合理的估算。在项目的投资决策阶段管理者能采用BIM技术建立建筑施工模型，造价工程师采用这一模型，能按照相关参数进行施工模式科学程度的有效估算。若是施工质量并不符合实际标准，一旦投入使用就会产生极大的安全隐患。应用BIM技术能将项目总数量、项目质量、人力资源成本等作为相关参数导入到模型中。根据BIM提供的模型，成本工程师能更加科学、有效地对项目需要的投资成本和企业实际投资能力进行计算，开展科学化、

合理化的投资决策。

（二）项目设计阶段

项目设计阶段其质量比全寿命周期成本管理的质量更加高，并有着十分深远的作用。在这一阶段中资源消耗比较低，整个项目建设中的设计成本往往只占到 1% ~ 3%，实际设计项目的影响则占到 80%。因传统的设计阶段中，有着较长的设计周期、较差的设计质量、较大的人力物力消耗等特征，实际设计中的疏忽常导致已开工项目的施工计划、施工方案出现变更，工程成本也就变大。设计人员在建立 BIM 数据模型之后，能对建筑工程设计中实现三维分析，对建筑空间布局进行有效改善，可以对传统建筑的重难点实现数字化、合理化的设计，便于在成本范围内设计出最优化的方案。

（三）招投标阶段

招标方在招投标的阶段能利用 BIM 技术建立出参数模型，相关造价工程师能按照数字模型提供的数据参数分析项目需要的资金，实现投标价格与竞争性的低价，最大限度降低投标流标的可能性。利用 BIM 工程模型，确定建筑项目的实际工作量，避免出现投标价格低于市场价格的情况出现，导致自身经济利益被损害，在项目施工重点工作中应用 BIM 模型，可以帮助企业发现施工的难点，保证施工进度的有效开展，按照企业现有的运营情况，做出投资决策，能促使企业的经济利益最大化实现。

（四）施工阶段

在项目建设过程中，项目成本管理工作的重要任务就是经过精确计算之后，有效降低项目的建设成本，促使项目投资目标顺利实施。成本管理人员需要切实掌握项目建设的具体工作量，对资金流动方式进行明确。较之传统成本管理工作，改变了低精度、误差大的人工计算方法，项目成本管理人员在 BIM 技术应用之后，能按照项目实际施工的具体情况，对 BIM 模型参数进行积极调整，管理人员在实际工作中通过相关软件对资金的实际使用情况进行查看，促使各单位合理使用资金，建设环节也能得到更优化的实施。

在施工阶段 BIM 技术的应用主要体现在以下几个方面：

1. 设计方案与施工方案的应用

利用 BIM 平台的仿真，实现建筑模型的建立，施工现场的施工方案一旦发生变化，BIM 的应用也能及时跟进，对具体的施工计划进行调整，计算项目的成本也需要充分进行计算，保证设计方案与施工方案的一致性。

2. 实现生产成本的监控

管理者在生命周期管理中将成本软件、BIM 模型结合在一起，这一方法能对项目中各个施工环节施工数量进行有效监控，动态管理和监控实际施工成本，以此来提升工程造价管理的整体水平。

（五）竣工验收阶段

在工程竣工验收阶段，工程后续运营与工具的使用有着十分重要的影响作用。一般情况下，工程的验收流程还是比较烦琐的，项目人员需要携带大量的施工图纸和相关资料，抵达施工现场进行验收工作，因设计人员比较多，实际验收任务比较繁重，验收步骤比较烦琐，验收周期较长。传统的验收方法会有大量资源被消耗。这一验收方法会影响到项目展示的完整性，实际项目的验收人员要按照实际施工情况和计算机中工程参数进行比较，才能完成验收工作。而采用 BIM 技术之后建立整个施工细节全景图，有效降低验收过程中需要的人工成本与材料成本，有效节省计算大型复杂数据所需要的时间。

（六）运营维护阶段

在建设项目的运营维护阶段，BIM 技术连接建设项目中的大量复杂专业设备，确保整个项目的相关性与完整性，实现各专业使用设备的连接性，若是需要制定出高效的维修方案，对维修成本进行分析和评估。操作员能对设备的空间位置有十分清晰的理解和认识，直观地表现出建筑物内的安全设施位置。利用模拟分析相关数据，制定出灾害应急预案，进一步优化灾害疏散路线，使得安全风险系数被降到最低。

（七）建筑拆除阶段

在建筑拆除阶段中，项目设计提出了对建筑物的使用寿命的相关要求。在使用一定年限后建筑物就会出现设施老化、日常维护不善等问题，出现极大的安全隐患，对居民的生命财产安全造成极大的威胁。若是超过使用年限的建筑物，要依照相关管理规定爆破拆除，但是专业人员在爆破拆除之前要找到合适的爆破点，对炸药量进行准确计算，在应用 BIM 技术时要直接利用以往的成果，依据 BIM 数据模型计算出建筑物的耐受力，更加直观地、有效地分析出建筑结构拆除的重难点，专业人员会因空间交错出现分析误差，当然这一问题也能很好地规避，有效减少爆破拆除对周边生态环境造成的影响，爆破完成之后要进行爆破后可回收与不可回收建筑垃圾的有效分类，继而实现最大化地利用资源。

在工程建设中 BIM 技术被广泛应用在施工的各个环节中，有助于提升工程造价质量与工程效率。将 BIM 技术和全寿命周期成本管理系统结合在一起，充分发挥 BIM 技术的固有优势，施工质量得到进一步提升，有效控制工程成本。在生命周期管理项目中，BIM 独特的技术优势与 BIM 模式的应用，能给我国建筑业的发展提供强有力保障。

第三节 BIM 或将改变工程造价模式

一些成本人员在 BIM 技术面前是恐慌的，比较担心 BIM 会取代项目成本，并不需要成本人员。而事实上成本人员是否会被行业淘汰，并不在于 BIM 的普及，而是在于成本人员能否适应 BIM 的应用潮流，并实现自身定位的转化。

BIM 应用能有效减少成本人员工作的重复性，每个造价人员在实际工程量计算工作中，其对图纸的理解和专业水平是不相同的，实际得出的数值也是不一样的。若是计算结果相同，或者是不同时期不同的人采取不同软件，都可能会造成误差的产生，导致成本工作变得更加烦琐、麻烦、无休无止。

工程量是成本的基础内容，成本人员需要完成计算和匹配数量的日常工作内容，这一工作无疑是最重要、最烦琐和乏味的。项目工程建筑的钢筋、混凝土、装饰、电缆、管道与阀门都在成本中占有极大的比例，这都是计算、谈判的重点内容，当然也有数量少、工作量大的零星项目，其项目计算的时间会比较长，大部分时间会被花在结算工作上。

因为标准性的计算规则缺乏，有着极大争议的事情无法得到很好的解决。现阶段，不管是BIM计算按照哪种规则，若是得到官方和行业认可，都是无法争论的，有效节省处理纠纷的时间。因个人立场存在很大差别，促使更多利益的实现，要不可避免地出现有倾向性观点。如果BIM出现这些问题都能得到很好的解决，每个人都认为BIM计算量出现问题，进行BIM的内置计算规则的修改，若是对计算规则进行公开，其将会回到有争议性的纠纷，在进行标准化计量工作中，人是不可靠的，应当要相信机器。而造价人员要从机械的、低端的、烦琐的工程量计算工作中摆脱出来，使得造价人员能有更多时间、更多精力进行更高端、更有价值的咨询工作，比如，设计优化、招标策划、投标对策、成本控制、合约规划、全过程造价管理等，这些技术含量更加高的业务工作，实现个人职业生涯的良性循环，不能被大量算量工作给湮没。

BIM技术的应用是可以提供工程量的，而BIM对造价专业是有着极大推动作用的，能让机器来完成这些大量的重复性、机械性的工作，造价人员也能从造价工作中被分离开来，这样的方式无疑是一种对造价人员的解脱。BIM模型能直接提供标准数量，实际数量计算就会被替代，不再占用造价人员的大量时间成本，这是技术的一种进步，也是生产力的一种解放。设计师能替代造价工程师，进一步完成工程量计算工作，其实BIM数量计算模块能有效完成数量计算，实现机器对人的取代工作。基于软件计算，BIM数量不再需要人工干预，若是模型和计算模块都正确，实际的计算数量也就没问题，且是不需要怀疑这一正确性的，更不需要动手检查其是否合理。BIM工程量都是明确的、可信的、标准的、统一的数据，这一理论上是独一无二的，这些招标、预算、材料计划、成本分析、结算、成本控制的基础数据，各单位、各部门以及各阶段都会使用这些基础化的数据，极大地减少重复性的计算和人员成本。

通过BIM平台，一个项目能专注在一个通用平台上，项目的所有参与者都能实现BIM信息共享，还能提供信息数据。不管BIM使用哪一种系统，使用哪一种软件，都在一个软件中提供统一的数量供给工作人员做参考。BIM模型提供的信息能用于整个生命周期，全部项目参与者都能积极参与到这一模型互动中，由此说来BIM能真正地改变项目成本模式。

第四节 BIM 技术工程算量基本流程及模式

一、项目工程量计算基本情况

（一）工程量评价方法

按照建设项目进行规划、可行性研究以及初步设计等技术资料的详尽程度，这一工程分析可以采用不同的方法。现行采用较多的工程分析常用方法有以下几种。

1. 物料平衡计算法

此方法以理论计算为基础，比较简单，但具有一定的局限性，不适用于所有建设项目。在理论计算中，设备运行状况均按照理想状态考虑，计算结果大多数情况下数值偏低，不利于提出合适的环境保护措施。

2. 查阅参考资料分析法

此方法最为简便，当评价工作等级要求较低、评价时间短或是无法采取类比分析法和物料平衡计算法的情况下，可以采用此方法，但是采用此方法所获得的工程分析数据准确性较差，不适用于定量程度要求高的建设项目。

3. 类比分析法

这一方法的要求时间是比较长的，需要有大量工作的投入，实际结果是比较准确的，也能得到极高的可信度。实际评价工作等级是比较高的，而且评价时间也是允许的，可参考的相同或者相似的工程都要积极采取类比分析法。

（二）工程量算量步骤

将 Revit 模型的各个构件分类、归并，贴上编码，调整好扣减规则，输出工程量明细表。

1. 比目云算量的应用步骤

将模型映射，即将模型构件分类、归并成插件设定好的项目，便于后续贴做法，可采用命名规则自动提取映射，也可手动调整。

贴做法，即贴清单及定额编码，在这边可以采用手动贴做法也可以自动套。若采用自动套，则需要在模型映射步骤中确切地分好构件及制定好自动套的模板。

调整好扣减规则，比目云插件中可以选取各省份的清单及定额，里面的做法已经按规范设置好扣减规则，若实际需要可自行调整。

2. 建模命名规则

因为清单要求并没有映射分得那么详细，因此，整合两类的命名要求为：直接用中文类别代号或用名称字母缩写表示，软件列表中未列出的其他构件，则按照国建名称命名。

3. 建模规则具体要求

结构建模要结合结构及建筑图纸，才能区分阳台板、栏板、天沟、挑檐板、雨篷等。建模构件要区分混凝土等级及抗渗等级或其他掺和料，若是图纸上同个构件由不同等级材料构成，需断开建模。例如，裙房的屋面、消防水池、楼层伸缩膨胀砼。

竖向结构如柱、墙需按照楼层断开或是按施工规则断开建模；要区分好项目类别，若是图纸上同个构件分属不同项目，需断开建模。例如，一条梁存在单梁及有梁板部分。

止水台、反口，建议用梁绘制，不建议用墙，如果用墙，应把类型名称按圈梁类型命名。楼板绘制不可随意，应按照设计和相关规范绘制，不可反常规造成多算，多扣。

仔细检查线条绘制不连续的部位，绘制错误将会导致结果错误。台阶不要一块块绘制，应绘制成一个整体。阳台包含梁、板，而竖向板属于其他分类，建议不要混在一起布置，否则无法正确出量；阳台板，不要和空调板和雨篷混在一起布置，否则无法正确转换。

线条和板分开绘制，墙上线条也要分开，厚度不同可以绘制类似厚度的墙或者梁，然后线条另行绘制。不要直接用修改子图元的方式绘制坡屋面，因为屋面厚度尺寸会发生变化，当然坡度一样的时候可以通过换算的方式，修改楼板的厚度。建议采用定义坡度的方式绘制坡屋面。

在实际的建设工程造价管理中，建筑工程量的编制是工程造价管理的核心任务之一。但是，建筑工程量的编制工作量大、费时、烦琐，不能充分利用前面设计电子图的成果。因此，改变传统的编制工程量的方式，以提高建筑工程量编制的精确度和速度也就显得十分迫切。

（三）工程项目评价基本要求

在工程分析中进行工程的分析和调查，并找出其中浪费、不均匀和不合理的地方，积极进行改善工作。结合建设项目工程组成、规模、工艺路线，对建设项目环境影响因素、方式、强度等进行详细分析与说明。

应用的数据资料要真实、准确、可信，对建设项目的规划、可行性研究和初步设计等技术文件中提供的资料、数据、图件等，应进行分析评价后引用；引用现有资料进行环境影响评价时，应分析其时效性；类比分析数据、资料应分析其相同性或者相似性。

工程评价应当进行重点内容的凸显，按照各类型建设项目工程内容与特征，深入分析对环境可能产生较大影响的因素。在实际环境影响的评价工作中，对工程分析的要求越来越高，除符合以上要求外，还要求贯彻执行我国环境保护的法律、法规和方针、政策，如产业政策、能源政策、环境技术政策、土地利用政策、节约用水要求、清洁生产、污染物排放总量控制、污染物达标排放、“以新带老”原则等内容。

工程评价应在对建设项目选址选线、设计建设方案、运行调度方式等进行充分调查的基础上进行。

二、BIM 技术工程算量基本步骤

建筑工程量的计算，是一个非常复杂并且工作量极大的工作。用手工计算劳神费力还极有可能不准确，对于计算过程中大量的重复数据的处理也极为不方便。基于BIM技术的多维图形算量软件计算方法有建模法和数据导入法。

（一）建模法

通过在计算机上绘制基础、柱、墙、梁、板、楼梯等的构件模型图，充分利用几何数学原理的基础上，按照编制表、限额量计算规则实现自动计算工程量。计算时以楼板为单元，在计算机接口上输入相关的构件数据，建立出完整的楼板基础、柱、墙、梁、板、楼梯、装修的建筑模型，按照所建模型计算工程量。

（二）数据导入法

工程图纸的CAD电子文档，直接导入到3D图形计算软件中，对工程设计图纸中各种建筑结构构件进行自动识别，有效、快速地模拟建筑。因不需要重新绘制各个组件，需要定义组件属性，并进行组件的转换，能进行数量的准确计算，极大地提升数量计算工作的效率，有效减少造价人员的工程计算量。

导入法是工程量计算软件的重要发展方向，采用三维计算软件的可视化技术来建立构件模型，这一模型生成时有效提供构件中的各种属性变量与变量值，按照计算规则对计算构件数量进行有效构建，促使造价人员能从复杂、繁重和枯燥的工作状态中解脱出来。

第五节 BIM技术造价应用

一、BIM造价应用概述

随着我国从计划经济体制走向市场经济体制的历史进程变化，工程造价管理也经历了：计划经济体制时期，统一进行定额计价、由政府确定价格；计划经济向市场经济转轨时期，量价分离、在一定范围内引入市场价格；尚不完善的市场经济时期，工程量清单计价与定额计价并存、市场确定价格等阶段，并将走向市场经济时期市场决定价格、企业自主竞争、工程造价全面管理的进程。工程造价行业信息化的发展同样见证了从手工绘图计算工程造价、20世纪90年代计算机二维辅助计算，到21世纪初计算机三维建模计算，正逐步走入以BIM为核心技术工程造价管理阶段。

工程造价行业正向精细化、规范化和信息化的方向迅猛发展，BIM技术对工程造价行业带来极大的影响作用，若BIM技术能支撑全过程造价管理，能更好地利用以BIM技术为核心的信息技术，促使工程造价行业实现可持续性的健康发展，这需要每一位从业者进行思考和研究。

（一）BIM在工程造价行业应用现状分析

正如互联网大潮正在颠覆改变着传统产业，改变人们的衣食住行，BIM技术作为创新发展的新技术，也正在改变和颠覆建筑业。BIM技术的应用和推广，必将对建筑业的可持续健康发展起到至关重要的作用，同时还将极大地提升项目的精细化管理程度，同时减少浪费、节约成本，促进工程效益的整体提升。因此，BIM 技术也被誉为继 CAD 之后建筑业的第二次科技革命。

BIM 技术的应用和推广已经是大势所趋，基于工程造价行业如何理解 BIM 技术，BIM 对工程造价管理有什么样的价值，BIM 技术在工程造价行业的应用现状如何，从以下三个方面进行阐述。

1.BIM 原理与功能分析

（1）BIM 基本原理

站在 BIM 基本原理来说，BIM 是建筑信息建模的英文缩写，也就是“建筑信息模型”。在建设项目基础上，各种相关信息数据模型是一个共享目标项目信息资源的平台，能为项目整个生命周期的所有决策提供更可靠的依据。在建设项目各个阶段中不同参与者，都可以通过在 BIM 系统中插入、提取、更新、共享信息数据，进行业务职责的反映，促使协同操作的良好实现。

（2）BIM 功能分析

关于 BIM，其涵盖了大部分几何模型信息、组件性能以及功能要求，这样一来，建筑项目整个生命周期中的所有信息都能集成到一个独立且完整的建筑模型中。实际建筑信息模型，便于建设项目所有参与者进行信息资源的共享，建立良好的沟通渠道。在工程造价管理中 BIM 的应用要通过人工操作，进行造价中数字信息、建筑信息模型的相应部分有效连接在一起，结合抽象化数字和具体化图形。

2. 国内工程造价管理的现状

（1）工程造价模式与市场脱节

目前，国内工程造价模式普遍采用静态管理与动态管理相结合的方式。即由各地区主管部门统一编制反映地区平均成本价的工程预算定额，实施价格管理，分阶段调节市场价格，将指导价与指定价相结合，定期对造价指导性系数进行公布，在地方造价机构中进行工程造价的确定。在从计划经济到市场经济的过程中具体的管理方法能起到十分积极的作用，在市场经济的不断发展下，现有的工程造价管理模式是有一定局限性的，我国工程造价水平也受到极大的限制。

（2）无法及时获取确认造价数据

对于成本数据来说，其是计算项目成本中的重要基础。现阶段，这一成本体系中当前的成本信息都是后期获取的，无法确保成本数据得到实时性的采集。要知道，成本信息的准确性是成本信息的基本性要求，因现阶段项目成本模型是无法很好地提供良好的信息共享平台，在各种因素的影响下一些成本信息会失去其准确性。与此同时，传统的成本系统无法很好地保障成本信息的完整性优势。随着 BIM 技术的广泛应用，建筑信息模型中成本信息准确性、完整性得到很好的保证，也能更准确地、更有效地控制工程造价。

（二）基于 BIM 的全过程造价管理

BIM 技术涵盖了建设项目全生命周期，不同阶段的模型，承载不同的信息，是动态生长的，直至竣工、交付、运维；工程造价也可依托于这一媒介，开展全过程造价管理。BIM 模型承载了建筑物的物理特征（如几何尺寸）、功能特征、时间特性等大量的信息，这些信息也是工程造价管理中的必备信息，BIM 同样能够给工程造价管理带来极大的提升。

1. 基于 BIM 的全过程造价管理解决方案

在 BIM 基础上的全过程成本管理，其包括决策阶段中依据方案模型，有效比较快速估算和方案。在设计阶段按照设计模式组织定额设计、概算编制审查、碰撞检查。在投标阶段中模型编制工程量清单、投标控制价、施工图预算的编制与审核。在施工阶段中进行成本控制、进度管理、变更管理、材料管理。在完成阶段是基于模型的结算编辑和审核工作。

（1）BIM 在决策阶段的主要应用

建设项目决策阶段，基于 BIM 的主要应用是投资估算的编审以及方案比选。基于 BIM 的投资估算编审，主要依赖已有的模型库、数据库，通过对库中模型的应用可以实现快速搭建可视化模型，测算工程量，并根据已有数据对拟建项目的成本进行测算。

（2）BIM 在设计阶段的主要应用

建设项目设计阶段，基于 BIM 的主要应用是限额设计、设计概算的编审以及碰撞检查。

基于 BIM 的限额设计，是利用 BIM 模型来对比设计限额指标，一方面可以提高测算的准确度，另一方面可以提高测算的效率。

基于 BIM 的设计概算编审，是对成本费用的实时核算，利用 BIM 模型信息进行计算和统计，快速分析工程量，通过关联历史 BIM 信息数据，分析造价指标，更快速准确地分析设计概算，大幅提升设计概算精度。

基于 BIM 的碰撞检查，通过三维校审减少“错、碰、漏、缺”现象，在设计成果交付前消除设计错误可以减少设计变更，降低变更费用。

（3）BIM 在交易阶段的应用

BIM 应用最集中的一个环节就是建设项目招投标阶段，实际工程量清单的编制、招标控制价的编制、施工图预算的编审，都是可以在 BIM 技术的支撑下实现高效化、便捷化工作的。

在实际投标阶段中工程量计算就是核心工作，工程量计算会占到工程造价管理总工作量中 60% 的量。采取 BIM 模型，在工程量的自动计算与统计分析工作中，促使工程量清单变得更加精准。相关施工单位，或者是造价咨询单位，能按照设计单位基于 BIM 模型提供丰富的数据信息，短时期内快速实现工程量信息的提取，有效结合工程具体特点，有效进行工程量清单的精准编制，有效避免漏项、误算的问题出现，最大限度地减少施工阶段导致工程量引发的纠纷问题。

（4）BIM 在施工阶段的应用

建设项目施工阶段，基于 BIM 的主要应用包括工程计量、成本计划管理、变更管理。

在建设项目的建设阶段中，要将各学科深化模式整合在一起，形成完整的专业化模式。同时，进度、资源与成本的相关信息是相互联系的，在基础上实现过程控制。

首先，中期结算流程是以进度计划为主线，协助中期付款。在传统的工程计量管理模式下，应用集中、数量大、审核时间有限。无论是初步测量还是审计，都与实际进度不一致。根据

BIM 5D 的概念，根据实际进度快速计算完成的工程量，并与模型中的成本信息相关联，从而快速完成工程计量工作，解决实际工作中的困难。

其次，成本计划管理将进度与成本信息相关联，可以在不同的时间点（如年度、季度、月度、每周或每日）快速完成资源需求和资本计划。同时支持构件、分部分项工程或流水段的信息查询，支持时间、成本维度的全方位控制。

变更管理是全过程成本管理的难点。传统的变更管理方法工作量大，在重复变更中容易出现错误和遗漏，在相关变更项目的扣除中也容易出现遗漏。基于 BIM 技术的变更管理，以尽量减少变更的发生；发生更改时，将直接在模型上调整更改位置。通过视觉比较，它直观、高效。可以估算变更成本，并跟踪变更过程。

（5）BIM 在竣工阶段的应用

建设项目结算阶段，基于 B1M 的主要应用包括结算管理、审核对量、资料管理和成本数据库积累。

基于 BIM 技术的结算管理，是基于模型的结算管理，对于变更、暂估价材料、施工图纸等可调整项目统一进行梳理，不会有重复计算或漏算的情况发生。

基于 BIM 技术的审计可以自动将数量与工程模型进行比较，是一种更智能、更方便的验证手段。它可以实现对数量差异的智能搜索、自动分析原因和自动生成结果的要求，不仅可以提高工作效率，而且可以减少验证过程中纠纷的发生。

2. 平台软件支撑基于 BIM 的全过程造价管理

目前，没有一个大型、完整的软件能够覆盖建设项目成本管理全过程的所有应用，也没有一家软件公司能够提供所有阶段的产品；如果使用不同的软件组合来实施基于 BIM 的全过程成本管理，每个软件本身应符合国际标准和行业标准，如 IFC、GFC 等标准，并根据这些标准进行数据交换和协作共享。

同时，模型之间的交换、模型之间的版本控制以及基于模型的协同工作都需要平台软件，如 BIM 模型服务器。通过该平台软件，将 BIM 各阶段的应用软件进行承载和集成，进行数据交换，形成协同共享和集成网络管理，使基于 BIM 的全过程成本管理应用具有一致性、集成性和连续性。

3.BIM 模型的建立

建设项目的各个阶段都会产生相应的模型，由上一阶段的模型直接导入本阶段进行信息复用、通过二维 CAD 实图进行翻模和重新建模是形成本阶段模型的主要方式。

BIM 设计模型和 BIM 算量模型因为各自用途和目的不同，导致携带的信息存在差异：BIM 设计模型存储着建设项目的物理信息，其中最受关注的是几何尺寸信息，而 BIM 算量模型不仅关注工程量信息，还需要兼顾施工方法、施工工序、施工条件等约束条件信息，因此不能直接复用到招投标阶段和施工阶段。

（三）BIM对建设项目各参与方的影响与建议

1.BIM技术对建设单位的影响

BIM技术对建设单位产生的价值是最大的，也是BIM实施的主要推动力。BIM技术的实施，使建设单位的管理能力得以提升，也提出了更高的要求，因此对中介咨询单位和施工单位也相应提高了要求。

（1）BIM技术给建设单位带来的机遇

决策阶段，BIM技术有助于投资估算的编制、方案比选，使建设单位获取最高投资效益；通过BIM技术提高设计管理水平，可以让建设项目准确定位、精细施工，取得预期的效益；基于BIM技术的造价管理可以明显改进成本管理的精细化程度，帮助建设单位提高项目管理水平，并有助于建设单位的成本数据积累。

（2）BIM技术给建设单位带来的挑战

BIM技术作为一项新兴技术，它的应用必将造成成本增加，同时对人员管理提出更高的要求，同时对建设单位已有或拟建的ERP系统产生相应的影响。

（3）给建设单位提出的建议

BIM技术的应用给建设单位带来的效益是最明显的，因此建设单位应当克服困难、承担起社会责任，积极推广BIM技术的应用，良好的项目管理能力将给建设单位带来更高的效益。

2.BIM技术对施工单位的影响

施工单位在BIM技术的应用中起步很早，在一些高、新、难的建设项目中已经有了很多成功的经验，但在成本管理中应用程度不高，但BIM技术对于施工单位的价值同样很大。

（1）BIM技术给施工单位带来的机遇

BIM技术可帮助施工单位更加深入地了解拟投标项目，快速复核工程量和快速投标，从而帮助施工单位更加具有竞争力的理性投标；BIM技术可以促进施工单位在计量支付环节的精准计量，摒弃原有粗放管理的方式；BIM技术促进施工单位成本的精细化管理，做好开源节流工作。

（2）BIM技术给施工单位带来的挑战

BIM技术应用需要增加成本的支出，如硬件投入、教育成本等；要求具有相应的能力以适应BIM技术实际应用中的要求；同时BIM技术的实施，将增加施工单位企业成本的透明程度，如企业定额可能被公开、隐含利益可能被挤压等风险。

（3）给施工单位提出的建议

BIM技术可以帮助施工单位进行精细化的施工和成本管理，给企业带来效益非常明显，施工单位可以通过管理水平的提高提升效益，同时顺应建设单位和科学技术的发展，尽快推广B1M技术在项目实施中的应用。

3.BIM 技术对中介咨询单位的影响

（1）BIM 技术给中介咨询单位带来的机遇

BIM 技术有助于中介咨询单位增强企业竞争力，如提高企业承接业务的能力，提高服务水平，提高全过程造价管控能力等；BIM 技术有助于提高工作效率，节约人员成本；BIM 技术有助于中介咨询单位从传统造价管理模式向全过程造价管理模式转变；BIM 技术有助于中介咨询单位核心数据库的积累，也有助于中介咨询单位开拓新兴业务。

（2）BIM 技术给中介咨询单位带来的挑战

BIM 技术的实施使行业竞争更加激烈，可能导致咨询行业洗牌；中介咨询单位需要提高企业能力，如 B1M 建模和应用能力；BIM 应用初期将增加企业的成本，如硬件投人和教育成本等。

在 BIM 技术为核心的信息技术的支撑下，作为从业的各方主体，从业人员要以更积极的心态拥抱这种变革，借助 BIM 之势，明 BIM 建设之道，优 B1M 应用之术，提升企业的竞争力，促进工程造价行业可持续健康的发展。

二、基于 BIM 造价优势

众所周知，时间控制、质量控制和工期控制是工程造价的三大控制理念。BIM 是基于 3D 建筑信息模型通过仿真现实，再利用 3D 动画技术演示建筑成长过程，造就时间进度模型，最后将其参数化数据进行提取，成为成本造价模型，实现 5D 关联数据模型，在建筑工程中的造价控制可谓是优势尽显。基于 BIM 的实际成本核算方法，较传统方法具有极大优势：一是快速。由于建立基于 BIM 的 5D 实际成本数据库，汇总分析能力大大加强，速度快，短周期成本分析不再困难，工作量小、效率高。二是准确。比传统方法准确性大为提高。因成本数据动态维护，准确性大为提高。消耗量方面仍会有误差存在，但已能满足分析需求。通过总量统计的方法，消除累积误差，成本数据随进度进展准确度越来越高。另外通过实际成本 BIM 模型，很容易检查出哪些项目还没有实际成本数据，监督各成本条线实时盘点，提供实际数据。三是分析能力强。可以多维度（时间、空间、WBS）汇总分析更多种类、更多统计分析条件的成本报表。总部成本控制能力大为提升，将实际成本 BIM 模型通过互联网集中在企业总部服务器，总部成本部门、财务部门就可共享每个工程项目的实际成本数据，数据粒度也可掌握到构件级。实行了总部与项目部的信息对称，总部成本管控能力大大加强。

（一）基于 BIM 工程造价的优势

BIM 模型可为各专业提供一个交流、协同、融合的平台，避免大量的工程返工，降低工程成本，减少工期延误的情况。建筑、结构、机电专业依靠着传统的二维设计往往会发生低级错误，不同专业间碰撞的可能。工程施工经常发现由于上述情况而导致建了再拆，调整设计后再建的情况，导致工程成本的增加，工期延误，造价控制的失效。将各专业的设计通过 BIM 模型可视化，让设计师们通过 BIM 清晰了解设计实况，利用碰撞检测做出调整与修改，寻找合理的方案。在 BIM 中预先发现错误并消灭，提高图纸的设计质量，防患于未然，可以有效地减少工程成本超标的情况出现。

BIM 模型可为计量提供建筑物的几何数据和强大的信息。工程造价是指工程投资的费用，影响造价的主要因素是单位价格和实物工程数量。价格是随经济市场的变动而变化的，不同的地区亦存在价差，价格的真实性取决于对市场信息的掌握，而工程量则由造价人员依据设计图纸而计算的。大型工程的计量工作不但量大而且复杂，每个阶段都需要计量，工作量的繁复难以满足精细造价计量的需求。而从 BIM 中提取几何量数据，即可进行三维算量。基于 BIM 模型的计量不仅减轻了传统的手工算量的工作负担，避免了不同专业计量的重复建模，提高了工作的效率，还让工程量的结果更贴近实际。

各参与方在 BIM 平台中可共享交流、协调的机会，提供了一个有效的工程管理环境。业主、总包、施工方、监理、造价咨询、设计方在各自的领域中各司其职，过程当中的信息是海量、孤立而且零碎的，协作完成一个工程的各方信息被分割，无疑会导致信息传递的迟缓或错误，造成工程管理上的失真。比如说香港方投资大陆北方的建筑项目，冬天的平均气温为-9.2℃，寒冬期间工地现场是无法施工的，而业主与设计方的总部在香港，就可借用 BIM 技术，让各参与方利用三维模型对施工方案，工程现状的信息进行交流与分析，充分利用时间去解决工程上的问题，打破了地域和气候的限制，让工程得到有效的管理。

（二）BIM 技术对工程造价管理的价值

BIM 技术对建筑业的意义毋庸置疑，对于工程造价管理同样也具有很大价值。

众所周知，我国现有的工程造价管理在决策阶段、设计阶段、交易阶段、施工阶段和竣工阶段，阶段性造价管理与全过程造价管理并存，不连续的管理方式使各阶段、各专业、各环节之间的数据难以协同和共享。

BIM 技术基于其本身的特征，可以提供涵盖项目全生命周期及参建各方的集成管理环境，基于统一的信息模型，进行协同共享和集成化的管理；对于工程造价行业，可以使各阶段数据流通，方便实现多方协同工作，为实现全过程、全生命周期造价管理、全要素的造价管理提供可靠的基础和依据。

各企业已经认识到，数据库将是企业的核心竞争力之一，以前迫于资源、精力和技术等方面的限制，很难形成良好的积累。BIM 技术提供了很有利的条件，有了这个载体，企业可以更加方便地沉淀信息、积累数据，为可持续发展奠定基础。

第五章 基于 BIM 的决策阶段造价管理

第一节 BIM 与规划设计

近年来，随着我国城市化进程的不断加快，城市规划建设力度也逐渐加大。在当前时代背景下，生态环境已成为最热门的话题，人们越来越关注于城市建设的质量及其对生态环境的影响，所以一个城市的规划尤其重要。城市规划是对一定时期内城市的经济和社会发展、土地利用、空间布局和各项建设的综合部署、具体安排和实施管理。城市规划的本质就是城市规划作为政府职能的一部分，是以城市空间环境为对象、以土地使用为核心的公共干预。其目的就是克服城市空间开发中市场经济机制的缺陷，确保满足城市经济和社会发展的空间需求，保障社会各方的合法权益。为了更加高效精确地满足城市规划的要求，我们引入 BIM 技术。BIM 技术是从粗放型管理模式向精细化管理模式的转变，而所有精细化管理的基础即是数据的管理。通过 BIM 技术完成规划设计，及早做好整体规划和及早发现问题，可减轻后续作业的负担。

一、规划设计的概念

规划设计是指对项目进行更具体的规划或总体设计，综合考虑政治、经济、历史、文化、民俗、地理、气候、交通等诸多因素，完善设计方案，提出规划期望、愿景、发展模式、发展方向，控制指标等理论。

规划层次分为五个层次：城镇体系规划、城市总体规划、城市规划、城镇规划和乡（村）规划；类型一般包括土地规划、区域规划、城市总体规划、分区规划、城市体系规划、控制性详细规划、建设性详细规划、城市设计、产业布局规划、城市发展理论研究等。

城市设计是介于城市规划、景观设计和建筑设计之间的设计。与城市规划的抽象化和数字化相比，城市设计更加具体和图形化。城市设计的内容作为一个大纲和组成部分，指导后期的建筑设计、景观设计和其他细节（包括建筑体量、形式、建筑色彩、界面、结构、空间布局、景观形式等）。

二、传统的规划设计

在 BIM 出现之前，城市规划信息技术只是单一的 CAD+GIS，是一种静态的规划。规划管理部门虽然一直倾向于数字规划，但也只是实现了 CAD+GIS 的规划数字管理格局，即规划设计及报批的数据以 CAD 数据为依据，规划管理部门以 GIS 数据为主要依据。

CAD 以传统的二维规划管理信息数据为基础，GIS 以三维辅助审批规划管理和三维可视化为突破口，建立虚拟的三维建筑形态和环境，以动态互动的方式对城乡规划、建筑形态、景观进行全面审视和评价，为城乡规划管理提供决策依据，解决当前规划管理中"如何建设""建设什么"的问题，逐步实现城乡规划管理的科学化、民主化。然而，随着城市化的深入，以及当前国家和地方政府以可持续发展、绿色建筑和低碳规划为战略目标，CAD+GIS 技术已不能完全满足发展要求。

三、BIM 在规划设计中的特点

安置房建设的投资者绝大多数是政府部门，部门内相关专业人员相对匮乏。大多数人无法理解二维图，而三维效果图只是一种表象。他们可能无法准确理解设计师的设计意图，沟通存在障碍，导致无法准确控制设计质量。利用 BIM 技术，规划从三维开始。Cityplan 三维交互设计规划软件彻底颠覆了传统的"平面设计"模式，将原有的抽象二维图纸具体化、可视化，实现了设计指标与图形、三维模型与平面图的关联功能，以及三维仿真的可视化漫游。设计师使用三维平面图与业主沟通、讨论和确定方案。熟悉地块地形的村干部和村民代表，结合三维规划图，检查安置房布局、立面、道路走向、景观等，检查建筑面积、基地面积、层数、容积率、绿化面积、限高、退避等，通过属性参数设置日照等指标参数。相关人员无须专业知识即可理解设计意图，便于沟通，业主能准确控制设计质量。

在规划设计中，BIM 以建设项目的相关信息数据作为模型的基础，建立建筑模型，通过数字信息仿真模拟建筑物的真实信息。BIM 有五大优势：可视化、绘图、协调、优化和模拟。一种是设计可视化——3D 在 GIS 中也是可见的，但 BIM 中的可视化是一种可以在同构之间形成交互和反馈的可视化。其结果不仅可用于效果图的显示和报告的生成，还可用于项目设计、施工和运营过程中的沟通、讨论和决策。三维建筑模型具有非凡的价值和直观性。第二是协调的作用。BIM 技术可以在建筑施工的各个阶段，通过虚拟施工的方式提前预测各专业的设计问题，在小范围内解决小问题，重点协调重要问题，利用可视化功能降低沟通成本，及时解决问题。

三是模拟性，例如，模拟实验中的建筑物日照间距不仅是城市规划管理部门审核建筑工程项目的重要指标之一，也是规划设计的参考标准。它不仅直接关系到城镇居民的生活环境质量，也是控制建筑密度的有效途径之一。而 BIM 技术的加入，可以对建筑单体日照与采光权、噪声、建筑群空气流动等进行模拟分析，通过模拟，发现问题，并找出相应的解决方案，从而对模型进行调整，不仅节约了成本，还提高了效率。

四是 BIM 特有的模型深化设计首先进行各专业建模，经过优化，对管线、设备综合排布，使管线、设备整体布局有序、合理、美观，最大限度地提高和满足建筑使用空间、降本增效。

机电安装工程施工前的总体策划是保证机电安装工程质量的必要阶段。对于现代建筑工程，特别是具有较复杂功能的智能建筑，其机电系统很复杂，子系统很多。而机电系统全部都是由管、线将功能设备连接而成，这些管道、线路和设备必须在建筑中占据一定的空间，而现代建筑的内部空间是有限的。因此，机电安装工程管道、线路和设备的合理布置已成为机电安装工程施工规划的首要任务。

以三维模型的直观性和可视化作为设计整合协调的主要手段，每周进行设计 BIM 协调，及时发现专业间的冲突问题，反馈、协调、跟踪所有设计问题的持续调整，并利用 BIM 协调平台协助解决问题的过程管理。

对于多专业综合区域，包括设备设施集中的区域，根据机电、复杂钢结构、设备设施在垂直空间和作业范围上的要求，在三维基础上优化调整垂直净空，合理调整设计空间，对维修路径的可行性、维修通道的畅通性、维修角度、维修模式等进行虚拟漫游，优化设备设施的维修通道，提出最优维修模式，确保维修的顺利便捷。

优化原平面设计，直接绘制 BIM 模型：模型根据设计院提供的初步设计图纸和业主要求，对三维图纸进行深入设计，建立智能系统的单一专业模型。模型的精度满足 lod300（精确几何形状要求）模型。在建模过程中，通过三维审核可以及时发现图纸问题。与二维图纸审查相比，三维模型更容易直观地发现问题。本项目设计内容涉及各个专业的各种管线，通过分组的方式将原始图纸进行 BIM 深化后，对各系统的管线进行碰撞检测，以检查出可能出现的碰撞问题，并据此优化管线相应的标高和布置。

四、BIM 技术在规划设计中的应用

（一）BIM 技术在风景名胜区规划中的应用

在建筑行业中对 BIM 的应用，其需要与建筑自身需求和特点结合在一起，将 BIM 应用在景区规划业务内容中。现在以风景名胜区规划范围的科学决策为出发点与实践重点，探讨一下 BIM 技术的应用方法与未来发展前景。

在景区规划数据库的初步建设过程中，采取信息技术对景区的地形、地表覆盖、人文因素等进行分析，给景区的规划提出相应的建议，能给景区范围的划定和适宜性分区工作提供必要的依据，这样一来景区规划就能得到科技的支持，景区规划的管理水平也能得到进一步提升。现在旅游景区的规划实践工作中的专家决策模型还是不够科学。随着社会的不断发展，信息化形势愈加凸显，在景区规划中应用数字信息技术，有助于提升景区规划效率，进一步提升景区规划与规划管理的科学性。

如果将 BIM 应用在风景名胜区规划工作中，能建立出风景名胜区规划的信息模型，这一模型的建立能以景区规划决策特殊因素的数据为基础。特殊因素包括了自然因素、人类活动因素、半自然半人工因素等，风景名胜区适宜性分析与景区资源评价分析中都能让景区特色更加凸显。在景区规划信息模型的建立中，其总体技术路线大概被分为五个步骤，其一收集、解析与输入信息；其二单因素的参数化、标准化；其三对数据综合化分析；其四对多方案进行有效筛选与论证；

其五就是可视化。经过对规划模型与技术的积极改革，通过景区规划信息模型的建立，对数字仿真与数据管理的积极应用，实际规划的模糊性与经验决策都被减少，数据分析结果要结合准确化数据进行分析，实际决策要经过反复推敲和验证。经过实践就能证明，结合规划逻辑和BIM技术就能让规划的结果变得更加合理化、客观化与科学化。

另外，通过开放景区规划数据源和各专业领域的接口，对数据资源共享概念的提出，最终实现多学科的有效协同运作，有效实现景区规划中的视觉化表达，这样专业人员与非专业人员都能更好地、更清晰地从逻辑与内容对规划进行诠释，继而规划也能变得更加科学和可靠。

1. 初步构建风景名胜区规划数据库

（1）基础信息数据的收集

基于BIM景区基础数据的收集与处理，使得景区规划内容更能与数据信息结合在一起，这些数据信息有数字信息数据、文档信息数据以及图形图像等内容。

（2）基础信息数据的处理

基础信息的数据处理工作，需要积极解读景区的图形与图像文件，设计师采用自动矢量化解释方法进行规划工作，经过图像的校准、增强颜色、替换与矢量化等众多步骤，图形文件就能转换成为SHP格式的矢量文件。还有在进行数字化结果的误差分析工作中，对数字化方法的可行与否进行判断，体现数据结果的价值性，能否给下一步规划工作和叠加操作提供基础性的数据保证。按照各部门提供数据，对区域人口规模、基本农田分布、村镇分布、森林植被分布、人均土地面积、人均基本农田面积、景区名称和类型等信息内容进行分类录入，对数据库内容进行积极补充。最后，在比例尺为1的基础性等高线地图，其就是由测绘部门提供实现的，在ArcGIS中初步建立起来三维高程模型。

2. 单因子分析

单因子分析包括了地形分析、地表覆盖分析与人文因素分析。

3. 确定风景名胜区范围

风景名胜区范围的确定，对景区个性与特点进行综合考虑，对景区边界可识别性、行政区划管理必要性、景观特色与生态环境完整性提供多重原则，有着地理空间和区域单元的相对独立性、生物资源的多样性、地表覆盖的独特性和异质性、景区的适宜性和可行性等。

4. 多方案筛选和论证

经过多方位比较和筛选，能更好地选择出最合适的方案。

5. 可视化成果

可视化成果是在完成BIM规划数据库上，促使三维数据模型的有效建立，与不同表面覆盖材料结合在一起，不同三维和四维视觉专题图形和图像，这样一来复杂的专业主题规划内容就能被解读成为简单的视觉图形与视频内容，便于专业规划师和非专业人士之间的有效沟通。景区宣传、导游和网站都能将三维图形和四维视频作为为未来的重点，也能给景区的运营管理提供数据源支撑。

（二）BIM 规划应用小结与展望

通过规划实践，在景区规划中引入 BIM，建筑项目设计范围需要借助 BIM 技术，涉及众多学科性与广泛性的基础数据，这些复杂化的主题因素与众多本地软件与技术结合在一起。

1. 技术创新（优点）

（1）规划设计平台创新

在风景名胜区规划中应用 CAD 技术，在现有软件基础上进行相关问题的有效解决。在 BIM 上集成多个模块能建立出二维到三维的规划设计平台，进行景区总体规划与详细规划的设计 BIM 平台建立。

（2）规划决策数据化

较之传统的规划模型，在 BIM 基础上建立的模型其规划逻辑与方法都发生了极大的变化，要知道许多传统规划都是有定性的，比较少的是定量的，在 BIM 技术基础上的准确定量数据，实现定量到定性的变化，质量的变化会受到数量变化的影响，这一数量是在科学数据基础上建立完成的。

（3）规划内容图形图像化

传统的景区规划，是多文字、少图形与图像的，而这一规划设计学科的设计语言，都是以图形、图像为主，而且是文字为辅的。

（4）BIM 信息模型的建立

BIM 信息模型的建立，能给景区相关部门提供数据与信息交流与更新，对景区建设提供科学化的保护与利用，最终实现资源的可持续化利用。具体就是土地利用管理、水利建设管理、林业管理、农业生产、生物多样性保护、景区建设、旅游服务等。

建立 BIM 景区规划信息模型，能给下一阶段的设计、管理、建设、旅游等提供科学化的依据，其基础性信息模型与平台给景区生命周期管理体系的建立提供重要的基础性保障。

2. 不足

BIM 技术也是有极大缺陷的，在我国风景名胜区的规划能对这一理论研究与实践进行有效应用。在 BIM 理论与技术支持下，借鉴建筑行业的局限性，下面详细讨论技术支持的不足。

（1）技术支持不足

较之建筑行业，BIM 技术不是一次模拟考试，景观行业对 BIM 的关心是不够的，换句话说就是缺乏人力与物力来进行技术研究，也尚未建立规划信息模型 BIM 平台。举例子来说，在长江三峡风景名胜区实践工作中，规划信息模型由多种技术软件生成数据而集成的，无法满足 BIM 技术的协同运作工作。

（2）BIM 技术应用

在景区规划中有效应用 BIM 技术，缺乏完整行业通用数据标准内容，这一行业内外的相关行业之间数据的交换也是问题。

（3）在普适性上存在不足

我国各种各样的风景名胜中，对BIM的规划实践研究是远远不够的。

3.在未来规划设计中

举例子来说，在我国三峡风景名胜区规划中就有应用BIM技术，其重点在于做好规划服务工作，进一步提升景区规划工作的科学性、可靠性。但这是远远不够的，在未来景区规划中BIM技术会受到实践与条件的限制，但其应用方向是没问题的，一个信息化的动态规划平台的全面建立，能为未来规划修订、详细规划、景区设计、具体项目建设等提供支撑，这一种管理手段会被用于景区日常管理工作。站在这一技术发展的角度而言，信息时代的发展瞬息万变，相关产业技术的应用都需要进行积极创新，景区规划当然也是如此。在未来工作中，传统知识被转化成为常识，这一专业技术源于经验的大量积累，同时还能在软件与专业知识的支撑下实现行业的进一步发展。

（三）BIM助力海绵城市建设

目前，国家已出台相关政策，大力推动“海绵城市”建设，作为解决城市内涝的治本之策，并一定程度上调整水资源配置，使暴雨变“灾”为“益”。目前，中央财政已支持包括北京、天津、石家庄等在内的多个试点城市。

海绵城市的建设涉及雨水花园、线性排水明沟、下沉式绿地、透水混凝土、植被缓冲带、人行透水砖等多样化方式。当然，地下综合管廊的建设也不容忽视。作为建设工程项目，处在移动互联网和前沿科技迅速发展的时代，运用现代化优势更好更快地完成工程建设和项目管理，是当下海绵城市建设的关键。而基于移动互联网的BIM（建筑信息模型）技术正是工程施工时的一大选择。

随着建筑信息模型BIM技术应用的日趋成熟，其在城市的绿色建设和持续发展中将发挥着更加重要的作用，BIM技术的价值凸显于以下几方面。

1.从智慧管廊的系统构建角度

基于GIS+BIM+大数据的结合构建全维度智慧管廊系统，可实现智慧管廊在工程全生命周期中各参与方在同一平台上进行数据采集、移交、转移、验收，能够为综合管廊的规划选线、协同设计、施工管控、资产管理、风险跟踪、联动预警、培训演练和应急指挥等提供综合的智能化管理。

尤其这几年虚拟现实和智能化设备的发展，还可以和大数据、传感设备、AR（增强显示）结合促进地上地下一体化建设。与移动设备、可穿戴装备、通过AR技术还原现实，实现综合管廊的隐蔽工程穿透式数据的查询，促进智慧管廊的模拟和可视化。

2.从城市系统构建角度

随着人们对城市的认识，如何将城市建设从单体建筑向全系统运营管理转变变得越来越重要。所有的智能建筑、意识和建筑被整合成一个新的系统。城市是一个有生命的身体，建筑是一个细胞。从 BIM 到城市 CIM，应该是从细胞到生命的转变。未来可以 BIM 为“细胞”构建城市 CIM 的工作底板，多种数据的导入可促进对如交通流、水流、气流、固废物的排泄等的全系统模拟管理，对城市的安全系统进行全景式的监测、维护和应急化优化，避免城市的各种突发性事件。

3. 优化建筑这个“城市最基本的生命单元”角度

通过 BIM 在建筑全生命周期的应用，促进建筑更绿色、低碳的发展，减少对环境的破坏，减少各种极端性气候。如果说不同的建筑是城市的器官，那么 BIM 技术就是保障各器官健康运行的新鲜血液。海绵城市建设中的每一项工程，都是这个城市新生的重要组成部分，而通过 BIM 技术在电脑里面预先建造一遍，并且通过“三端一云”技术推送到现场，指导实际的施工，可谓工程建设最简单高效的步骤。同时，基于 BIM 的平台，实现建筑的能耗管理、环境监测等运维管理，能够保障建设和城市环境的进一步协调。

五、BIM 技术在城市管网规划中的应用

随着工程类行业 BIM 技术的逐步推广，BIM 在市政规划中尤其是管网规划中的利用也在逐步加强。通过对各类管线进行统一信息化 BIM 处理，在市政统一规划数据库中进行相关管道的协同设计布线，从而优化管网布置，节约成本，提高设计效率。

同时随着工程类行业 BIM 技术的逐步推广、应用的逐步深入，其优势逐渐显现 BIM 技术最终应用于市政设计领域也将是大势所趋。其在城市规划尤其是管网规划中的利用逐步加强，但是还不够成熟，经常由于相关部门各行其道，道路经常被开挖，管线经常被挖断，造成了很大的经济损失。利用 BIM 技术，通过对各类管线进行统一信息化处理，以市政规划数据库为设计基础进行相关管道的设计布线，就可避免错误发生，从而优化管网布置，提高社会效益和经济效益。

（一）城市管网规划特点

1. 管线高度集中

城市管网规划是在城市道路下面建造一个市政共用通道，将电力、通信、供水、燃气等多种市政管线集中在一起，实现地下空间的综合利用和资源的共享。

2. 建设地段繁华

城市管网一般建设在交通运输繁忙或地下管线较多的城市主干道以及配合轨道交通、地下道路、城市地下综合体等建设工程地段以及城市核心区、中心商务区、地下空间高强度成片开发区、重要广场、主要道路的交叉口、道路与铁路的交叉处、过江隧道等。

3. 附属工程系统庞大

城市管网规划一般包括通风、排水、消防、监控等附属工程系统，由控制中心集中控制，实现全智能化运行。

（二）BIM 技术在城市管网规划中的应用

对既有构筑物（道路、桥梁、管道、建筑物等）进行信息处理，在已知信息的基础上进行市政管道规划设计。

信息处理：获取现有结构的相关信息并存储在相应的数据库中。根据初始化信息，利用可视化软件对原始结构进行三维显示。即利用 BIM 技术对管廊节点、监控中心结构及装修进行建模仿真，提前模拟设计效果，对比分析，优化设计方案。

协同设计：在软件中布置各种管线，通过判断和检测已知结构的位置信息，判断相邻距离是否合适，是否有碰撞；碰撞检测包括硬碰撞（直接相交）和软碰撞（两者之间的距离小于规定值）；在布置管线时，随时获取管线位置、数量等相关信息进行调整。

反复调整规划结果：调整管道的三维方向，获取管道的适当空间位置，根据现有管道获取管道及土方的相关数量，检测施工条件，以便选择最佳计划路线，自动生成施工计划，如满标平面施工图、纵横断面图等，如果以后再次调整线路，软件可以轻松处理相应的变更；也可与道路规划等其他专业同时设计，实现多领域的互动与合作。设计结果可作为管道生命周期管理的重要数据，供以后的运行维护使用。

通过 BIM 技术在城市道路和管网规划中的应用，利用信息化和可视化软件的完美结合，实现市政道路和管道的高效合理布局，为市政规划师提供便捷的设计工具，与其他相关专业合作，前瞻性地解决管道碰撞问题、施工条件差、空间不合理等问题，可随时进行设计变更，以节约成本，并为今后的运行维护提供基础电子数据，方便发现问题，快速解决问题。在长期城市规划中，也可以将其作为原始规划数据，以城市为整体网络，科学规划布局，实现资源优化，最终引导城市合理发展、节能减排。

第二节　BIM 与建筑设计

随着我国经济的高速发展，建筑也如雨后春笋一般，从地面突兀而起，从而也带动起了我国建筑设计的发展，由此也影响了城市规划的发展步伐。然而，世界竞争日益激烈，城市规划的协调竞争也越来越激烈，成为城市规划发展急需解决的问题。由于建筑是一个城市的重要组成部分与象征，是作为人类的精神文化和物质文化的结合体，它具有时代的特征，一方面满足人类的居住问题，另一方面承载着时代的精神。因此，首先要解决好建筑设计与城市之间的关系，才能更好地让建筑设计对城市规划发挥重要作用。

一、建筑设计的概念

建筑设计（Architectural Design）是指建筑物在建造之前，设计者按照建设任务，把施工过程和使用过程中所存在的或可能发生的问题，事先做好通盘的设想，拟定好解决这些问题的办法、方案以图纸和文件的形式表示。建筑设计作为材料准备、施工组织和生产建设中各工种相互配合的共同基础，有利于整个工程在预定的投资限额内，按照经过仔细考虑的预定方案，统一进度，顺利进行，使建成的建筑完全满足用户和社会期望的各种要求。

简言之，建筑物需要最终使用功能。它有特定的需求，而架构设计是为这些需求创建的解决方案。解决方案各不相同，那些能够超出原始需求的都是优秀的架构设计。

一般来说，建筑设计是指“建筑”范围内的工作。需要解决的问题包括：建筑内部使用功能和使用空间的合理安排，建筑与周围环境和各种外部条件的协调，室内外的艺术效果，各细部的施工模式，建筑与结构、建筑与各种设备及其他相关技术的综合协调，以及如何用更少的材料、更少的劳动力、更少的投资和更少的时间来达到上述要求，最终使建筑实用、经济、坚固、美观。

二、BIM 对建筑设计的重要性

在传统的建设工程设计领域，往往存在很多方面的问题，比方说各专业设计信息交流不畅、整体性太差等。为了使这些问题得以解决，应当实现一体化以及各专业的协同设计等。BIM 就是这个能够提高设计效率以及提供协同设计的工具平台，它可以使设计、周期、效率以及品质得到非常明显的提高。

目前，建筑软件从 2D 绘图向模拟 3D 建筑转换，并且累积整个建筑物生命周期中经由各专业领域的设计者提供的该领域所贡献的建筑资料与专业知识，把这些资料储存起来就形成一个建筑信息模型，其他领域可从建筑信息模型中获取所需的资料与欲处理的建筑物的信息，如此便达到资料共享与信息再利用，所以 BIM 是一个信息库；又因为将该建筑物生命周期里所有的资料与信息存于其中，所以也是各个专业领域设计者知识与经验的累积所汇集的知识库。因此，建筑产业逐渐将图形与非图形信息整合于此模型中，以期达成整个生命周期的需求。

基于 BIM 应用三维建筑设计，采用计算机模拟有效降低成本与风险问题，进一步提升项目规划设计质量，有效提升项目实施进度，加强相关部门的认识、理解和管理。对于项目的所有参与者来说，减少错误对降低成本具有非常重要的影响，从而减少施工所需的时间，并有助于降低项目成本。

三、BIM 在建筑设计中的应用

传统的 2DCAD 系统存在许多缺点。建筑设计师在绘制和制作图表的过程中需要浪费大量的时间。因此，建筑设计时间相对不足，设计人员与业主、建筑使用者之间缺乏有效沟通，利用 BIM 软件能促使虚拟建筑模型的建立，相关图纸、图表以及文件的建立，需要直观的三维模型，便于人们的沟通，极大地缩短设计时间，促使建筑设计服务质量与工作效率有效提升。在计算机辅助建筑设计中，这一技术的应用优势如下：

（一）场地分析

对于建筑设计阶段来说，建筑场地的一些信息都会受到设计的影响，经过对场地的分析，进行各种因素的评估与分析，像建设场地的环境状况、施工之后的交通流量以及景观规划等问题，都是需要进行重点分析的，加上分析场地，明确建筑物空间位置，建筑物与周围环境之间关系的建立是十分必要的内容。较之传统场地分析问题，其有着很多缺点的，若是主观因素比较重，加上又有大量数据处理的比较缓慢，实际定量分析存在极大不足，BIM 技术的引入促使场地分析变成可能。地理信息系统和BIM结合在一起,应用BIM技术能实现现场与现场拟建建筑数据实现处理与虚拟化,并进行数据支持设计的极大获取,给新项目做出最理想化的建筑布局与现场规划。

（二）能够实现可视化虚拟建筑设计

建筑设计师采用BIM软件，能轻松建立虚拟的建筑模型，进一步感受建筑内部的空间设计效果，促使设计理念更好地形成；而且通过对相关材料、色彩、空间、环境以及体量造型等的对比分析，建筑设计师采用BIM能转变以往绘画的方式，进一步激发建筑设计师想象力与创造力，建立直观的三维建筑模型，便于建筑设计师之间的有效沟通，业主与施工用户等非专业人士也通过这一软件有效掌握建设项目功能。业主和建筑设计师在预览设计方案基础上,更好地分析场地,预测性能和估算成本，实现设计方案得到更好的改进。较之于复杂的工程建筑造型，采用BIM技术实现建筑造型的数字化设计，采取参数进行建筑造型的调整，称之为参数造型的有效查找。

（三）能够自动生成和修改图纸文档

建立虚拟建筑模型之后设计阶段能自动生成和施工设计有关的所有图表、图纸、文件,促使计算机技术的优势得到充分发挥,在保证工作效率得到极大提升的同时,还能确保图形图纸的准确性。要知道,全部图纸是在从模型基础上生成的,其不只是能更改还能极大地反映出项目文件,实现实时化的更新效果。建筑设计师能很好地进行设计工作的有效开展，进行高效、智能地的评估。

（四）建筑性能分析评估

采取BIM技术，建立在虚拟建筑模型中其包含着丰富的非图形数据信息，由此在这一模型中进行数据信息的有效提取，积极导入专业化的分析与仿真软件，实现各种分析与积极评价，像面积、能见度、日照轨迹、形状系数、结构、热力性能、管道冲突检测、建筑物疏散、消防安全检测等能源与规范的检查，确保能准确反映出设计方案的可行性、可靠性，促使设计方案变得科学合理，有效缩短性能实现周期分析，促使建筑设计质量的进一步提升。

（五）各专业协同设计

作为一种全新的建筑设计方式，协同设计能使分布在不同地理位置的不同专业的设计师，借助网络协作实现设计工作。在建筑行业环境中协同设计让其整个环境发生极大的变化，数字建筑设计技术和迅速发展的网络技术结合在一起。在建筑工程设计中，采取规划、建筑、结构、电气、暖通空调以及给排水等众多学科，各学科之间都会有大量的信息交换、融资、反融资等过程。较之传统的CAD平台问题，专业设计师需要通过访谈与CAD工艺图纸来进一步完成，难免出现极大的遗漏或者是延误的问题，使得最终的设计结果无法很好地得到完善。

采用基于BIM技术的三维可视化设计，不同学科之间的信息就能进行实时共享与协同设计。若是专业设计对象被修改，其他相关专业设计对象也能被实时更新，这样一来各专业能站在信息模型中促使设计参数与相关信息的有效获得，数据不需要重复性输入，避免数据出现冗余、歧义、错误等问题。一旦BIM由原始独立设计的结果被放置在多个构件中，学科与系统能更加统一、直观地应用在三维协同设计环境，有效避免出现误解或者是沟通不及时问题，导致不必要设计错误的出现，促使设计质量和设计效率的进一步提升。

（六）管线碰撞检测

随着建筑规模的不断增加，其使用功能变得愈加复杂，其业主和施工企业都对建筑的机电管线一体化要求变得更高。在 CAD 时代中因建筑或者是机电专业进行有效牵头，叠加的各专业 CAD 图纸被用在管线综合方面上。因二维图纸信息的缺乏，直观沟通平台也无法很好地建立，难免出现无管网碰撞冲突的管线综合问题。

在 BIM 技术的应用中通过构建专业模型的建立，相关设计师能在虚拟三维环境中极容易发现设计中的碰撞冲突存在，自动化检测机电管线间、管线与建筑机构间的碰撞冲突问题，极大地提升管道综合设计能力与工作效率。在 BIM 技术基础上碰撞检测功能，便于施工图设计阶段的问题被发现，不止给各工程设计专业协同工作提供极大的辅助作用，实际设计质量得到极大的提升，有效消除项目施工环节中出现碰撞、冲突问题，促使后期施工阶段的变更和变化被减少，极大地提升施工现场的生产效率问题，也能因施工协调造成成本的增加与工期延误的问题。

（七）工程量分析

设计人员在传统设计中要手工测量和统计图纸，而在计算、统计之前采用专用化成本计算软件对 CAD 文件实现重新建模。传统设计不仅会导致大量的人力物力被消耗，手工计算也会有极大地误差的产生，出现结果不准确的问题。应用新技术可以图纸进行重新建模，可能会比较麻烦，若是图形信息发生极大变化，且无法被及时修改与反映，相关数据就会失去其原始性功能，这一缺点主要是受到二维设计的限制，CAD 图形不只包含建筑的全部属性与信息，这一信息反映比较慢。BIM 模型包含大量信息，BIM 技术的有效介入就能很好地解决上述问题，对信息的修改变成对模型的直接修改，数量数据也能很好地进行更新。BIM 技术能给成本管理真正提供其所需要的数量信息，极大地减少人工操作失误导致的误差的产生，解决数量信息与方案的不一致问题。

四、绿色建筑设计

随着全球气候的不断变暖，我国建筑节能变得愈加重要，越来越多的人们认识到建筑节能问题的严重性，相关建筑能源会出现二氧化碳，二氧化碳是气候变暖的主要来源，因此节能建筑已逐渐成为建筑发展的趋势，绿色建筑也由此产生。

（一）绿色建筑设计理念

绿色建筑设计理念包括以下几个方面。

1. 节约能源

充分利用太阳能，采用节能的建筑围护结构以及采暖和空调，减少采暖和空调的使用。根据自然通风的原理设置风冷系统，使建筑能够有效地利用夏季的主导风向。建筑采用适应当地气候条件的平面形式及总体布局。

2. 节约资源

在建筑设计、施工和建筑材料的选择中，要考虑资源的合理利用和处置，减少资源的使用，努力实现资源的再生利用，节约水资源，包括绿化节水。

3. 回归自然

绿色建筑应强调与周围环境的融合、和谐、动静互补，以保护自然生态环境，如用阳光照明。

4. 舒适和健康的生活环境

不使用对人体有害的建筑材料和室内装饰。室内空气清新，温湿度适宜，居民身体健康。

为了促进绿色建筑的实现，需要将其应用于建筑的全过程，而不是仅仅关注某个环节。要实现绿色建筑，必须重视建筑规划设计。然而，今天的建筑更加复杂，建筑师不能仅仅依靠主观判断或经验来有效地把握它们。应用先进的计算机技术计算复杂数据，实现实时动态仿真，分析建筑物理环境的性能，促进绿色建筑设计的实现。在这种情况下，可以使用先进的BIM软件创建建筑信息模型，建筑师可以随时分析建筑的物理性能，以便合理调整方案。

绿色建筑是通过建筑设计来改善建筑的声、光、热环境。然而，传统的建筑设计二维图纸存在着信息不完整、视觉效果差等缺点。在绿色建筑设计过程中，需要花费大量的时间来重建模型。随着BIM技术的出现，其丰富的信息和视觉效果为绿色建筑设计提供了一个完整的解决策略：设计师可以轻松获得设计和几何、成本和进度等信息，从而更快、更有效地制定绿色建筑设计方法。同时，BIM的参数化变更管理实现了绿色设计的快速化，保证了设计和表达的一致性。当项目立面为异形表面时，传统的二维设计很难准确、直观地表达建筑师的想法，效果图也不同于设计师自己的意图。BIM技术的应用有效地解决了这一问题。

（二）基于BIM的绿色计算

Autodesk project Vasari中的BIM模型用于绿色计算，以分析气象数据、太阳辐射、干球和湿球温度、建筑舒适性、被动技术应用、采光、能耗、建筑所在地声环境和热环境：分析结果可为绿色节能设计提供有力的支持和参考，根据分析结果，对BIM模型进行进一步修改和整理，并实时调整设计方案，使方案的设计过程比以往更加合理和科学。

（三）节能分析

Autodesk simulation CFD技术可用于分析办公楼屏蔽机房的温度分布、风环境和热舒适性模拟。通过改善建筑外窗的位置、尺寸和室内空间分隔，可以保证居民在室外气象条件满足自然通风期间，能够利用自然通风满足室内热舒适要求，从而节约能源，提高人体舒适度。

第三节 BIM 与结构设计

随着现代工程技术的发展，设计变得越来越复杂，需要越来越多的专业人员参与，因此更需要共享相同的模型和数据。BIM 是整个建筑生命周期的建筑信息建模。在整个周期中，设计是上游阶段。因此，BIM 在设计阶段的成功应用决定了 BIM 在其他阶段应用的连续性和有效性。

通过研究和总结 BIM 的技术特点，建立 BIM 结构设计方法，明确 BIM 结构设计工作流程、协同工作模式、参与者职责、BIM 标准实施、数据交互、计算分析、图纸绘制、数据资源管理、从质量控制原则、成果交付要求等方面，论述了如何在 BIM 结构设计的基础上，利用 BIM 技术和先进的 BIM 软件工具，提高设计过程的标准化和质量控制，提高设计工作的效率，促进实际生产操作。在传统结构设计工作方法的基础上，研究其工作流程和 BIM 技术优势，根据当前的生产管理模式，如外部模型数据的格式要求，在应用 BIM 技术的情况下，全面提高结构设计的可实施性，统一管理内外部设计资源，选择协同设计模式等，减少一些重复性工作，避免设计过程中信息的缺失和不对称，提高设计成果的质量。

一、结构设计

结构设计分为建筑结构设计和产品结构设计两种，在此我们说的结构设计一般是建筑结构设计，建筑结构又包括上部结构设计和基础设计。上部结构设计主要分为框架结构（框架结构是指由梁和柱以刚接或者铰接相连接而成，构成承重体系的结构，即由梁和柱组成框架共同抵抗使用过程中出现的水平荷载和竖向荷载）、剪力墙结构（剪力墙结构是用钢筋混凝土墙板来代替框架结构中的梁柱，用钢筋混凝土墙板来承受竖向和水平力的结构）、框架－剪力墙结构（在框架结构中布置一定数量的剪力墙）、框架－核心筒结构、筒中筒结构、砌体结构。基础设计是根据地基土的承载能力，通过一系列的力学计算得出基础底面的尺寸。

二、传统结构设计

传统的结构设计更多的是在二维完成的，流程是利用 PKPM 等有限元结构分析软件进行结构建模、整体空间受力和变形分析及截面设计，然后利用二维 CAD 等绘图软件来绘制传统的施工图文档。

传统的结构设计有以下几个步骤。

（一）柱网的布置

这一阶段为概念设计，根据柱的布置规范确定柱的位置。对于某些室内空间有要求的建筑，设计人员还需要确定柱子的形状，一般是矩形。在确保结构尽量规整（比如框架尽可能形成闭合体系，就是围成一个矩形）的基础上，根据建筑的使用要求再进行调整。

（二）确定梁的位置

一般没意外的话墙下尽可能要有梁，柱网没有形成闭合体系的地方通过梁把两个闭合体系连接成一个整体，楼板跨度过大的地方要设置次梁，楼板开洞处板洞要用梁围合，梁不能凭空搭接，梁的两端要么搭在柱上，要么搭在别的梁上。

（三）梁柱尺寸的确定

柱截面尺寸可根据轴压比公式来估算，梁高主要根据跨度取，主梁一般取1／10左右，次梁取1／12，梁宽取200～350 mm，高宽比最好不要大于2。比如一块7 m×9 m最边上的板，外部9m长的跨度部分取800 mm×250 mm，内部的取800 mm×300 mm，7 m跨度部分外部取600 mm×250 mm，内部取600 mm×300 mm，9 m跨一半的地方搭根次梁取500 mm×250 mm。

（四）加荷载

前三点已经在PKPM里建模做了，接着加荷载。比如墙的重量转化成梁上的线荷载，板上的面层转化成楼面荷载等，对于楼层组装，设定建筑的一些系数，最后去SATWE里计算，然后系统会自动配筋。

（五）出施工图

用梁平法和柱平法把施工图出来，然后根据制图规范进行调整修改。

（六）计算

在JCCAD里做基础，地质报告，设置系数，布基础、地梁、导荷载，然后自动计算。

三、BIM结构设计系列软件

结构设计系列软件中主要是有BIM结构建模、结构分析以及深化设计等内容。

（一）BIM结构建模软件

现阶段，设计师主要采取结构建模软件，包括Autodesk公司的Revit structure和Bentley公司的Bentley structure，其都属于核心建模软件。

（二）结构分析软件

结构分析软件和核心建模软件能共享数据模型，实现数据的双向传输，彼此之间信息的交换。在结构建模软件导入到结构分析软件中，结构分析软件中结构分析结果与调整后的模型都能转换成为回结构模型。现阶段，和BIM软件接口的主要分析软件有很多种，包括ETABS、STAAD、robot等国外软件和PKPM、盈建科等国内软件。

（三）深化设计软件

Xsteel是芬兰Tekla公司开发的有极大影响力的，在BIM基础上的钢结构深化设计软件，能将核心模型数据导入到钢结构深化设计软件中，这一软件能在虚拟空间中建立出完整的钢结构模型，钢筋建筑结构的几何尺寸、材料规格、截面、节点类型、材料以及用户评论等全部信息，与此同时建筑的梁、柱、板、节点螺栓等所有元素都是智能目标。具体来说，若是更改梁的特性，相邻节点也会被自动更改。

在一个项目或者是企业中 BIM 核心建模软件技术路线都会被确定，要依照以下基本原则，像民用建筑用 Autodesk Revit；工厂设计和基础设施用 Bentley；但专业建筑事务所选择 ArchiCAD、Revit、Bentley 都有可能成功；项目完全异性、预算比较充裕的可以选择 CATIA 或 Rhinoceros。目前来说常用的计算分析软件 PKPM 和 YJK 都是国内自主研发的结构计算分析软件，目前结构设计师比较常用，也是能与中国设计规范结合最好的一种结构分析软件，SAP2000 支持下复杂空间结构建模及计算分析。而 Revit 不只是能够有效导入物理模型，且要将结构的荷载、荷载组合、支座条件等有效导入 SAP2000。对于 ETABS 来说，其常用复杂化的高层建筑，MIDAS 和 ETABS 是类似的，在中国本土化方面比较优于 SAP2000 和 ETABS。其实，PKPM 是我国自主开发的结构建模分析进行计算软件，对我国的结构设计规范进行良好结合，由此在我国设计院中也能得到十分广泛的应用。

四、BIM 在结构设计中的应用

（一）BIM 设计组织架构、工作流程

在 BIM 结构的设计之前，要明确设计项目的组织结构，加上与本项目适合的工作流程。在 BIM 结构设计基础上，要清晰组织结构进行设计团队成员的职责、工作内容的有效区分。在 BIM 设计过程的基础上，遵循合理化的工作流程，便于各专业之间进行相互协调，确保项目能顺利实施，进行设计中的问题与冲突进行有效解决。BIM 设计师在项目的设计中能及时更新模型中出现设计冲突问题，且没必要在设计结束时才解决冲突问题。

（二）专业内部

BIM 设计协作都是以“工作集”的方式开展的，这一方法有着元素借用、中心模型等的紧密协同设计功能，适用于专业化内部协同设计工作。不同设计人员因中心模型在本地模型中采取有着自己使用权限的操作组件，随后和中心模型进行组件的同步更新。这一方法只有中心模型能得到完全编辑，加上中央模式的管理机制与运行权限，一旦出现管理不当的问题，相关模型也极有可能出现崩溃的问题。

（三）数据资源管理

1. 外部数据资源管理

在整个设计中对外部提供了项目资源的统一管理工作，不同类型与属性资源都会被存储在项目“共享”区域中。这一设计团队在外部资源的使用中，应当将其复制到本地应用程序中，原始资源是不能被修改或者是损坏的。这一外部资源在使用之前，要很好地保存现有工作模型的副本，避免因外部资源引入出现模型崩溃的问题。由 BIM 批准协调员采用 BIM 负责对外部资源的统一使用，外部资源在更新中 BIM 经理也能进行统一发布。项目的 BIM 协调员要对导入的数据进行检查，判断其是否适用，最后再将其放入项目“共享”区域共享，建议导入或者是关联到 BIM

模型之前进行数据的有效清理，这样就能更好地删除不相关的数据，这些不相关或者是冗余的数据会直接影响到BIM数据库的稳定性。

2. 内部数据资源管理

用户在BIM软件建模中，利用软件功能增加的资源就是内部资源。在同一专业不同设计人员应当对有效增加资源进行分别命名,而命名的规则要在符合本标准通用命名规则要求之下实现,不同类型的资源应当被存放在不同文件夹中保存的。内部资源需要由创建资源的设计器进行统一化的管理与发布。一旦其他设计师在对资源的参考中，应当注意对资源的及时更新，这样一来外部资源能实现内部资源进行转化，因BIM专业负责人进行统一实施，在检查之后进行发布。设计师新建立起来的内部资源文件，是由于BIM专业负责人和BIM设计经理进行逐级审核，实现BIM项目数据库的有效纳入，便于其他BIM设计师进行资源的有效调用。内部资源也是BIM工作的结果，也是一种长期积累的过程，全部项目参与者与管理者都要注意对内部资源的保护，这样一来随意的复制和发布就能得到有效规避。

五、BIM在结构设计应用中的特点

随着社会经济的不断发展，我国建筑行业也得到充分发展，实际建筑的结构也变得更加复杂。一般地，大型工程是由结构设计团队共同完成的，一旦出现遗漏、碰撞、缺陷等设计错误，而现有的结构设计流程与规则都很难保证团队成员之间得到有效信息共享和交流。较之传统的结构设计，BIM技术的优势如下：

其一，提高信息传递效率。较之传统的结构设计，各种结构分析与结构计算软件会生成一定文件，这一软件被分散到不同工作人员的计算机中，促使数据传输速度慢、利用率低以及文件更新不及时等问题，甚至出现文件丢失与破坏的问题。不管是哪一种问题，都会极大地耗费结构工程师的大量时间与精力，促使项目成本的增加。在BIM技术的应用上建筑师与结构工程师，都能通过建筑模型实现更多的沟通与交流，有效减少双方之间的误解，这样一来工程师也能有更多精力实现方案设计的进一步优化。

其二，加强合作。每一设计师都基于CAD设计方法进行独立工作，极少有时间来完成协作工作。基于BIM的设计方法中进行协作工作，这一方法是贯穿设计工作始终的，不只是不同专业的设计师之间，同一专业不同设计师之间也始终需要发挥这一技术进行有效合作。

其三，“自动化”。基于CAD的设计工作还需要手动来完成许多工作的，具体来说，有手动对CAD图纸的读取、手动对CAD图纸的一致性进行检查、手动传输信息等工作内容。基于BIM的设计工作，上述的各项工作都是可以自动来完成的，对建筑的结构与建筑模型都进行自动加载、自动更新，能对任何需要修改的地方进行修改并自动更新到需要的位置，还能自动检查各种专业模型之间是否符合一致性的要求。

其四，工作效率的提升。采取工具软件能快速创建出三维模型，各楼层的平面结构图与剖面图都能自动生成，促使结构状态图有效构成。

其五，成本的降低。对于结构设计成果来说，其以一套结构施工图的形式，提供给施工单位。就建筑以往的结构设计来说，其图纸是有着局限性的，设计者的设计意图就无法充分表达出来。建筑施工单位的相关工程师，会对设计结果进行处理，而这一处理会花费很大的精力进行重新建模。举例子来说，建筑施工单位要按照施工图进行重新建模，便于开展施工图预算、图纸分类、汇总等工作。而 BIM 技术应用能有效节省时间、人力、成本等。

六、BIM 在结构设计应用中的问题

在 BIM 技术基础上建立理想三维物理模型、结构分析模型，能在两个方向上进行有效连接。因分析模型共同包含着大量第三方分析程序需要的种种信息，像荷载、荷载组合、支撑条件等都是需要借助这一工具软件对众多参数进行有效使用。除去相关模型外，这一过程中往往会存在很多问题，设计师与设计团队都经历设计方法的变更，由使用 CAD 设计方法变更为使用 BIM 设计方法。现如今，BIM 已经得到很大程度上的推广，但还局限于一些大型建筑设计公司，一些中小型建筑设计公司还是会使用 CAD 设计方法，并满足于现状，使得建筑项目实际设计中仍有比较多的困难。比如，建筑师与结构工程师之间的信息得不到充分的共享；结构模型软件和其他结构计算软件之间的数据导入、导出的双向性得不到很好的保证；在其复杂的结构计算影响下，单一的计算软件无法满足现在一些较大工程的实际计算需求，模型数据格式的通用性、可移植性也得不到很好的完善；在用平面法表示二维结构图中的梁、柱和墙这一工作，BIM 技术的优势得不到很好的体现；在基于 BIM 建筑项目的设计工作中，相关团队里的每个人的职责分工没有十分明确。

第六章 基于 BIM 的招投标阶段造价管理

第一节 工程量清单与招标控制价编制

一、工程项目招标控制价概述

（一）工程项目招标制度

招投标主要是通过设计一套制度和机制，在这个过程中，确保潜在投标人对标的物做出一些切实可行的准备反应，而招标人则注重控制信息不对称，在有限的信息基础上，投标人可以公开、公平合理竞争。

我国目前的工程招投标实践表明，工程承包阶段是工程建设过程和工程控制的关键环节。从某种意义上说，承包商的选择对项目目标的实现起着不可替代的作用。它决定了谁来实施项目、项目进度的控制措施以及项目的最终施工水平。在此阶段，业主主要控制以下关键程序，以掌握本项目的投标过程。

1. 编制和审核招标文件等相关资料

招标文件是选择施工单位的信息来源，是投标人响应招标人的依据，是投标人报价、确定施工方案和确定合同价格的依据。审查全面、规范、明确的招标文件，确保项目工程量清单的全面、完整，对项目实施后的项目控制水平、项目成本控制和项目风险应对具有重要影响。

2. 评标标准

准确计算项目的实际建设成本，确定项目的合理报价范围是非常必要的。只有这样才能识别投标人的报价策略，最大限度地减少信息盲点。在此基础上，选择技术先进、报价合理的投标人作为本项目的实施者，确保其能保质、保量、准时响应合同要求。

3. 确定合同类型

科学确定合同类型和定价方法，可以在一定程度上避免合同签订和执行过程中的各种纠纷，有效规避风险。通过分析可以发现，在整个招标过程中，业主的关键任务是在充分了解标的物的基础上，综合比较和选择各投标人的施工方案、工期安排和报价。

（二）招标控制价的产生背景

随着招投标模式的发展和改革，工程量清单计价机制有序地促进了建筑市场的公开、公平和公正。“企业自主报价、市场竞争定价”的竞争体系正在逐步形成。但是，值得指出的是，在招投标过程中仍然存在一些违法行为，如招投标人串通、关联招投标、欺诈等。如招标人与中标人串通：招标人威胁、引诱中标人，中标人承诺出具“授权书”，将中标项目直接转让给其他相关投标人；招标人与评审专家串通：招标人或与评审专家有利害关系的社会人员与评审专家见面，诱导或干扰评委的评审工作，使评审结果发展到预期结果；投标人与投标人串通：一些投标人私下串通，相互围困，以不正当手段中标，然后瓜分利益。招标的公开性和公正性等问题对招标的公平性和公正性提出了极大的挑战。

（三）招标控制价的概念及相关规定

招投标过程中的招标控制价就是招标人编制的最高投标限价，投标人的工程报价都不能超过招标控制价。根据我国招投标法规定，当招标的工程由国有资金进行投资的情况时，为了体现评审投标报价的客观、合理、公平，也为了避免投标人不理性地哄抬标价导致国有资产的无端流失，招标人必须编制招标控制价。但招标控制价也不能随意设置，它必须满足以下几项规定。

第一，一个项目只能设置一个投标控制价。为避免招标方在招标方指导下乱报价。一个项目只能设置一个投标控制价作为投标报价的参考依据。

第二，招标控制价的公布时间应与招标文件相同，招标文件的具体内容应包括招标控制价，即二者不能单独公布。招标人在编制招标文件时，必须详细列出招标控制价各组成部分的单独报价，不得只公布一个总价。

第三，投标控制价应在投标文件中注明，不得增减。在实际的投标管理过程中，考虑到激烈的市场竞争，一些招标人会随意将编制好的投标控制价降低一定比例。招标人认为，降低投标控制价将进一步减少工程投资，这实际上会造成投标人之间的恶性竞争，以低价中标。这种行为甚至可能导致安全事故和质量危害。招标控制价具有重要的现实意义。它不仅是社会平均水平的反映，也是招标人评标的重要依据。这就要求招标控制价一经确定，不得增减。

第四，投标人应实质上响应招标文件的要求，计算出的投标总价不得高于投标控制价。招标人委托具有相应资质的造价咨询机构编制投标控制价。在筹建过程中，一方面，相关筹建人员需要深入调查研究具体的使用功能、建设规模、技术要求难易程度、施工条件是否恶劣、工程质量与工期进度计划的约束要求、施工管理方案是否完善等情况；另一方面，也需要根据各地方建设部门具体的计价规定确定工作人员工资单价、材料的消耗量水平、其他费用和税费等，通过深入了解市场价格的波动，多方询价来确定材料价格。招标人编制招标控制价的主要目的就是评审各投标人的投标价，将投标价与工程项目计划投资进行对比审核，衡量其是否符合控制尺度。换句话说，在对各种因素都进行了综合考虑的前提下，招标控制价给投标人确定了企业的合理投标报价范围和利润空间，也使得业主的投资得到控制，优化了投资资金使用效率。在此情况下，企业要想在取得项目的同时大幅度提高企业利润，就要着眼企业自身，创新施工技术和工艺，提高专业技术水平、采用专业装备设施、改革企业管理机制、从而有效减少工程投入成本，提高企业竞争力，最终实现提高投资效益的目标。投标单位所做的所有努力都应满足招标控制价总价及各部分要求。因此，招标控制价具有其作用的有效性和合理性，投标人首先应该对招标文件进行仔细认真的研读，严格遵照其要求计算投标价的每一项组成部分工程的费用，并保证最后的投标价小于招标控制价。一旦超过，招标人可以直接拒绝该投标。

（四）招标控制价的作用

在采用工程量清单计价招标方法以来，原有的招标方式也发生了改变。以往仅仅采取标底保密的措施已经难以遏制投标人故意抬高标价的现象发生。在已进行的政府投建项目中，投标人故意抬高标价以期恶意赚取不法利益的事情屡见不鲜。投标报价，往往牵一发而动全身。如果投标人肆意提高投标报价，有可能影响项目的正常规划和实施，导致项目面临巨大的资金缺口，造成国有资金的大量浪费。对此，在设置标底的同时，政府为了进一步规范建筑市场招投标管理引入了招标控制价。招标控制价的制定增强了招标过程的透明性，使得投标人在整个投标过程中有所依据，切实保障了各方利益。具体而言，它主要有以下作用。

1. 减少了围标、串标行为

围标、串标行为始终是招投标过程中需要预防和杜绝的问题。围标、串标行为的发生也有着其内在的根本原因。究其根本，主要是因为现阶段我国建筑市场发展还不完善，信用体系还未完全建立起来，各建设单位的诚信意识、信用水平尚待提高。另外招投标过程中涉及主体方较多，在利益的驱使下，容易出现暗自勾结，恶意投标现象，监管难度很大；在国有资金投资工程项目中，项目法人缺位，主体意识缺失也给招投标管理带来了很大的难度。因此，要从根本上解决围标、串标问题的产生，就要从源头上有效避免相关条件的产生。从这个方面看，招标控制价的提出和制定有效遏制和减少了串标、围标行为的出现。对于招标人来说，招标控制价把投标报价控制在合理的范围内，防止了部分企业不怀好意，肆意提价，保证了投资资金的合理有效利用，保障了招标人的切身利益。此外，对于投标人来说，招标控制价也规范了投标人的合理利润区间，有利于各投标人发挥企业所长，在合规合法条件下合理报价，公平竞争，保障了公司的利润收益。涉及利益各方更加透明，诚信意识也会得到提高，围标、串标这种有损招标人利益的违规行为也就大大减少。

2. 降低了投标人的成本风险

工程量清单招标实际上是根据市场条件确定价格，制定工程项目的投标报价。招标控制价则给予了投标报价范围的限定，防止出现超概算、超预算等现象。招标控制价的准确性和全面性直接影响了投标报价的合理性。只要编制的招标控制价能够反映市场正常水平，得到公允和认可，就能有效保证投标人的合理利润空间，降低投标人的成本风险。此外，在招标过程中，招标人在发布招标控制价后，各投标人依据招标控制价及相关要求，结合自身实力和管理水平进行测算。

如果投标报价在招标控制价范围内，且具有良好效益，投标人即可继续参与后续投标工作。如果投标报价高于招标控制价，企业无法进一步调控成本投入，可在开标前规定期限内告知招标人不参与投标。由此可见，引入招标控制价有效降低了投标人的成本风险，避免了投标人盲目投标可能带来的经济损失，遏制了工程项目中暗箱操作现象的发生，有利于营造一个公平竞争的环境。

3. 促进建筑施工技术的发展

施工新技术、新工艺的发展往往能够降低造价，提高企业市场竞争力。以往有些企业通过围标、串标，故意哄抬投标报价，恶意中标。在非法的巨大的经济利润下，他们通常会忽略新技术、新工艺的采用，无视管理水平的改善，严重制约了建筑施工技术的发展。还有些企业为了拿到项目，不惜低价中标，采用偷工减料的方法缩减成本，铤而走险，对于新技术的研发和使用更是没有意识。招标控制价的制定促使这种现象一定改观。在招标控制价的限制情况下，投标人确定了企业的合理报价和利润空间。为了在取得项目的同时大幅度提高企业利润，投标单位就要努力在自身能力上狠下功夫，提高专业技术水平、采用专业装备设施、改革企业管理机制、从而有效减少工程投入成本，提高企业竞争力。由此可见，招标控制价的提出有效控制了招标人工程项目的总投入，遏制和减少了投标过程中投标人的围标、串标行为，增强了招投标工作的透明性，在很大程度上保证了招投标市场的公平、公开、公正。

二、影响招标控制价编制质量的主要因素

目前，招标控制价的引入对于行业发展带来了很多积极变化。但是仍然存在很多因素影响着招标控制价编制的质量。

（一）造价行业系统环境的影响

在当前建筑市场的发展趋势中，项目成本在整个项目生命周期中扮演着重要的角色。造价行业的市场秩序是否有序，各种技术基础是否齐全适用，逐渐成为影响招标控制价编制质量的决定性因素。

1. 现行定额的适用性

现行的基本定额已不能适应市场发展的要求，急需更新定额。各地下达的补充定额也有更新周期，难以适应市场发展和技术创新的要求。投标控制价的最终确定包含不同计算口径的误差，影响了投标控制价编制的全面性和准确性。目前的配额与市场价格之间没有有效的联系。

2. 信息价格的准确性与及时性

一方面，市场经济的发展导致了材料价格和相关工程机械租赁成本的波动。另一方面，建设项目通常具有较长的建设周期，涉及的材料种类繁多，价格变动范围广。所有这些都给信息价格的准确性和及时性带来了挑战。作为定价的三大重要影响因素之一，信息价格的准确性从根本上影响着招标控制价的编制质量。因此，掌握材料市场价格变化趋势，及时更新材料价格，合理预测未来项目实施过程中的材料价格，对提高招投标控制价格的质量具有重要意义。

（二）招标人行为的影响

招标人作为委托人，应主动履行其作为委托人的责任和义务，以保证招标工作的顺利进行。如在编制投标控制价时，应主动向编制人员提供完整、详细的技术经济资料，并在第一时间妥善解决编制人员提出的问题；准备工作完成后，应进行严格审核，及时发现疑问和遗漏，并要求准备人员及时解决。这主要涉及以下几个方面。

1. 勘察设计资料的完善程度

勘察设计资料的完整性直接决定了编制的招标控制价的质量和准确性。一旦勘察设计资料缺失，施工图设计粗糙，将直接影响工程量计算、清单编制、定额申请、价格及费用计算的正常进行，导致对招标控制价编制准确性的质疑。因此，必须保证勘察设计资料的完善。

2. 与设计人之间的良好沟通

在编制招标控制价的过程中，经常出现图纸设计不符合行业规范、尺寸标注不符合统一标准等问题。因此，招标人、编制人和设计人应保持良好的沟通。此时，一旦编制人与设计人发生矛盾，招标人应在第一时间进行协调和沟通，及时解决矛盾，解决设计文件中的问题，必要时组织设计答疑会。

3. 招标人采用的计价编制依据的匹配性

编制招标控制价的主要依据包括：各级建设主管部门发布的《建设工程量清单计量规范》《建设工程量清单计价规范》《计价定额和计价方法》等相关资料；所使用的区域清单定价规范、定价配额和项目成本信息通常在项目投标控制价格编制服务合同中注明。在实际投标过程中，为了便于统一管理，招标人在编制投标控制价时，面对企业所在地和项目所在地的定价规范和定额选择时，大多要求以投标控制价为依据。这种做法虽然为招标人的内部管理提供了便利，但也导致了定价准备依据不匹配的技术缺陷。企业所在地与项目所在地通常在消耗定额、计价规范等方面存在较大差异，容易出现与本区域实际情况不符的情况，使招标控制价偏离实际，影响招标控制价的编制质量。

（三）编制人员业务能力的影响

在实际的招投标工作中，对招投标控制价格质量影响最直接、最显著的是人员的专业能力。对定价的三大要素（提取的“数量”“价格”和“费用”）的熟练处理和计算，对员工的专业技术水平提出了很高的要求。不仅专业知识要非常全面，业务操作流程要非常熟练，而且要有优秀而丰富的实践经验。此外，编制人员应充分熟悉委托合同，明确要求，并在整个编制过程中与各方充分沟通，确保招标控制价的编制质量。例如，在前期准备阶段，准备人员需要进行以下工作：详细研究合同，掌握合同要求，记忆施工图纸，掌握招标范围，明确准备范围，确定材料价格，了解政府开支及其他相关事宜。此外，招标人关于工程工期、工程质量要求和工程投资规模的计划需要编制人员考虑和实施。最后，编制人员应认真研究施工对象，考虑工程所在地的地质、水文等施工条件，并结合施工合同的具体规定，考虑具体的计量费用。编制人员所需的专业技术水平涉及知识面广，实践能力要求强，素质水平高，从而保证了招标控制价的编制质量。

编制人员对项目成本管理软件的熟练程度也非常重要。目前的 cost 软件功能丰富，不仅给实际工作带来了极大的方便，而且给编译器带来了新的测试。成本软件发展迅速，更新频繁，操作要求也多种多样。编制人员应充分结合投标理论和控制方法，以便更好地准备和使用软件。由于不同的操作习惯，不同的操作员可能会对相同的数据计算不同的结果。软件的默认设置与项目的实际情况不同，需要更改。例如，使用同一软件时，元件的输入顺序不同，计算结果可能存在一定偏差等。

三、BIM 技术体系概述

（一）BIM 的概念

BIM 是建筑信息模型的缩写，其英文全称为“Building Information Modeling”。它定义为在整个生命周期内集成建设项目的所有几何属性、物理信息和属性信息的各种组件。

国内外尚无统一的、被广泛接受的定义，但普遍接受的观点是，BIM 是指将建设项目中的单个构件作为基本组成要素，整合几何尺寸，将该组件的物理属性等信息存入数据库，形成有机的大数据信息库，所有参与者可在项目生命周期内随时根据需要提取进度、成本、质量等相关实时信息。BIM 的可视化功能可以通过及时建立模型，直接向用户展示建设项目。该模型也是一个大型数据库，存储组件的所有信息，供不同参与者在不同阶段使用。

我国对 BIM 的定义尚未统一。在《关于推进建筑信息模型应用的指导意见》中，住房和城乡建设部将 BIM 技术定义为多维模型信息集成技术，即建筑项目物理和功能特征的信息承载和可视化表达。浙江省住房和城乡建设厅发布的《建筑信息模型（BIM）技术在浙江省的应用指南》也具有相同的含义。指基于 BIM 的数字方位、视觉表现等一整套技术。作为重庆市农村发展委员会发布的《关于加快城市 BIM 技术应用进程的意见》，建立数字信息模型的方法和技术，用于项目生命周期全过程的管理和优化。BIM 可在建设项目的早期规划、勘测和设计、具体施工或最终运营和维护阶段发挥重要作用。基于项目的整个生命周期，BIM 可以为所有参与者提供实时数据，为参与者的分析和决策提供可靠保障。同时，支持与项目相关的周边环境、建筑能耗和安全以及项目本身的进度、质量和成本的综合分析和决策，为早日制定建设项目方案提供有效帮助，为提高建筑业的质量和效率、节能环保创造条件。

（二）BIM 技术的应用价值与特点

BIM 最大的特点是信息的收集、维护、实时更新和科学分析与应用。目前的研究认为，BIM 可以应用于项目的所有阶段。在项目的不同阶段，建筑信息不断更新和建立，可以作为以后项目管理和决策的依据。目前，BIM 可应用于项目设计、施工、运营维护和城市管理。

1. 三维设计与优化

基于 BIM 技术的建设项目设计可以显著提高设计质量，加快设计文件的直观性和集成性，减少后期的谈判和变更，减少这些因素造成的工期和成本的增加。由于 BIM 的设计与传统的二维设计有很大的不同，所以BIM的设计是多维参数化设计，主要对建筑功能和结构进行参数化设计，并包含各种相关参数。同时，它还具有可视化、协调性、仿真性、优化性和绘图性五大特点。然而，传统的三维渲染和动画只包含简单的几何信息，而不能包含空间、建筑材料、成本等信息。在各个阶段应用多维可视化设计、建筑性能模拟分析、造价分析等先进手段，可以大大提高规划、设计、施工等参与单位的信息沟通效率，优化设计方案，减少不必要的错误，通过方案比较提高建筑性能和设计产品质量，应用BIM的协同设计功能，避免专业和系统之间的时空碰撞，减少项目中的频繁变更。BIM在设计阶段的应用特点主要包括以下几个方面。

（1）可视化

BIM通过三维模型直观地以"所见所得"的形式呈现建筑。即使是非专业人士也能直观地感受到项目的设计结果和需求。对于专业设计师来说，这可以让他们的判断更加清晰，工作效率更高。

（2）协作

在传统的设计过程中，许多不同学科的设计师需要在不同的区域分别进行设计，然后对设计结果进行整合和归档。然而，在集成和信息传递过程中，容易出现信息遗漏和失真。然而，基于BIM的设计是在一个协同平台上进行协同设计，可以减少因信息传递和沟通不畅而造成的错误，显著提高设计效率，节约工期和成本。

（3）模拟

利用BIM软件平台，通过时间信息、空间信息、几何信息和材料信息对项目的施工过程进行整合和连接，可以提前进行多维信息的虚拟组合，最大限度地展现项目的真实面貌。

2. 现场建设系统动态模拟

现阶段，建设项目实施过程尚未真正实现信息化。在施工进度和成本管理过程中存在诸多弊端，导致目前效率低下的局面。由于计量、计价项目缺失，建设单位发生争吵，业主投资往往难以控制。目前，BIM4D和BIM5D已逐步得到应用。BIM4D可以模拟施工进度，判断施工方案的合理性，协调和平衡资源。BIM5D的应用和计量可以提高工程项目的信息化程度。采用基于分部分项工程的BIM模型进行分析，对施工现场的脚手架、模板、机械进行方案优化和材料管理，提高施工效率和施工过程中的经济效益。

3. 工程交付与运营维护

工程施工阶段结束时，进行竣工结算。竣工结算通常是业主提出的具体要求，乙方应根据要求进行具体的相关工作。但在结算过程中，需要统计施工阶段的工程变更，重新计算工程量，制作竣工结算表，这需要大量的人力，如此大量的人力计算和高强度的工作导致了很多错误，这容易导致甲乙双方在计量过程中信息不对称，产生纠纷。在基于BIM的工程建设中，所有信息都集成到一个平台中，每个参与者都可以根据需要提取信息。如果发生更改，可以快速输入和检索。这样可以实现结算量和结算价的准确统计，减少漏算和重复计算的现象，提高管理效率，节约时间和成本。

BIM 用于在施工阶段输入工程档案和更新所有 BIM 模型，并用 BIM 信息表达最终施工成本的实际情况。从而实现工程建设数据和工程资产信息的有效存储，使大量工程数据结构化，便于计算机快速查找和分析。此外，它还可以为业主提供增值服务，以比较 BIM 竣工模型与实际建筑之间的差异。BIM 技术的应用还可以避免过度计算和过度付款，并明确划分各分包商的结算范围。在设施、空间和应急管理和运行过程中，检查 BIM 模型中的建筑信息，并在运行和维护工作中不断维护和更新数据。通过对数据的分析，可以提高运营效率，降低运营成本，提高项目运营管理水平。

4. 智慧城市应用

随着全球物联网技术、新一代移动宽带网络技术、下一代互联网技术、云计算技术等新一轮信息技术革命的迅猛发展，并深入生活的方方面面，目前，智慧城市在各大城市受到高度关注。在城市管理过程中，应用 BIM 对城市建筑的空间信息进行建模，准确表达建筑和道路的布局，实现城市建筑信息数据的输入、更新和利用，作为城市空间、城市规划和城市交通的基础信息库，为城市规划建设和经济发展提供支持。

（三）BIM 在造价管理中的应用

1. 项目决策阶段

项目决策阶段对项目成本和经济效益起着非常重要的作用。在项目决策阶段，主要是从技术和经济的角度对各种投资方案进行论证和比较，研究各项目的可行性，选择最佳方案。决策正确与否将直接影响工程造价；决策的基础数据来源于各方案的投资估算。投资估算作为决策阶段的重要环节，也是可行性研究报告和项目建议书的重要内容。投资估算应根据国家有关规定、项目实际情况、勘察设计的具体资料和设定的相关估算指标进行。土地估价涉及大量的投资内容。此处仅分析建筑安装工程成本中 BIM 的投资估算。

2. 项目设计阶段

工程设计阶段主要包括初步设计、技术设计和施工图设计三个阶段。工程设计阶段是工程实施的具体细化阶段，它直接决定着工程造价、工期、工程质量和建成后的经济效益。现阶段控制工程造价的主要手段是优化设计方案，推进设计标准化和定额设计，加强设计预算和施工图预算的管理审核。

3. 项目招投标阶段

BIM 应用在项目投标阶段的主要价值可以在项目投标阶段得到充分体现。在工程项目的 BIM 模型中，招标人或业主可根据需要在短时间内调出工程量设计信息，有效解决计算误差和构件遗漏问题，保证投标顺利进行。在销售招标文件时，一旦工程量清单输入 BIM 模型，招标人可将 BIM 模型与招标文件一起发送给所有投标人，以确保设计信息的准确性和完整性。当投标人在投标阶段检查项目设计时，工程量清单与项目 BIM 模型的设计信息系统之间的对应关系也将起到很大的帮助。根据招标文件的相关规定，投标人可以快速核实项目招标文件的工程量清单，并在

BIM模型中快速找到与空间位置相对应的构件材料，以便制定合理的投标方案。此外，BIM模式和网络链接的特点还可以帮助招标方掌握招标活动的全过程，有效提高招标的透明度。

4. 项目施工阶段

施工阶段成本管理的关键问题是控制工程成本和工程变更引起的成本，尽量避免工程索赔纠纷，最大限度地实现投资计划目标。为了进一步加强对工程造价的控制，在实际施工中，应定期维护和更新BIM模型，尽量避免工程变更，解决索赔和纠纷，合理规划进度付款，限制施工单位通过工程计量履行合同。此外，由于BIM技术将建筑构件与时间关联，承包商可以将一线施工现场的施工情况和实际进度导入BIM模型，造价人员可以通过互联网实时更新造价数据。然后，造价人员可以根据工程的特征参数和所需条件选择工程信息，汇总一个施工面或一段时间的工程量，提高工作效率和准确性，各承包商可实现对实际施工进度的在线实时监控。最后，承包商应向业主提交已完成的项目测量报告。业主将BIM模型数据库的相关进度与施工现场的实际进度进行比较，以验证其准确性，然后通过BIM模型实时掌握项目的实际进度。

5. 项目竣工结算阶段

在工程竣工结算阶段，工程造价的主要工作是进行竣工结算，编制竣工结算文件，移交工程资产。在传统条件下，使用二维CAD图纸进行项目结算非常麻烦。业主和承包商的造价人员需要根据图纸的轴线和细部结构逐一检查，并检查工程量的计算公式是否有错误，计算过程中是否有错误。特别是计算书格式的差异也给造价工作带来了麻烦。BIM模型很好地解决了这个问题。BIM模型的参数化特征使每个结构构件的空间位置、工程量数据、成本、材料性能、建筑构件、工程进度等信息集成在一起，可以随时更新、提取、验证和测量。它还具有三维可视化的特点，满足了人机交互的方便性。在项目的整个过程中，不断更新的设计变更和施工进度可以持续输入BIM模型，直到竣工和移交。所有数据信息构成完整的项目实体。与传统方法相比，BIM模型提高了结算效率，促进了良好的沟通。双方频繁发生纠纷的现象大大减少，解决速度也加快。

第二节 基于BIM的招投标信息化管理系统

随着信息技术的不断发展，网络技术也得到了广泛的推广。招标信息管理也改变了传统的工作模式，走向信息化管理，为招标管理创造了良好的发展前景。简要阐述了招标信息管理系统存在的问题，推进工程项目招标信息管理系统建设的对策，以及招标信息管理系统建设中应注意的问题。

一、招投标信息管理系统存在的问题

在社会上随着国民经济的不断发展，国家出台了一系列相关政策文件进行更好的管理，招投标市场的运作逐步规范。但是，目前仍存在着不科学、不合理的工程造价计价方法、评标方法等具体操作，给规范工程招投标带来了一系列问题。主要包括：甲方公开招投标和隐蔽招投标、施

工单位围标、串通投标、评标专家主观判断、甲方控制、乙方购买投标、阴阳合同、黑白合同、招标代理机构不规范运作等。

二、推进工程项目招投标信息化管理系统建设的对策

为了规范招投标管理，必须制定科学合理的制度，充分利用计算机技术，防止不规范操作。在这个过程中，我们必须充分结合国家相关招标标准，尝试采用电子招标模式。采用电子招标方式，可以严格按照相关规定规范投标人及招标操作。

为了编制符合规定的招标文件，应将使用审查后的《招标管理规定》编制的电子招标文件发送给投标人。电子招标文件具有强大的数据保护功能，可有效保护招标文件内容，防止投标人擅自变更合同。

使用电子投标报价可以保证投标人在投标过程中能够按照招标人的相关规定进行报价，规范投标操作流程。在这种情况下，可以有效提高投标质量和中标效率，避免因操作不规范而造成的弃标现象。

随着信息技术的不断发展，招标文件不断实现数字化操作，有利于评标更加科学合理。同时，继续推广计算机辅助评标系统，该系统能够快速分析和计算投标情况，然后将结果提交给相关专家，有利于评标专家更加科学合理地判断投标价格。在这个过程中，有利于合理、快速地中标，有利于为投标创造良好的经营环境。

统一评标规范。实践证明，标准化评标在招投标过程中起着非常重要的作用，对整个工程工作的质量起着非常重要的作用，能够促进相关行业向合理、健康的方向发展。一是制定科学合理的强制性工程建设统一评标办法，从根本上杜绝不合理招标的发生；二是不断引进新的信息技术手段，为准确的评标规范和评标信息标准创造条件，确保招标信息管理系统更好地发展；最后，将科学的评标体系与先进的评标方法更好地结合起来，促进项目在招投标过程中的公开、公正进展，确保建筑业健康有序发展。

创新招投标方式，制定科学合理的招投标制度和准确定量的分析方法，不仅有利于构建规范化的评标信息平台，也有利于评标工作向规范化、合理化方向发展。随着社会的不断发展，传统的评标方式已不能适应新时期的需要。只有不断引入信息化手段，严格按照相关规定进行规范化操作，才能促进评标程序化、系统化；建设高效的信息平台，不断实现评标信息自动化，提高招标信息管理工作质量和效率，推动评标工作更加规范化。

目前比较先进的评标手段是充分利用信息技术，不断规范评标的原则和方法，使招标信息管理系统更加规范化、自动化。在全面提高招标信息系统工作质量和效率的同时，最大限度地消除人为因素对招标结果的影响，保证评标更加公正客观，使各类项目的投资者能够在公平的环境中竞争。招标信息管理系统，通过借助评标信息平台，对系统化、科学化的数据进行分析和处理，有利于招标信息管理系统更加全面、系统化。在出现“恶意串通投标”和“极端偏离报价”的情况下，可及时采取措施保护投标员工的利益。

三、招投标信息化管理系统建设应注意的问题

（一）让招投标企业的数据库实现全国联网

这样，我们可以最大限度地共享优势资源。随着社会主义市场经济的迅速发展，各行业的竞争意识也不断增强。招标信息管理系统将各项目信息公开，扩大了投标人范围，逐步形成更加开放统一的市场。全国联网，实现信息共享，有利于实现信息公开；实施全国联网，有利于更真实地了解各类企业的信息，最大限度地为投资单位提供真实可靠的评估信息。

（二）充分利用计算机进行评标，不断提高招投标的准确率

在专家评标过程中，有时投标人过多，计算过多，不可避免地会导致计算错误，影响中标的准确性。因此，一些项目投资者本来有可能中标，但由于错误的评估而未能中标，影响了投标的公平性和公正性。充分利用计算机应用系统进行处理，可以有效提高评价的准确性，避免人为因素造成的错误评价，为了提高投标的准确性，为所有建设项目投资者创造一个公平、公正的运营平台。

（三）改善网络安全和信息保密措施

随着信息化的不断发展，应提高网络安全和信息保密措施，信息技术在给人们带来利益的同时也带来了一些负面影响，如病毒入侵、信息泄密等。此外，招标项目的数据和各单位的相关数据在招标信息管理系统中起着非常重要的作用。无论发生什么错误，都会产生很大的影响。因此，投标相关人员必须对相关资料保密。一旦被盗，将影响招标的正常进行，甚至影响招标的公平性。但是，要真正做好招投标信息管理系统，还必须保证各单位的数据安全。从事计算机管理的人员需要不断提高工作技能，并根据各单位的具体情况采取科学合理的防病毒措施。不断引进新技术和信息，增强保护能力和措施，维护网络数据的准确性和安全性。

第七章 基于BIM的实施阶段造价管理

第一节 BIM的5D管理

一、BIM5D管理概述

BIM5D技术是在三维建筑信息模型的基础上，集成时间和成本信息，成为五维建筑信息模型的新技术。BIM5D模型承载着建筑工程3D几何模型和建筑实体的建造时间、成本，内容包括空间几何信息、WBS节点信息、时间范围信息、合同预算信息、施工预算信息等。从而解决了BIM只关注几何属性和构件属性的不足之处，拓展了BIM信息模型的建模能力与应用。

三维可视化数据模型集成了项目组件的几何、物理、空间和功能信息。在此基础上，增加时间维度进行施工模拟，论证施工方案的可行性。然而，BIM3D和BIM4D技术侧重于模拟建设项目施工过程的可施工性和各种改进方案的可行性。在实际建设项目中，除了施工进度外，对施工成本、工程预算、资源消耗和合同的管理是保证工程按期完工的必要条件。基于BIM4D模型，将成本信息关联起来，形成5D信息模型。基于BIM模型的BIM5D信息集成平台包括5D信息模型、进度信息、成本信息、质量信息和合同信息。该平台可以实现施工过程中的精细资源动态管理。

成本管理是BIM5D技术在工程项目施工阶段最有价值的应用领域。BIM技术集成了建筑项目的相关信息，以数字形式表示建筑物的实体和功能特征。基于三维建筑信息模型的BIM4D增加了时间维度，使得三维静态模型适合于动态研究。4D模型可视化实现了施工阶段进度、材料、机械的动态集成管理。强调施工期模拟方案的可行性，忽视项目的成本管理。BIM5D模型在4D模型的基础上增加了成本维度，集成了工程量、进度、成本信息，并能将模型与实际施工情况相关联，实现工程量的动态查询，实时掌握施工进度和成本。土建模型、钢筋模型、安装模型、机电模型等专业模型及其各自的属性信息导入BIM5D平台，进度、资源列表等信息以三维模型为载体进行集成，形成BIM5D信息模型。在施工过程中，为了实现人、料、机等费用的动态管理，需要掌握大量的实时数据信息。BIM5D信息模型为施工阶段的成本动态管理和实时控制提供了统一的模型，以实现最佳的成本精细化管理和过程控制。

进度管理是BIM5D技术的另一项创新。为了便于协同工作，实现流程作业建设，将任务导入 BIM5D 方案模拟模块，划分流程段后与相应的任务项关联，模拟分析进度计划的可行性。在整个运营过程中，我们可以直观地看到项目的进度。BIM5D 技术在项目实施过程中的应用还可以反映项目的实际完成情况，与计划进度进行比较，检查进度是否超前或滞后，以指导后续工作的安排。

二、BIM5D 管理的应用

（一）BIM5D 的创建与集成

三维模型的几何表达只是 BIM 应用的一部分，并非所有三维模型都可以称为 BIM 模型。nd 模型是建筑信息模型的扩展，用于满足用户对三维可视化等功能的扩展需求。例如，4D 模型在 3D 模型的基础上增加了一个时间维度，可以模拟进度，5D 模型可以计算成本。5D 模型是集成了进度信息和成本信息的 3D 模型。利用三维建模软件分别创建专业模型，并在三维模型的基础上与进度信息关联，形成 4D 建筑信息模型，实现构件可视化施工仿真和施工进度管理；通过导入定价文件，将 3D 模型与列表关联，实现项目的多计算比较。三维模型与进度信息和成本信息的关联以模型组件和 WBS 分解为核心，实现建设项目的成本管理、进度管理和资源管理。

（二）BIM5D 模型的关联

三维模型集成了进度文件和定价文件，形成了一个 5D 信息模型。根据项目的实际需要制定三者之间的对应关系，并建立关联关系。资源消耗在 BIM5D 信息集成平台上根据具体的计划运营对象自动形成。

1.3D 模型与进度计划的关联

对于三维模型，可根据项目规模、楼层、专业、施工区段和构件类型划分模型，作为项目 WBS 的基础。施工进度计划分为施工总进度计划进行控制，单位工程、分部分项工程施工计划进行控制，年、季、月、周进度计划进行具体指导。根据 WBS 分解的不同，编制的进度计划也不同，不同编制者编制的进度计划也不同。若项目采用混合班组施工，可分解为粗骨料；如果分别使用专业团队（如砌砖工组、木匠组和加固组）来实施责任制，则分解更详细。通过三维模型和工程项目的分解，可以将项目进度分解到与模型关联的程度。例如，柱构件可以分解为三个过程：模板安装、钢筋绑扎和混凝土浇筑，分别与三维模型中的土建模型和钢筋模型中的柱相关联。该 4D 模型是一个以项目组件和 WBS 为核心的信息模型，通过将进度信息与 3D 模型与类型、材料、几何、数量等属性信息相关联而形成。随附包含每个施工任务的计划和实际开始和结束时间信息的时间表。通过 WBS 与 3D 模型的关联，可以模拟整个施工过程，提取 WBS 节点下的构件数量，比较任务的计划完工时间和实际完工时间，避免因工作面冲突等原因影响施工进度。

2.3D 模型与计价文件的关联

导入计价文件后，将清单计价文件与 3D 模型中的构件进行关联匹配，选择需套用的工程消耗量定额，定额中包含了该工作所需的人工、材料和机械工日（用量、台班）。完成 3D 模型与计价文件的三者关联后，根据 WBS 分解的内容可计算出每个工序的成本和资源用量，实现施工成本的跟踪对比。

3D信息模型和各数据文件以WBS为核心，相互关联形成5D信息模型，再集合其他工程信息，在一个以BIM模型为载体的信息集成平台对施工项目的过程数据集成，通过BIM模型载体实时动态查询各个任务的工程量、进度和资源用量等信息，实现施工过程的动态管理。

（三）BIM5D 的动态分析

以某办公大楼为例，办公大楼为框架剪力墙结构体系，建筑总高度（室外地面至大屋面）为38.1m，共12层，地下2层（地下一层为架空层），地上10层，总建筑面积62 761.03 m^2，建筑占地面积9 946.4 m：本工程工期紧、专业工程队多、材料用量大，施工方在进度管理、成本管理和资源管理方面存在难点，引进BIM5D技术对项目进行管理，主要体现在以下几个方面。

1. 精细化施工管理，提高工作效率

在施工管理方面，项目部的生产、技术、工程、物资、商务等部门根据项目计划开展工作，但是经常会出现沟通不当导致的工作失误，应用BIM5D软件进行项目管理，项目的各参与部门可通过例会形式进行有效的交底沟通。本工程的总工期是540天，为实现此项目目标，法定节假日和夜晚需适当加班。应用BIM5D软件进行进度管理，在每周工程例会上，在平台中查看本周的任务状态，发现滞后的任务，项目部经理及时调整任务安排，更新BIM5D模型，重新按照进度计划指导施工，确保周计划的精确管控。

此种工作模式通过在BIM5D平台中关联进度文件和计价文件，实时为进度计划提供人、材、机的消耗量和成本的精确计算，为物料准备以及劳动力估算提供了准确依据。在平台中，管理人员可根据需要按照时间、楼层、流水段等方式或者按照构件工程量和清单工程量，提取所需的资源用量，在做项目总控物资计划、月备料计划和日提量计划时，可以快速形成并提交报表给相关部门。以往管理人员需要花费至少一天的时间按照进度计划进行工作分解并提取相应工作的工程量，浪费了管理人员的宝贵时间，通过BIM5D信息集成平台，可以实现施工过程中各部门的过程数据的集成，为总包单位向业主报量、分包工程量核算、变更工程量计算和甲方工程量审批提供数据支撑，有效地提高了施工管理效率。

2. 物资提量与领料精准，降低成本

在以前的项目材料管理过程中，管理人员根据二维图纸和经验统计模板、脚手架等周转材料的数量。现场难以实现大量材料的实时调配，施工过程中浪费大量材料，增加成本。通过BIM5D平台，管理人员可根据需要按楼层、专业、岗位、工艺、流程划分，准确查询月、周、日周转材料及材料消耗情况，并根据进度信息记录材料进出时间，并充分利用现场工作面。通过对BIM5D平台上资源的有效管理，大大减少了项目材料的不必要消耗，合理降低了项目成本，为今后类似项目的投资提供了可靠的参考依据。

3. 可视化与数据支撑，优化施工资源管理

在以往的项目中，流水段的管理是项目负责人在现场安排流水进度、流水量和流水计划。

由于分包团队多，工作纪律多，计划层次多，流程交叉，作业面冲突频繁，现场协调困难。在 BIM5D 平台上，通过工作面划分、理论劳动力计算和可视化过程模拟，优化关键节点措施，合理布置工作面，优化资源配置。

针对当前施工资源管理过程中存在的问题，BIM5D 技术与项目管理体系的有机结合，有效提高了施工项目管理的精细化。BIM5D 技术为快速统计资源消耗、合理供应资源提供了精细化的管理方案，实现了施工工程量的动态查询、施工资源成本跟踪比较的动态管理，BIM5D 技术对施工企业的技术创新和发展产生了重大影响。它的推广应用，大大提高了建设项目的集成化和精细化管理程度，保证了项目的质量和施工效率，提高了施工企业的效益。

第二节 基于 BIM 的施工阶段造价管理

一、预制加工管理

（一）构件加工详图

通过 BIM 模型对建筑构件的信息化表达，可在 BIM 模型上直接生成构件加工图，不仅能清楚地传达传统图纸的二维关系，而且对于复杂的空间剖面关系也可以清楚表达，同时还能够将离散的二维图纸信息集中到一个模型当中，这样的模型能够更加紧密地实现与预制工厂的协同和对接。

BIM 模型可以完成构件加工、制作图纸的深化设计。如利用 Tekla Structures 等深化设计软件真实模拟结构深化设计，通过软件自带功能将所有加工详图（包括布置图、构件图、零件图等）利用三视图原理进行投影、剖面生成深化图纸，图纸上的所有尺寸，包括杆件长度、断面尺寸、杆件相交角度均是在杆件模型上直接投影产生的。

（二）构件生产指导

BIM 建模是对建筑的真实反映，在生产加工过程中，BIM 信息化技术可以直观地表达出配筋的空间关系和各种下料参数情况，能自动生成构件下料单、派工单、模具规格参数等生产表单，并且能通过可视化的直观表达帮助工人更好地理解设计意图，可以形成 BIM 生产模拟动画、流程图、说明图等辅助培训的材料，有助于提高工人生产的准确性和质量效率。

1. 通过 BIM 实现预制构件的数字化制造

借助工厂化、机械化的生产方式，采用集中、大型的生产设备，将 BIM 信息数据输入设备就可以实现机械的自动化生产，这种数字化建造的方式可以大大提高工作效率和生产质量。比如，现在已经实现了钢筋网片的商品化生产，符合设计要求的钢筋在工厂自动下料、自动成形、自动焊接（绑扎），形成标准化的钢筋网片。

2. 构件详细信息全过程查询

作为施工过程中的重要信息，检查和验收信息将被完整地保存在 BIM 模型中，相关单位可快捷地对任意构件进行信息查询和统计分析，在保证施工质量的同时，能使质量信息在运维期有据可循。

二、虚拟施工与进度管理

（一）虚拟施工管理

基于BIM技术的虚拟施工是通过BIM技术结合施工方案、施工模拟和现场视频监控进行的。施工本身不消耗施工资源，但可以根据视觉效果看到和理解施工过程和结果，可以大大降低返工成本和管理成本，降低风险，增强管理层对施工过程的控制能力。建模的过程就是虚拟施工的过程，是一个施工前的试算过程。在有效施工方案的指导下，顺利实施施工过程。施工方案主要根据项目经理、总工程师和项目部的经验定制。其可行性一直受到业界的关注。由于施工产品的单一性和不可重复性，施工方案是不可重复的。通常，当一个项目即将结束时，一套完整的施工方案会显示在我们面前。虚拟施工技术不仅可以检测和比较施工方案，而且可以优化施工方案。

对于BIM虚拟施工，需要提前确定以下信息：设计的五维模型和现场施工环境；根据部件选择施工机械及其运行方式；确定施工方式和顺序；确定所需的临时设施和安装位置。BIM在虚拟施工管理中的应用主要包括现场布置方案、专项施工方案、关键工序显示等。

1. 场地布置方案

为使现场使用合理，施工平面布置应有条理，尽量减少占用施工用地，使平面布置紧凑合理，同时做到场容整齐清洁，道路畅通，符合防火安全及文明施工的要求，施工过程中应避免多个工种在同一场地、同一区域而相互牵制、相互干扰。施工现场应设专人负责管理，使各项材料、机具等按已审定的现场施工平面布置图的位置摆放。

基于建立的BIM三维模型及搭建的各种临时设施，可以对施工场地进行布置，合理安排塔吊、库房、加工厂地和生活区等的位置，解决现场施工场地划分问题；通过与业主的可视化沟通协调，对施工场地进行优化，选择最优的施工路线。

2. 专项施工方案

在BIM技术指导下编制专项施工方案，可以直观分析复杂过程，简化和透明复杂部位，提前模拟方案编制后的现场施工状态，提前检查现场可能存在的危险源、安全隐患和火灾隐患，并合理安排专项方案的施工工序，有利于方案合理性的特殊性和透明度。

3. 关键工艺展示

对于工程建设的关键部位，如预应力钢结构的关键构件和部件，其安装比较复杂，因此合理的安装方案非常重要。正确的安装方法可以节省时间和成本。传统的方法只有在项目实施时才能得到验证，这可能导致二次返工等问题。同时，传统的方法是施工人员充分理解设计意图，然后传达给施工人员。相对专业的术语和步骤很难让工人完全理解。基于BIM技术，可提前动态显示重要部件的安装情况，为施工方案讨论和技术交流提供虚拟现实信息。

（二）进度管理

工程建设项目的进度管理是指对工程项目各建设阶段的工作内容、工作程序、持续时间和逻辑关系制订计划，将该计划付诸实施。在实施过程中经常检查实际进度是否按计划要求进行，对出现的偏差分析原因，采取补救措施或调整、修改原计划，直至工程竣工，交付使用。进度控制的最终目标是确保进度目标的实现。工程建设监理所进行的进度控制是指为使项目按计划要求的时间使用而开展的有关监督管理活动。

在实际工程项目进度管理过程中，虽然有详细的进度计划及网络图、横道图等技术做支撑，但是“破网”事故仍时有发生，对整个项目的经济效益产生直接的影响。通过对事故进行调查，主要的原因有：建筑设计缺陷带来的进度管理问题、施工进度计划编制不合理造成的进度管理问题、现场人员的素质造成的进度管理问题、参与方沟通和衔接不畅导致的进度管理问题和施工环境造成的进度管理问题等。

BIM 在工程项目进度管理中的应用体现在项目进行过程中的方方面面，下面仅对其关键应用点进行具体介绍。

1.BIM 施工进度模拟

当前建筑工程项目管理中经常用于表示进度计划的甘特图，由于专业性强，可视化程度低，无法清晰描述施工进度以及各种复杂关系，难以准确表达工程施工的动态变化过程。通过将 BIM 与施工进度计划相链接，将空间信息与时间信息整合在一个可视的 4D（3D+TIMe）模型中，不仅可以直观、精确地反映整个建筑的施工过程，还能够实时追踪当前的进度状态，分析影响进度的因素，协调各专业，制定应对措施，以缩短工期、降低成本、提高质量。

目前常用的 4DBIM 施工管理系统或施工进度模拟软件很多，利用此类管理系统或软件进行施工进度模拟大致分为以下步骤：一是将 BIM 模型进行材质赋予；二是制订 if Project 计划；三是将项目文件与 BIM 模型联系起来；四是建立构件运动路径，并与时间相联系；五是设置动画视点并输出构造模拟动画。通过 4D 施工进度模拟，可以完成以下内容：基于 BIM 施工组织，分析项目的重点和难点，制定切实可行的对策；根据模型，确定方案，安排方案，划分流水段；BIM 施工进度计划使用季度卡编制计划；通过将周数和月数相结合，假设在后期需要任何时间段的计划。可在此计划中过滤自动生成；每天管理现场施工进度。

2.BIM 施工安全与冲突分析系统

对于时变结构和支撑系统的安全分析，通过模型数据转换机制，从 4D 施工信息模型中自动生成结构分析模型，进行力学分析，施工期间任何时间点时变结构和支撑系统的计算和安全性能评估。

施工过程中进度 / 资源 / 成本的冲突分析，通过动态显示各施工段实际进度与计划的对比关系，实现进度偏差和冲突分析预警；指定任何日期，自动计算所需的人力、材料、机械和成本，并进行资源比较分析和预算；根据清单计价和实际进度计算实际成本，并在任何时间点动态分析成本及其影响关系。现场碰撞检测基于施工现场的 4D 时间模型和碰撞检测算法，能够检测和分析构件与管道、设施和结构之间的动态碰撞。

3.BIM 建筑施工优化系统

建立进度管理软件 P3/P6 数据模型与离散事件优化模型之间的数据交换，实现基于 BIM 的施工进度、资源、现场优化和过程仿真，以及基于施工优化信息模型的离散事件仿真。

基于 BIM 和离散事件模拟的施工优化，通过对各工序的模拟计算，得出工序工期、人力、机械、场地等资源的占用情况，以及施工工期，优化资源配置和场地布局，实现多个施工方案的比选。基于过程优化的 4D 施工过程仿真集成了 4D 施工管理和施工优化，实现了基于过程优化的 4D 施工可视化仿真。

三、安全与质量管理

（一）安全管理

安全管理（Safety Management）是管理科学的一个重要分支，它是为实现安全目标而进行的有关决策、计划、组织和控制等方面的活动，主要运用现代安全管理原理、方法和手段，分析和研究各种不安全因素，从技术上、组织上和管理上采取有力的措施，解决和消除各种不安全因素，防止事故的发生。

施工现场安全管理的内容，大体可归纳为安全组织管理，场地与设施管理，行为控制和安全技术管理四个方面，分别对生产中的人、物、环境的行为与状态，进行具体的管理与控制。

基于 BIM 的管理模式是创建信息、管理信息、共享信息的数字化方式，在工程安全管理方面具有很多优势，如基于 BIM 的项目管理，工程基础数据如量、价等，数据准确、数据透明、数据共享，能完全实现短周期、全过程对资金安全的控制；基于 BIM 技术，可以提供施工合同、支付凭证、施工变更等工程附件管理，并为成本测算、招投标、签证管理、支付等全过程造价进行管理；BIM 数据模型保证了各项目的数据动态调整，可以方便统计，追溯各个项目的现金流和资金状况；基于 BIM 的 4D 虚拟建造技术能提前发现在施工阶段可能出现的问题，并逐一修改，提前制定应对措施；采用 BIM 技术，可实现虚拟现实和资产、空间等管理、建筑系统分析等技术内容，从而便于运营维护阶段的管理应用；运用 BIM 技术，可以对火灾等安全隐患进行及时处理，从而减少不必要的损失，对突发事件进行快速应变和处理，快速准确地掌握建筑物的运营情况。

采用 BIM 技术可使整个工程项目在设计、施工和运营维护等阶段都能够有效地控制资金风险，实现安全生产。下面将对 BIM 技术在工程项目安全管理中的具体应用进行介绍。

1. 施工准备阶段安全控制

在施工准备阶段，利用 BIM 进行与实践相关的安全分析，能够降低施工安全事故发生的可能性，如 4D 模拟与管理和安全表现参数的计算可以在施工准备阶段排除很多建筑安全风险；BIM 虚拟环境划分施工空间，排除安全隐患；基于 BIM 和相关信息技术的安全规划可以在施工前发现并消除虚拟环境中的安全隐患；采用BIM模型和有限元分析平台进行力学计算，确保施工安全；通过该模型，找出了施工过程中的主要危险源，实现了水平洞口危险源的自动识别。

2. 施工过程仿真模拟

仿真分析技术可以模拟建筑结构在施工过程中不同阶段的力学性能和变形状态，为结构的安全施工提供保障。通常采用大型有限元软件实现结构仿真分析，但复杂建筑的建模时间较长：在BIM模型的基础上，开发相应的有限元软件接口，实现所有模型的传输，添加材料属性，边界条件和荷载条件，结合先进的时变结构分析方法，将4D技术和时变结构分析方法相结合，实现施工过程中基于BIM的结构安全分析，有效捕捉施工过程中可能出现的危险状态，指导安全维护措施的制定和实施，防止安全事故的发生。

3. 模型试验

对于结构体系复杂、施工难度大的结构，需要验证结构施工方案的合理性和施工工艺的安全可靠性。因此，采用BIM技术建立试验模型，动态显示施工方案，为试验提供模型基础信息。

4. 施工动态监测

长期以来，建筑工程中的事故时常发生。如何进行施工中的结构监测已成为国内外的前沿课题之一。对施工过程进行实时监测，特别是对重要部位和关键工序，应及时了解施工过程中结构的受力和运行状态。施工监测技术的先进与否，对施工控制起着至关重要的作用，这也是施工过程信息化的一个重要内容。为了及时了解结构的工作状态，发现结构未知的损伤，建立工程结构的三维可视化动态监测系统，就显得十分迫切。

（二）质量管理

在工程建设中，无论是勘察、设计、施工还是机电设备的安装，影响工程质量的因素主要有“人、机、料、法、环”等五大方面，即人工、机械、材料、方法、环境。所以，工程项目的质量管理主要是对这五个方面进行控制。工程实践表明，大部分传统管理方法在理论上的作用很难在工程实际中得到发挥。由于受实际条件和操作工具的限制，这些方法的理论作用只能得到部分发挥，甚至得不到发挥，影响了工程项目质量管理的工作效率，造成工程项目的质量目标最终不能完全实现。

工程施工过程中，施工人员专业技能不足、材料的使用不规范、不按设计或规范进行施工、不能准确预知完工后的质量效果、各个专业工种相互影响等问题对工程质量管理造成一定的影响。

BIM技术的引入不仅提供一种“可视化”的管理模式，也能够充分发掘传统技术的潜在能量，使其更充分、更有效地为工程项目质量管理工作服务。传统的二维管控质量的方法是将各专业平面图叠加，结合局部剖面图，设计审核校对人员凭经验发现错误，难以全面分析。而三维参数化的质量控制，是利用三维模型，通过计算机自动实时检测管线碰撞，精确性高。

基于BIM的工程项目质量管理包括产品质量管理及技术质量管理。产品质量管理：BIM模型储存了大量的建筑构件和设备信息。通过软件平台，可快速查找所需的材料及构配件信息，如规格、材质、尺寸要求等，并可根据 BIM 设计模型，对现场施工作业产品进行追踪、记录、分析，掌握现场施工的不确定因素，避免不良后果出现，监控施工质量。技术质量管理：通过 BIM 的软件平台动态模拟施工技术流程，再由施工人员按照仿真施工流程施工，确保施工技术信息的传递不会出现偏差，避免实际做法和计划做法出现偏差，减少不可预见情况的发生，监控施工质量。

下面仅对 BIM 在工程项目质量管理中的关键应用点进行具体介绍。

1. 建模前期协同设计

在建模初期，要求建筑和结构专业的设计师粗略确定天花板高度和结构梁高度；对于净高要求严格的区域，提前通知机电专业；每个专业为空间狭窄和管道复杂的区域协调一个二维局部截面。早期建模阶段的协同设计旨在解决一些潜在的管道碰撞问题，并在早期建模阶段预测潜在的质量问题。

2. 碰撞检测

在传统的二维图纸设计中，总工程师在汇总结构、给排水、电气等各专业的设计图纸后，人工查找和协调问题。人为失误是不可避免的，在施工中会产生很多矛盾，造成施工投资的巨大浪费，也会影响施工进度。此外，由于各专业承包商在实际施工过程中不了解甚至忽视其他专业或工种和工序，冲突和碰撞随处可见。然而，在施工过程中，这些冲突的解决方案往往受到现场已完工部分的限制，大多数冲突只能被动地改变，牺牲了一些利益和效率。调查显示，在施工过程中，相关方有时需要支付数十万美元、数百万美元甚至数千万美元，以弥补设备和管道碰撞造成的拆卸、返工和浪费。

目前，BIM 技术在三维碰撞检测中的应用已经比较成熟。凭借其独特的直觉和准确性，在设计和建模阶段，各种冲突和碰撞一目了然。在水、热、电的建模阶段，利用 BIM 随时自动检测和解决管道设计的初次碰撞，相当于提前进行校准和审核工作，可以大大提高图纸质量。碰撞检测的实现主要依赖于虚拟碰撞软件，虚拟碰撞软件本质上是 BIM 可视化技术。施工设计人员可以在施工前对工程进行碰撞检查，这样不仅可以彻底消除碰撞，优化工程设计，减少施工阶段错误损失和返工的可能性，而且可以优化间隙和方案。最后，施工人员可以利用优化后的三维方案进行施工交底和施工模拟，既提高了施工质量，又提高了与业主沟通的主动性。

碰撞检测可分为专业碰撞检测和管道综合碰撞检测。专业间碰撞检测主要包括土建专业之间软、硬碰撞点检查（如标高、剪力墙、柱等位置是否一致，梁与门是否冲突等），土建专业与机电专业之间（如检查设备管线是否与梁柱冲突），机电专业之间（如检查管线末端是否与室内吊顶冲突）；管道综合碰撞检测主要包括管道专业、暖通专业、电气专业内部系统检查，以及管道、暖通、电气、结构专业之间的碰撞检测。此外，解决管道空间布局问题，如机房狭窄的走道，也是常见的碰撞内容之一。

在本项目的碰撞检测中，应遵循以下检测优先顺序：一是民用碰撞检测；二是对设备内部各专业进行碰撞检测；三是进行结构与给排水、采暖、电力的碰撞检测；四是解决管道之间的交叉问题。其中，全专业碰撞检测方法为：在建立各专业精确的三维模型后，选择一个主文件，以该文件的网格坐标为基准，将其他专业模型链接到主模型上，最终得到包括土木工程、管道、工艺设备等在内的全学科综合模型。综合模型为模拟现场施工碰撞检测提供了平台。在此平台上，完成了模拟模式下的现场碰撞检测，根据检测报告和修改意见，对设计方案进行了合理评价，并做出了设计优化决策，然后再次进行碰撞检测，直到所有硬碰撞和软碰撞都解决为止。

3. 大体积混凝土测温

采用自动监测管理软件对大体积混凝土温度进行监测，并将温度测量数据无线传输汇总到分析平台。通过对各测温点的分析，形成动态监控管理。根据温度测点布置要求，电子传感器自动将温度变化直接输出到计算机，形成温度变化曲线。它可以远程动态监测大体积混凝土的温度变化。根据温度变化，随时加强养护措施，保证大体积混凝土施工质量，确保工程筏板浇筑后混凝土温度变化不引起温度裂缝；并利用基于 BIM 的温度数据分析平台对大体积混凝土温度进行实时检测。

4. 施工工序中管理

过程质量控制是对过程活动条件的控制，即过程活动输入的质量、过程活动效果的质量和分项工程的质量。在使用 BIM 技术进行过程质量控制时，我们可以重点关注以下几个方面：第一，使用 BIM 技术可以更好地确定过程质量控制工作计划。一方面要针对不同的工艺活动制定保证质量的专项技术措施，并对材料投入和活动顺序做出专项规定；另一方面，应规定质量控制工作流程和质量检查制度。第二，BIM 技术用于主动控制过程活动条件的质量。过程活动条件主要是指影响质量的五个因素，即人、材料、机械设备、方法和环境。第三，可以及时检查过程活动效果的质量。主要实施班组自检、互检、上下工序交接检查，特别是隐蔽工程、分项（部门）工程的质量检查。第四，利用 BIM 技术设置过程质量控制点（过程管理点），实施关键控制。过程质量控制点是针对图像质量的关键部位或薄弱环节确定的关键控制对象。过程质量控制的关键是正确设置控制点并严格执行。

四、物料与成本管理

（一）物料管理

传统的物资管理模式是企业或项目部根据施工现场的实际情况制定相应的物资管理制度和流程。这一过程主要由施工现场的材料员、保管员和施工人员完成。施工现场的多样性、固定性和广阔性决定了施工现场的物资管理具有周期长、品种多、储存方式复杂的特殊性。传统的物资管理存在会计核算不准确、物资申请审核不严、变更签证手续办理不及时等问题，导致现场大量积压物资、占用大量资金、停工待料、工程成本上升。

基于 BIM 的材料管理通过建立安装材料的 BIM 模型数据库，项目部各岗位人员和企业各部门可以查询分析数据，为项目部材料管理和决策提供数据支持。具体性能分析如下。

1. 安装材料 BIM 模型数据库

项目部获得机电安装各专业施工图纸后，BIM 项目经理组织各专业机电 BIM 工程师进行三维建模，并结合各专业模型，形成安装材料 BIM 模型库。数据库以 BIM 机电模型和全过程成本数据为基础，对分散在机电安装各专业人员手中的工程信息模型进行汇总，形成汇总的项目级基础数据库。

2. 安装材料分类控制

物料的合理分类是物料管理的重要基础工作。安装材料 BIM 模型数据库的最大优点是包含材料的所有属性信息。在数据建模过程中，专业建模人员根据需求的大小、占用的资金量和重要性程度，将建筑中使用的各种材料的特性分类为“星级”。星级越高，对材料的需求越大，占用的资金越多。

3. 用料交底

与传统 CAD 相比，BIM 具有显著的可视化特点。设备、电气、管道、通风、空调安装专业三维建模、碰撞后，BIM 项目经理组织各专业 BIM 项目工程师进行综合优化，提前消除施工过程中各专业可能发生的碰撞。项目会计、材料员、施工员等管理人员应熟悉施工图纸，全面了解 BIM 三维模型，了解设计思路，并按施工规范要求向施工班组进行技术交底，向团队灌输 BIM 模型中的材料意图，并以 BIM 三维图、CAD 图或表格空白表等书面形式进行材料交底，防止团队“长料短用”“全料余量”，做到物尽其用，减少浪费和边角料，尽量减少材料消耗。

4. 物资材料管理

施工现场材料浪费、积压现象普遍，安装材料的精细化管理一直是项目管理中的难题。采用 BIM 模式，结合施工程序和项目形象进度，精心安排材料采购计划，既能保证工期和施工的连续性，又能充分利用营运资金，减少库存，减少材料的二次搬运。同时，根据工程的实际进度，材料员可以轻松提取施工各阶段的材料消耗量，在施工任务书中附上完成施工任务的定额领料单，作为材料发放部门的控制依据，落实各班组定额发料，防止错发、多发、漏发等非计划物资，从源头上实现物资目标，减少施工班组材料浪费。

5. 材料变更清单

工程设计变更和签证增加在工程建设中经常发生。项目经理部在收到工程变更通知单实施前，应对变更引起的材料积压提出处理意见。原则上由业主采购，否则处理不当会造成材料积压，无故增加材料成本。为了保证工程变更和 BIM 维护的准确性，及时处理工程变更和材料变更。

（二）成本管理

成本管理是指企业生产经营过程中各项成本核算、成本分析、成本决策和成本控制等一系列科学管理行为的总称。成本管理是企业管理的一个重要组成部分，它要求系统而全面、科学和合理，它对于促进增产节支、加强经济核算，改进企业管理，提高企业整体管理水平具有重大意义。

施工阶段成本控制的主要内容为材料控制、人工控制、机械控制、分包工程控制。成本控制的主要方法有净值分析法、线性回归法、指数平滑法、灰色预测法。在施工过程中最常用的是净值分析法。而后面基于 BIM 的成本控制的方法也是净值分析法。净值分析法是一种分析目标成本及进度与目标期望之间差异的方法，是一种通过差值比较差异的方法。它的独特之处在于对项目分析十分准确，能够对项目施工情况进行有效的控制。通过收集并计算预计完成工作的预算费用、已完成工作的预算费用、已完成工作的实际费用的值，分析成本是否超支、进度是否滞后。基于 BIM 技术的成本控制具有快速、准确、分析能力强等很多优势，具体表现为：

1. 快速

建立基于 BIM 的 5D 实际成本数据库，汇总分析能力大大加强，速度快，周期成本分析不再困难，工作量小、效率高。

2. 准确

成本数据动态维护，准确性大为提高，通过总量统计的方法，消除累积误差，成本数据随进度准确度越来越高；数据粒度达到构件级，可以快速提供支撑项目各条线管理所需的数据信息，有效提升施工管理效率。

3. 精细

通过实际成本 BIM 模型，很容易检查出哪些项目还没有实际成本数据，监督各成本实时盘点，提供实际数据。

4. 分析能力强

可以多维度（时间、空间、WBS）汇总分析更多种类、更多统计分析条件的成本报表，直观地确定不同时间点的资金需求，模拟并优化资金筹措和使用分配，实现投资资金财务收益最大化。

5. 提升企业成本控制能力

通过互联网将实际成本 BIM 模型集中到企业总部服务器，企业总部的成本部门和财务部门可以共享每个项目的实际成本数据，实现总部和项目部门之间的信息对称。

第三节 基于 BIM 的竣工结算造价管理

工程结算管理是整个工程造价管理的重要内容之一，也是最后一个关键环节。工程结算与建设单位和施工单位的经济利益密切相关，因此做好工程结算管理尤为重要。然而，许多建设项目的实际结算仍存在许多问题，主要体现在对各种结算材料和费用的审计不全面、不精细。BIM 技术的应用可以有效地管理工程结算，实现工程结算阶段的顺利进行。

一、工程结算环节存在的问题

（一）工程结算资料存在缺漏

工程结算的效率取决于工程结算数据的完整性。如果结算数据足够完整，项目结算可以实现高效率。然而，在实际数据准备中，缺乏结算数据。这就要求管理部门加强对结算数据的审核，使结算数据能够满足结算的需要。首先，对归档资料进行全面检查，包括各工期、进度点的资料。其次，还必须审查施工单位提交的沉降数据。如果在审查中发现问题，应及时处理。审核结算数据真实性时，应注意数据相关位置是否有单位印章或领导签字。所有涉及费用的文件的金额数字必须准确，所有数据的文本不得有打字错误。施工现场签证应加盖施工、监理单位印章，施工图纸、资料审查也必须到位。应该指出的是，许多建设项目往往数量大，建设时间长。在此期间，数据变更的可能性很大，而且大部分数据都是纸质的，这无端增加了工程数据的数量，给数据的收集、整理和审核带来了很大的困难。此外，建造业很多职位的员工流动性大，员工交接工作耗时。此外，在交接过程中，如果稍有不慎，很容易丢失数据和打错电话，给工程结算带来很大的挑战。

（二）工程量价费的审查不严谨

工程量的确定应遵守国家规定的计量标准计算规则，这是实施工程量清单计价模式的必要条件。例如，在制定建设项目单价合同时，应根据项目承包商在执行合同时计算的工程量确定工程量。但在实际工程建设中，存在着工程量、价格、费用审查不够严格的问题，导致许多工程量的计价不符合国家相关标准，给工程结算带来极大不便。这就要求管理部门增加对数量、价格和费用的审查。具体来说，应从投标清单中的工程量入手，重点关注工程量的缺失、薄弱环节和变化。然而，数量审查并非易事。评审工具相对落后，评审时间过长，评审结果不理想。这些是审查过程中比较突出的问题。

另一个值得注意的问题是，在验证数量时，由于不同的人有不同的计算方法，通常需要更长的时间。单价应根据招标文件中的报价和合同或招标文件的价格条款进行审查。如果单价需要调整，应及时调整。在审查成本时，应明确成本的确定是否符合国家相关法律法规和项目合同的规定。同时，收费程序和费率调整是否符合合同规定也是成本评审的重要内容。这就要求审计人员充分了解和掌握国家有关法律、法规和政策，并在合同中明确相关条款并适当引用。

二、工程结算管理中 BIM 技术的正确运用

（一）BIM 对结算的检查提供依据

借助于 BIM 技术，可以获得准确的工程信息，这主要是通过对工程数据和信息的自动分析和排序来实现的。通常，结算数据中最容易被忽略的项目是工程变更单和技术审批单，而容易引起争议的项目是工程赔偿和现场签证。当项目的某一部分完成时，负责人和工程师需要确定实际完成的工程量。如果在施工过程中发生紧急情况形成索赔，应提供相关资料。然而，确保所提供数据的真实性也是一个难题。BIM 技术可以有效地记录变更后的内容和数据，并采用电子存储方式存储技术审批单。也就是说，通过 BIM 技术，项目负责人能够及时、全面地掌握项目变更项目的内容和数据。由此可见，BIM 技术可以有效地保证变更数据的真实性。此外，地形条件对 BIM 几乎没有限制。无论现场地形如何，BIM 都可以包括现场的所有条件。在 BIM 模型中，将特别标记变更项目的位置。单击相应的零件以查看更详细的内容。在建设项目中，通常涉及索赔

的签证表是根据国家法律法规签署的。一旦在实际情况下，一些人仍然质疑他们的真实性和可靠性。BIM技术的应用可以避免此类问题。该技术涉及业主和国家审计部门签署的索赔表中的BIM模型，并在模型中标记索赔涉及的具体部分。在解决问题时，如果发生争议，可以使用BIM技术通过数据和图片恢复签证现场的情况，以说服仍有争议的人员。

（二）BIM对工程数量的核对

第一，BIM应分区检查工程量，这也是检查的第一步，起着至关重要的作用。这就要求预算员按照规定合理划分工程量，制作表格，并用BIM模型中的参数检查表格中的数据。第二，根据安装步骤检查工程数量。BIM软件可以快速实现数据的分析和整理，并获得对比分析表。通过相应的操作，预算员可以自动对这些表中的数据进行排序，同时自动锁定错误的数据。第三，BIM在审查项目中缺失的数据方面发挥作用。由于工程设计与机电设计的单元是分离的，工程设计与机电设计在设计方法上总是存在一定的差异，这将对工程量产生一定的影响。同时，可能存在预算员不了解机电知识，或机电工程师对预算理解模糊的现象，容易增加工程数据的误差，无法保证数据的准确性。但BIM技术的应用可以解决上述问题，保证正式计算的准确性，促进施工的顺利进行。第四，BIM可以通过软件的自动检索功能检查数据，检查现有数据或缺失数据，并帮助员工及时发现和纠正。

经济发展带动了建筑业的快速发展。工程造价管理是整个工程建设行业健康发展的重要内容，是工程项目管理的最后一个环节。因此，做好结算管理工作十分重要。BIM技术在工程结算管理中的应用，可以使结算工作顺利进行，有助于规范结算管理，确保建设工程保质保量完工，促进建设事业的发展。

第四节 BIM在工程成本核算中的应用分析

一、工程项目成本核算现状

（一）传统的成本核算方法繁复

在计算机技术普及前，工程量等基础数据均由人工进行计算及统计，造价师们根据设计图纸按照清单规则计算出各项目工程量，再套用当地的定额并结合市场情况来编制预算报表。各种数据计算及报表统计工作量大，烦琐易错，耗时费力。

大型的建设工程项目越来越多，光靠手算已经很难完成如此庞大的工作量，随着计算机技术的发展，各种造价软件应运而生。造价师们可以将设计图纸建立二维或三维模型，由软件自动计算工程量并进行数据统计，然后选择软件中内置的定额库及市场价，自动生成各种成本报表。这种方式相对于手工计算效率有很大提高，但依然要耗费大量时间在建模上。

（二）发生设计变更时应对效率低下

当发生设计变更时，造价师们需要调整计算模型，重新汇总整理数据，修改相应的价格并重做报表，最后找出对成本的影响。这样的过程比较费时，而且容易出错，数据的变动及影响很不直观。

（三）工程项目成本控制手段局限

在项目中对成本的核算出现在设计到施工的全过程。传统的方式没有项目开始前的精细化模拟与优化，在施工过程中，进度、物料等数据不能实时反馈，成本控制缺乏动态跟踪，也很少有对工序过程的消耗进行统计分析，对各个建设环节无法做到精细化管理，且前瞻性不足。

（四）项目中的“三超问题”常见

工程项目的成本管理现多采用被动控制的方式，这样能发现实际成本与预计成本之间的差距，但难以预防变更的发生，导致成本增加，因而项目中三超现象屡屡发生。

二、BIM 技术在成本核算中的应用

（一）BIM 模型实现各专业协同与数据共享

造价工程师们除了可以用造价软件自行建立计算模型之外，还可以直接在结构工程师们已建立好的 BIM 模型的基础上，用 BIM 软件或者 Excel 导出所需工程量再进行整理。不同专业的工程师们在同一平台下协同工作，不仅可以节省二次建模的时间，也能避免由于模型误差而导致的工程量出错的情况。

（二）5D 技术实现项目全过程模拟

BIM 技术不仅仅是一个简单的 3D 模型。BIM 可以模拟建筑施工全过程，基于 BIM 可以实现对建筑施工全过程的实时控制。同时可以提前预测和处理施工中出现的问题，减少设计变更，降低工程造价。在工程造价领域，BIM 技术也可以加入造价维度，成为三维空间＋时间＋造价的 BIM 5D 模型。这项技术可以在任何时间段从建筑行业轻松获得。BIM 技术的推广和应用需要业主、设计和施工方共同努力，实现对项目全过程的 BIM 控制。业主应该是 BIM 技术带来的改革的最大受益者，但他们往往不愿承担相应的改革风险和推广成本，设计师将失去掌握 BIM 技术的动力，施工方更不愿也无法尝试这项新技术。在这个阶段，只有少数大型项目开始尝试使用 BIM 技术来改变传统的成本核算方法。很少有人真正充分利用 BIM 技术来达到节约成本的目的。他们大多停留在三维模型的建立和效果上。通过 BIM 5D 技术对项目全过程的控制，一线成本人员可以轻松进行成本核算、物料跟踪。目前行业主流 BIM 软件的价格在十几万元到几十万元。但管理人员也可以在同一平台下获取项目的经济指标和效率，导入 BIM 数据并输出工程量的成本软件价格，在数万处进行资金管理和效率分析，并与各方合作控制项目成本。

三、BIM技术在成本核算应用中的保障机制

（一）加强推广BIM技术应用的政策引导

根据住房和城乡建设部发布的《关于促进BIM技术开发和应用的指导文件》，建筑行业还需要制定相关的法律法规和实施细则。

规范BIM技术在成本领域的应用标准，完善与BIM技术相关的设计规范和定价规则；制定与BIM技术应用相关的法律法规，明确BIM技术用户的全面责任关系，确保发生争议时有法律依据。

各级政府和行业协会加强BIM技术推广，发布BIM技术指导规则，举办BIM技术应用讲座，普及BIM理念。

（二）培养造价行业BIM技术人才

增加BIM技术人才的培训，促进BIM技术在成本领域的可持续发展。

加强BIM软件教学师资建设，通过课题和企业合作项目，加强成本专业教师对BIM技术的研究，与BIM软件公司合作培养专业BIM教师。

鼓励重点高校开设BIM技术相关课程，完善成本专业BIM教学计划，制订相关人才培养方案。

造价企业应加大对BIM技术应用人才的支持力度，邀请BIM软件公司技术人员对企业员工进行BIM技术培训，鼓励造价工程师改变传统工作方式。

（三）制定BIM模型数据的建立标准

成本核算中的数量计算是否正确，取决于模型的准确性。BIM模型建立过程中缺少组件信息可能不会影响结构专业或设备专业所需的数据，但可能导致错误的数量计算。因此，有必要制定建立BIM模型数据的标准。设计师根据统一标准建立标准化模型。模型计算规则符合工程计量和定价规范，模型构件信息完整，以确保BIM软件提取的工程量的准确性。

（四）整合资源，多方协作展开应用

BIM技术的最大特点是同一平台的合作与共享。它还需要多方合作才能达到应用的目的。

大型综合性国有企业资金雄厚，人才集中，学科齐全，便于实现BIM应用的全过程。这些国有企业可以引领行业内的BIM技术革命；政府设立专项资金资助应用BIM技术的工程项目，鼓励企业投资BIM技术，缓解企业的资金压力；BIM软件公司与企业合作。软件公司提供有时限的自由软件和BIM技术，并与企业一起参与BIM技术的应用过程，开展技术交流。企业可以提高项目质量，降低成本，软件还可以获取实际项目案例数据进行市场推广，达到双赢的目的。

BIM技术为成本工程师提供了一个协作平台。利用BIM技术，工程师可以预测实际施工中可能出现的问题，提高设计质量，减少设计变更，提高成本核算的效率和准确性，最终实现动态精细的项目管理模式。中国每年都有大量的在建项目。即使每个项目只减少1%的变更和成本，也能给社会带来巨大的经济效益。

第八章 BIM与绿色施工

第一节 绿色施工

绿色节能建筑的建设需要考虑节能环保的目标，以及以人为本和绿色创新在传统建筑的进度、质量、成本和安全目标。目前，国内绿色建筑大多是基于传统的施工工艺。存在管理模式落后、绿色建筑全生命周期功能设计和成本考虑不足等问题，导致绿色建筑各阶段方案优化和选择混乱，给后期运行维护增加了很大负担。因此，有必要优化绿色建筑的建设。

绿色节能建筑是指在建筑的整个生命周期内，最大限度地节约资源、土地、水和材料，保护环境、减少污染，为人们提供健康、适用、高效的使用空间，与自然和谐共处的建筑。当今，快速的城市化进程、庞大的基础设施建设、自然资源和环境的制约，决定了我国建筑节能的重大意义和时代紧迫性。因此，建设项目从传统的高消耗向高效发展已成为大势所趋，而绿色建筑的推广是实现这一转变的关键。建设绿色节能建筑符合可持续发展的战略目标，有利于创新建筑施工技术，最大限度地实现绿色建筑的设计、施工和管理，从而获得更大的经济、社会和生态效益，并在施工过程中优化人力、物力和财力资源的配置，这对提高建筑施工管理水平、提高绿色建筑的功能和成本效益具有重要意义。

一、绿色施工面临的问题

（一）绿色节能建筑施工面临的问题

研究发现，无论是国外还是国内的一些绿色施工管理的实践工作，都离不开传统施工过程，与绿色建筑施工优势结合在一起，积极在绿色工程实践中应用项目管理全生命周期、可持续发展的理念。若是站在项目全生命周期的角度来说，一般传统建设项目被分为五个阶段，分别是决策阶段、初步设计阶段、施工图设计阶段、施工阶段招投标阶段、竣工验收阶段。而在传统施工的决策阶段被认为是概念阶段，从初步设计开始到招标阶段被认为是设计阶段，施工以及竣工阶段被承认为是施工阶段。竣工之后再将建筑移交给业主，再退出运营阶段。这一整个过程，业主会以平行承包形式进行建筑的勘察、设计、施工以及监理等的招标工作，不难发现在整个过程中涉及利益相关者比较多，且都有着自身的利益需求，工作目标也不一样，导致和绿色建筑成本节约的目标无法达成共识。某一环节的相关单位对于自己的工作比较关心，与其他单位之间缺乏有效的沟通，导致彼此脱节，而其他一些单位也乘虚而入，导致项目的初步勘察工作无法深入细致地完成，而在勘察阶段的一些问题就会在项目的设计阶段、施工阶段、运营阶段中逐渐暴露出来，后期也就不得不采取返工、补救措施，由此项目的寿命周期成本会增加，且勘察阶段的一些遗留问题还会给施工、运营带来极大的隐患，项目的设计师更加关注技术、质量，对经济指标不太关注。在施工图设计中没有考虑到成本的高低，技术、安全、质量等怎样提升，无法实现技术和经济之间的平衡性。

1. 在建筑的全寿命周期的功能设计及降低成本出发点有待改善

建筑的全寿命周期中，想要以最低成本实现最大化效益，务必是会要关注项目的经济效益，这样一来环境效益就会成为牺牲品，项目设计阶段与施工阶段比较关注建筑基本功能，在缺乏可持续发展、生命周期基本功能的基础上，对节能绿色要素和生命周期成本的平衡性考量显得十分必要。

2. 现有的施工流程与绿色建筑认证的需求不匹配

现阶段，绿色建筑认证环节中仍然是一些旧建筑流程，像对建筑生命周期、绿色、节能、环保、以人为本等众多要求，单就这些方面来看是远远不够的。在项目收到之初，要按照甲方提供的施工设计方案进行具体实施工作。

施工设计方案的设计方按照绿色施工、LEED 等认证标准制定的绿色方案与绿色施工图中，都将绿色、节能、人文、生命周期等众多因素考虑在内，导致施工成本的增加，实际施工过程也更加复杂，实际施工周期与风险也随之增加。而施工企业在材料、技术等方面会做出一定调整，工艺的选择上变得十分谨慎，那么具体该如何在众多条件的约束之下权衡绿色目标成本与功能成为一大问题。在施工设计方案被确定之后，在建筑性能以及结构方面甲方有一些特殊的要求，导致施工方面临极大的困难，一旦不注意就会增加施工成本，因施工返工成本更大，因此要尽可能保证施工是一步到位的。目前，因绿色建筑施工还是比较重视施工阶段，缺乏对绿色节能建筑全生命周期的功能设计和设计成本的重视，导致现有施工工艺和绿色建筑认证标准无法保持一致，使得绿色建筑的规划、设计、施工中绿色环保因素逐渐缺乏，而考虑生命周期因素、可持续发展因素也得不到重视，实施项目设计图纸，材料和方案的应用程度，建筑的经济性与功能性之间的匹配都有极大的风险存在，绿色施工也就难以顺利开展。为了确保建筑施工项目能规避上述的问题，在方案选择和设计阶段，就要深化绿色建筑这一理念，增加方案选择、优化设计环节。

（二）绿色节能建筑施工特点

其实传统建筑和绿色建筑还是有很多相同点的，而在建筑的功能性、生命周期成本等方面要求上也有着一些不同。参考国内外的一些文献，结合一些比较成功绿色建筑案例，可以在建设的目标、降本的起点、重点以及功能设计、效益理念、建筑效果这六个方面对传统建筑与绿色建筑的异同进行分析。不难发现，其实绿色建筑建设更体现绿色环保因素，注重在建筑功能设计以及成本构成中的生命周期与可持续发展。较之传统建筑，结合项目文献与本人的项目时间，对绿色建筑的四个特点进行概述。

1. 以客户为中心

绿色建筑以客户为中心，在满足传统目标的要求之下，也更加注重建筑环境属性特征。一般的，传统建筑的主要控制目标就是进度、质量、成本，绿色建筑则是以节约资源、保护环境、满足与关注客户需求为出发点，为了实现绿色建筑的功能，项目的管理者从客户的需求、偏好、施工对客户的影响进行考量。另外，建设传统建筑会使用大量不可再生资源，造成严重的生态环境污染问题，而绿色建筑则在完成建筑建设目标基础之上，对建筑的环境属性进行优先考量，实现资源、能源的节约，环境的保护，达到与自然环境和谐相处的目的，在具体施工中也尽可能减少对环境的破坏，或者是对建筑中一些不可避免的破坏进行修复，消除施工中的一些不利影响。绿色建筑项目的另一目标则是给客户提供健康、舒适的生活空间，满足客户体验，这样一来，绿色建筑最终在给客户提供舒适、健康内部空间的同时，还能给客户创造出温馨和谐的外部环境，最终实现“人与自然和谐统一”的目标，这也是绿色建筑项目的最高目标。

2. 全寿命周期内，最大限度利用被动式节能设计与可再生能源

绿色建筑项目是以建筑全生命周期为目标的，这就区别于传统建筑，不管是在项目规划阶段、设计阶段，还是项目的施工阶段、运营阶段、建筑拆除阶段，绿色建筑都始终实现对环境的保护，实现与自然和谐相处。绿色建筑的设计中，积极提倡被动式建筑设计，也就是建筑本身能对能量进行收集与储存，促使建筑和周围环境能形成一个完整的自循环系统，实现对自然资源的充分利用，达到节约能源的效果。在绿色建筑的设计环节中，像建筑的朝向、遮阳、保温、造型、自然通风、采光等因素都是要考虑在内的，这些都是实现节约能源的重要环节。

3. 注重全局优化，以价值工程为优化基础保证施工目标均衡

在绿色建筑追求全生命周期过程中的利益最大化时，要从项目规划阶段、设计阶段、施工阶段以及运营阶段等进行优化，这是一种全局优化。这一优化的实现，能最大化降低总成本，且能产生社会效益与环境效益，最大程度减少建筑物施工中对自然环境造成的负面影响与破坏。尽管这一目标的实现会增加建筑项目的建设成本，就长远意义来看，对国家或地区的整体效益都是有极大提升的。在绿色建筑的施工实践中，施工成本有时会增加，有时会降低，绿色建筑的综合效益一般会被提升，尽管这一提升是有条件限制的，还是要以价值工程为优化依据，实现建设目标的平衡性。

4. 重视创新，提倡新技术、新材料、新器械的应用

绿色建筑建成是一种技术的大集成。绿色建筑实施中会遇到很多技术问题，如何合理地规划、选址、如何实现能源优化、如何进行污水处理、如何利用可再生能源、如何进行管道优化和采光设计、如何更好地利用系统建模和仿真优化技术等。绿色建筑在技术难度上、施工复杂程度上、风险控制上等都区别于传统建筑，面临极大的挑战，因此只有各专业建筑师与工程师之间的通力

合作，积极发挥各类先进技术、新材料和新仪器的最大优势，在坚持可持续发展原则下追求高效率、低能耗的目标，才能最大程度上实现绿色建筑的优势。在国内实践中，BIM 技术、采光技术和水资源回收利用技术等的优势都在很大程度上被发挥出来，在绿色建筑设计、施工中应用这些新技术，促使施工效率的极大提升，一些传统施工中无法解决的问题也得以很好地解决。这样说来，绿色施工管理需要转变观念，更新施工技术，更需要新材料与新设施的支撑。新技术、新材料以及新机械和工艺的推广有助于良好经济效益的产生，极大地减少施工造成的环境污染问题，实现更好的社会与环境效益。

（三）绿色节能建筑施工关键问题

较之传统建筑，绿色节能建筑无疑是在对传统建筑约束的情况下，进行建筑建设项目的规划与管理。就绿色建筑特点、绿色建筑案例来说，与 LEED 标准、建设部绿色建筑指南的结合，能更好地梳理出绿色节能建筑建设的一些关键性问题，要将目前未考虑的在未来施工中要进行充分考虑和思考。本书积极总结对绿色管理的内容，站在生命周期的角度实现划分，具体分为概念阶段的绿色管理、规划阶段的绿色管理、施工阶段的绿色管理、运营阶段的绿色管理四个方面。

1. 概念阶段的绿色管理

概念阶段的绿色管理，项目概念阶段是对新项目或者是现有项目变更的定义阶段。绿色建筑的施工过程中，在“客户至上、全球优化”的理念下，概念阶段的绿色管理包括以下内容。其一，按照客户需求有效制订出项目的计划，确保项目意图与总体的方向。其二，业主制定出一套项目的建议书，包含绿色管理，这一内容要有建筑环评大纲和制定环评标准，建筑施工方要根据这一标准提供出多套可行方案供业主进行优选；其三，业主可以组织专家进行可行性方案的评审。给绿色管理内容进行项目环境影响的综合评价，最终选择出一套切实可行的最佳方案；其四，业主进行项目范围的确定，在项目范围的基础上制订出各种计划，包括对绿色管理的安排，设定项目目标，建立目标审计、评估标准等。

2. 计划阶段的绿色管理

在项目的论证与评估完成，且项目符合各项规定被确定之后，项目的规划阶段正式开始，这一阶段中对项目的细化和实施是十分重要的，不只是概念阶段的细化与实施，也是建设阶段的重要基础。在这个阶段主要得完成三个方面的工作，首先是征地拆迁与招投标工作；其次是选择施工单位、设计单位与监理单位，并邀请业主、施工单位、监理单位的专家参与到设计工作中来，组织设计院对工程项目的各项指标参数进行图纸和建模工作，在这一过程中各方要相互配合。然后组织专家审查设计院提交的设计草图和施工图。最后，组建项目组，做好施工的准备工作。

3. 施工阶段的绿色管理

一旦通过设计审查，就要将施工和设备安装的图纸和模型进行具体化实施。项目的施工方作为组织工程的主体施工，要和供货商一起安装项目建设的设备。项目的主要责任部门担任施工方，而设计部门则是要进行积极配合，业主、监理部门负责施工的监督、审核工作，进行管理变更与过程控制。这一阶段是资源消耗和环境污染最为严重的阶段，为了尽可能减少资源浪费、环境污染问题，项目的建设单位要采取建立绿色管理机制，坚决做好建筑垃圾和建筑污染物的防治工作，采取科学有效的方法，提高能源的利用率；建筑的业主方与监理部门进行跟踪、审查、监督，及时反馈项目施工的过程，重点是绿色材料的应用，对污染物的处理工作。

4. 运营阶段的绿色管理

绿色节能建筑的最长阶段就是运行维护阶段，在建筑安装工程完工之后，进行仪表的调试，培训操作人员。相关业主组织原材料，与工程咨询机构的运营工作做好配合。如果有的建筑物已经达到设计的使用年限，要进行拆迁和资源回收工作。在项目长久运营之后，按照要求采取自我评价、同行评审、后评价的三级评价工作，实现绿色节能建筑建设与运营的最优化实践工作，提高管理能力，并发挥绿色建筑建设与运营的引领作用与示范作用。

二、基于 BIM 及价值工程的施工流程优化

（一）绿色施工流程优化

就绿色建筑企业的而言，其面临的问题还是比较凸显的。绿色建筑建设未考虑到绿色节能建筑的生命周期功能设计与实际成本的要求，若是要加强绿色环保，实现绿色建筑的全生命周期可持续发展，甲方提供的建筑需求图纸与绿色功能需求得到更好的实施等，众多问题都是需要进行验证的。上述的一些施工要素势必会导致施工成本的增加，实际施工过程也会变得更加复杂，施工周期与风险也会相应地提升。那么在众多约束条件下，如何实现绿色目标，就需要对施工成本与建筑功能进行权衡。在施工前期，要在收到概念设计图纸之后，针对拟订方案来平衡分析生命周期功能和施工成本，在设计阶段就选择出功能、成本相匹配的设计方案。这样一来，设计深度会在后期设计中被不断加强，施工图纸发布之后，施工前设计被深化，专业协调也被加强，在模拟施工组织安排中对施工风险进行合理处理，有效避免施工中返工情况的出现，实现一步到位，有效解决绿色施工中的众多问题。

因现有施工中缺少对方案选择与设计深化工作，在整个管理中增加环节，进行初步设计阶段中积极开展方案选择与优化工作。在成本分析、功能分析、新方案创建、新方案评估中价值工程都有着极为重要的作用，加上几十年来国际实践中建设项目的低投资、高回报优势，就绿色建筑全生命周期角度而言，利用多目标约束下的价值工程平衡优化功能，从项目初始阶段开始，对业主提供的绿色施工方案的全生命周期功能和成本进行分析，促使项目方案优化选择效率与效益的提升，而且还要通过方案选择、优化的过程和结果，来说服甲方和设计方，这样方案变更也就更有依据，实现方案的调整与优化。

尽管方案优选很好地确定最优化施工方案，但建筑结构还是有着极大的复杂性，实际施工难度也比较大，一些传统施工方法无法很好地发挥其作用，通过在施工之前对方案进行深度优化，采取 BIM 建模、数字智能、专业协同完成专业之间协作、能耗模拟、施工进度模拟，对施工进行合理安排，促使施工方案得到深化。最终管理被扩展到操作阶段与维护阶段，最终移交的不只

是建筑本身，还有服务、培训以及维护工作等。价值工程与BIM的应用能贯穿于整个生命周期，充分发挥其优势。

（二）基于价值工程的施工流程优化

在初步设计完成，施工企业会收到概念设计图纸，之后就要对拟定方案平衡分析全寿命周期的功能和成本，从设计来源中选择出同功能成本相匹配的设计方案，随后设计深度会在后期设计阶段被不断增加。价值工程主要思想是对现有资源的整合，积极优化安排，实现价值最大化，追求实现全生命周期的低成本与高效率，关注功能改进、成本控制工作，积极把握关键问题与主要矛盾，促使技术与经济手段的有效整合，系统地解决现有的问题与矛盾，有效解决绿色建筑建设的多目标平衡问题，进一步提升绿色建筑全生命周期的功能与实际成本效益。等到绿色施工概念设计被发布之后，可以加强新的工艺环节，组织技术经济分析小组进行重要方案的价值分析工作，寻求方案功能和成本平衡的方法。价值工程在方案优化选择有助于方案的改进与优化，实现方案的最高价值，当然这一过程的实现，需要确定研究对象、生命周期功能指标和成本指标的定义、在恶劣环境下进行样品测试、价值分析、方案评价与选择。

1. 全寿命周期功能指标及成本指标定义

全寿命周期的功能指标指的是确定研究对象后，分析功能定义与成本的工作。借助LEED标准、绿色建筑评价标准以及实践经验，总结绿色建筑研究对象的功能。就价值工程理论而言，其功能一般被分为基本功能、附属功能、上位功能、假设功能四个部分。具体来说，基本功能就是对使用价值、功能价值的关注，就是这一产品具体能做什么工作。附属功能则一般指的是辅助作用，外观设计等，主要是关注这一产品还有其他哪些功能。上位功能与假设功能都超出产品本身，不在功能分析里进行分析。

就全寿命周期成本来说，一般地分为初期投入成本、后期的维护运营成本。初期成本则包括了原材料、人工以及设备费等直接费、间接费、税金等内容。而后期的运营费则包括了管理费、燃料动力费、大修费、定期维护保养费、拆除回收费等内容。

2. 恶劣环境下样品试验

建筑若具备绿色特性，在其设计与施工中就往往要使用一些新型材料、新构件等。在就需要对样品进行处理或者是出厂检验工作，然而检验员在相对恶劣的环境中进行样品的试验，之后质量主管才能对样品的性能指标进行最终评审，记录出各项试验指标，以供后续使用人员的参考。

3. 方案评价及选择

按照样本测试、价值系数，实际运用价值工程原理是在现有方案价值基础上对新方案进行优化。与项目掌握的信息结合在一起，实现市场预测，解决有关问题，促使劳动生产率的提升，实现质量的提升，进度的控制，成本目标的降低，最终选择出最适合的施工设计方案。

（三）绿色节能建筑施工流程优化应用

1.BIM 技术在方案深化阶段的应用

在方案深化阶段对 BIM 技术的应用，能考虑到方案优化后各部分的昂贵价值、项目之间的独特复杂性，尽可能减少返工、漏工的情况出现，最大程度上减少损失，保证施工能顺利开展。为了最大化发挥 BIM 技术的优势，可以成立项目部、专门的 BIM 技术团队，在原始施工流程新环节中，对方案进行深度优化，采取 BIM 技术进行三维建模、能量模拟、管道碰撞、漫游等试验工作，在这一工作中要充分考量被动式节能设计，给建筑预留出采光通道和通风通道，经过漫游应用分析比较对设计方案进行不断优化，实现设计方案的深度优化，对能耗进行模拟，建筑的节能状况的分析，积极改进其中一些不合理部位。在碰撞试验中有效解决主体、结构、水电以及暖通等不同专业设计图纸的集成工作，碰撞试验一旦发现管道敷设存在不合理问题也能及时对方案进行优化和调整。采用 BIM 对方案、设计进行优化，给工程计算、综合管线布置提供可靠保障。BIM 技术作为一种新技术，其在增长阶段能充分体现绿色建筑的全局优化，能在全生命周期中最大限度地利用被动式节能设计，充分发挥其可再生能源利用优势。

2.BIM 技术在绿色建筑其他阶段的应用

（1）BIM 技术在决策阶段的应用

在绿色建筑的决策阶段中，实际技术方案要依照客户对绿色建筑的实际要求，建立出建筑的三维模型，这样所有的参与者就能在项目初充分了解建筑的内外环境，后期建筑设计、施工、运营维护等工作的方案也更容易达成一致，而且在示范与宣传中也很好地发挥其优势。在绿色建筑决策阶段 BIM 技术的应用充分体现了绿色建筑以客户为中心的特点，对建筑的环境属性也能进行充分考量。

（2）BIM 技术在施工阶段的应用

在绿色建筑的施工阶段，采取三维进行模板支撑的指导，给复杂结构的建筑施工提供指导。举例子来说，旋转楼梯就是相对复杂的结构，其是由两条半径不同的内外螺旋线在同一圆心处共同组成螺旋，其每个台阶都是从圆心向外辐射的，内外台阶宽度也是不同的，其每个辐射面上内外两侧的高程却是相同的。螺旋楼梯施工的放样比较复杂，需要做好行业工作。在这一工程中采取 BIM 技术就能很好地推导梯梁控制点的 ID 坐标，促使无梁明折光面混凝土旋转楼梯的施工作业的实现，施工也能顺利开展，减少复工，大大地节省施工时间，避免建筑材料的浪费。还有，在进度可视化模拟中，有效节省人工成本，帮助一些经验不太足的新管理者能更直观地了解到项目的实体，掌握项目的进度，有效提升施工效率。在项目的施工阶段中对工程计算的实施进行精细化生产，采取 BIM 计算进行钢筋和混凝土消耗的指导，能将偏差控制在 5% 左右，这无疑与绿色施工的低消耗理念相符合的。

第二节 建筑信息模型（BIM）

建筑信息模型是一种参数化数字模型，能够存储建筑全生命周期的数据信息，其应用范围覆盖整个AEC行业。BIM技术大大提高了建筑节能设计的工作效率和准确性，在一定程度上减少了重复工作，显著提高了工程信息的共享。然而，相关BIM软件之间的互操作性较差。在互操作过程中，信息丢失严重，形成信息孤岛。建立开放、统一的建筑信息模型数据标准是解决信息共享中“信息孤岛”问题的有效途径。在本节中，我们将重点介绍如何构建信息模型。

一、基于BIM技术的绿色建筑分析

（一）国内外绿色建筑评价标准

1.国外绿色建筑评价标准

随着社会经济的发展，人们对环境特别是生活舒适性提出了更高的要求。绿色建筑的发展越来越受到人们的关注，绿色评价体系也应运而生。目前，已发布的评价体系包括LEED体系、BREEAM体系、C体系、CAS bee体系和中国绿色建筑评价体系。

（1）英国BREEAM绿色建筑评价体系

BREEAM体系由9个评价指标组成，各指标具有相应的权重和得分点，其中“能量”所占比例最大。所有评价指标的环境绩效均为全球、当地和室内环境影响。这种方法不仅有利于评价体系的修改，而且在实际情况发生变化时，容易增加或减少评价条款。BREEAM评估结果分为“优秀”“良好”“良好”和“合格”四个等级。本评价体系的评价依据是整个生命周期。每个指数得分相等，需要打分。总分是各项得分的总和。合格证书由英国建筑研究所颁发。

（2）美国LEED绿色建筑评价体系

LEED评估系统由美国绿色建筑委员会（USC）开发。绿色建筑的评价是基于整个生命周期的。LEED评估体系认证涵盖新建筑、房屋、学校、医院、零售、社区规划和发展，以及现有建筑的运营和维护管理。从可持续土地利用、水资源保护、能源与大气、材料与资源、室内环境质量五个方面分析了五个认证范围。LEED绿色评价体系相对完善。评价指标的权重不设置，评分直接累加，大大简化了操作流程。LEED评价体系的评价指标包括室内环境质量、场地、水资源、能源和大气、材料资源和设计工艺创新。

（3）德国DGNB绿色建筑评价体系

德国DGNB绿色建筑评价体系是政府参与的可持续建筑评价体系。该评估体系由德国交通部、建设和城市规划部以及德国绿色建筑协会发起并制定。它具有国家标准的性质和较高的权威性。DGNB评估体系是德国建筑可持续性的结晶。DGNB绿色建筑评价标准体系具有以下特点：一是对保护群体进行分类，明确保护对象，包括自然环境资源、经济价值、人类健康和社会文化影响。

二是制定相应的保护目标，明确保护对象，保护环境，降低建筑全生命周期的能耗值，保护社会环境的健康发展。三是，目标导向机制将建筑对经济和社会的影响与生态环境放在同一水平。

2. 国内绿色建筑评价标准

与发达国家相比，我国的绿色建筑评价标准起步较晚。绿色建筑评价体系对建筑从可行性研究开始到运行维护结束的整个生命周期进行评价，主要考虑建筑资源节约、环境保护、材料节约、减少环境污染和环境负荷，从而最大限度地节约能源，节约用水，节约材料和土地。

近年来，我国绿色建筑发展迅速，绿色建筑的内涵和范围不断扩大，绿色建筑的理念和技术不断推陈出新。旧版本的绿色建筑评价标准体系存在一些不足，可以概括为三个方面：一是没有充分考虑建筑的地域差异；二是项目实施运营阶段管理水平不足；三是，绿色建筑的相关评价规则针对性不够。

（二）基于 BIM 技术的绿色建筑分析方法

1. 传统绿色建筑分析流程

通过对传统建筑设计过程和建筑绿色性能评价过程的分析，传统的建筑绿色性能评价通常是在建筑设计后期进行分析。模型建立过程烦琐，互操作性差，分析工具和方法专业，分析数据和表达结果不清晰直观，非专业人员阅读困难。

可以看出，传统的分析是在施工图设计完成后才开始的，这种分析方法不能在设计的早期阶段指导设计。如果设计方案的绿色性能分析结果不能满足国家规范标准或业主的要求，则会对整个设计方案进行大量修改甚至否定。 传统建筑绿色性能分析方法的主要矛盾在于：第一，建筑绿色分析数据量大，建筑设计师需要使用一定的辅助工具；第二，在初步设计阶段难以进行快速的建筑绿色性能分析，节能设计难以优化实施；第三，建筑绿色性能分析结果的表达不够直观，需要专业人员进行解读，不能与建筑设计等专业人员协同工作；第四，建立分析模型的过程烦琐，后续利用率低。

2. 基于 BIM 技术的绿色建筑分析流程

基于 BIM 技术的建筑绿色性能分析在一定程度上与建筑设计过程相结合。建筑设计配合绿色绩效分析进行，从建筑方案设计开始到项目实施结束，整个过程贯穿于整个项目。在设计初期，通过 BIM 建模软件建立三维模型。同时，BIM 软件与绿色性能分析软件具有互操作性，设计模型简化后，可以通过 IFC 和 XML 格式文件直接生成绿色分析模型。

基于 BIM 技术的绿色建筑性能分析过程具有以下特点：第一，它体现在分析工具的选择上。传统的分析工具通常是 DOE-2、PKPM 等，这些软件建立的实验模型往往与实际对象不同，分析项目有限。基于 BIM 技术的绿色分析通过软件互操作性生成分析模型。第二，整个设计过程是在相同数据的基础上完成的，这样每个阶段都可以直接使用前一阶段的结果，避免了相关数据的重复输入，大大提高了工作效率。第三，设计信息可以有效重用，信息输入过程自动化，具有良好的可操作性。模拟输入数据的时间大大缩短。设计师通过多次“设计、模拟评估和设计修正”

的更迭过程，不断优化设计，使建筑设计更加准确。第四，BIM技术由多个软件组成，这些软件具有良好的互操作性。支持不同厂家的建筑设计软件、建筑节能设计软件、建筑设备设计软件的组合，使设计师能够得到设计软件的最佳组合。此外，基于BIM技术的绿色绩效分析中人员的参与、模型的建立、分析结果的表达以及分析模型的后续应用与传统方法有着根本的不同。

3.BIM模型数据标准化问题

绿色建筑的评价需要依赖一个完整的评价过程和体系。BIM技术在绿色建筑分析中具有一定的优势，但绿色建筑分析过程涉及多种软件，各软件采用的数据格式不同。因此，分析过程中涉及软件互操作性。目前，绿色建筑分析软件之间存在着信息共享困难、不同绿色建筑分析软件互操作性差、分析效率低等问题。本书选取了几种常见的绿色建筑分析软件，分析了不同软件支持的典型数据格式，以及不同数据格式的互操作性。

二、基于IFC标准的绿色建筑信息模型

（一）IFC标准及信息表达

1.IFC标准概述

Building smart在20世纪90年代发布了IFC标准IFC 1.0的第一个版本。IFC是一种开放、标准化和扩展的通用数据模型标准。目的是使建筑信息模型（BIM）软件在建筑行业的应用具有更好的数据交换和互操作性。IFC标准的BIM模型可以将传统建筑行业中典型的分散实施模式与各个阶段的参与者联系起来。各个阶段的模型可以协同工作，更好地共享信息，减少项目周期中的大量冗余工作。

此外，IFC模型采用严格的关联层次结构，包括四个概念层。自上而下是：①领域层描述了建筑、结构构件、结构、分析、给排水、暖通空调、电气、施工管理、设备管理等各个专业领域的特殊信息；②互操作层描述了各种专业领域中的信息交互问题。在这个层次上，每个系统的组成要素都被细化；③核心层描述了建筑工程信息的总体框架，将信息资源层的内容用一个总体框架组织起来，相互连接，形成一个整体，真实地反映了现实世界的结构；④资源层描述了标准中可能使用的基本信息，并将整个BIM模型作为信息模型的基础。

IFC标准在描述实体方面具有很强的表达能力。它是保证建筑信息模型（BIM）在不同BIM工具之间数据共享的有效手段。IFC标准支持开放和互操作的建筑信息模型，该模型可以无缝共享建筑设计、成本、施工和其他信息，在提高生产率方面具有巨大潜力。然而，国际金融公司的标准涵盖范围很广，一些实体的定义不准确，并且存在大量的信息冗余。在保证信息模型的完整性和数据交换的共享程度方面，还不能满足工程建设的需要。因此，对于明确定义交换需求、流程图或功能组件中包含的信息的特定交换模型，应制定标准化信息交付手册（IDM），然后将这些信息以IFC格式映射到MVD模型中，从而保证建筑信息模型数据的互操作性。

2.IFC标准应用方法

IFC标准是一种开放的、通用的数据体系结构，提供了多种定义和描述建筑构件信息的方法，

这使得实现生命周期信息的互操作性成为可能。由于 IFC 的这一特点，在应用过程中存在着高度的信息冗余，在信息识别和准确获取方面存在一定的困难。通过标准化的 IDM 生成 MVD 模型，提高BIM模型的灵活性和稳定性。针对建筑绿色性能分析数据的多样性和信息共享中存在的问题，XML 标准可以更好地实现建筑绿色性能分析数据的共享。针对 IFC 在构建绿色性能分析中软件互操作性差的问题，我们还可以尝试将 IFC 标准数据转换为 XML 格式，以提高互操作性。MVD（模型视图定义）是基于 IFC 标准的子模型。定义该子模型所需的信息由面向用户和交换的工程对象确定。模型视图定义是建筑信息模型的一个子模型。它是一种具有特定目的或针对某一学科的信息模型，包括该学科所需的综合信息。生成子模型 MVD 时，首先根据需求制定信息传递手册。完整的 IDM 应包括流程图、交换要求和功能部件。制定步骤可概括为三个步骤：第一，确定应用实例的描述，定义应用目标流程所需的数据模型；第二，模型交换信息需求的收集、整理和建模。另一方面，第一步的案例描述可以包括在模型交换需求的收集和建模中。相应的步骤是明确交换需求，即模型信息交换过程中流程图的数据采集；第三，在明确需求的基础上，更清晰地定义交换需求、流程图或功能组件中包含的信息，然后将这些信息以 IFC 格式映射到 MVD 模型中。

3. 绿色建筑数据标准 XML

建筑信息模型（BIM）技术可以很好地解决建筑信息共享的难题。IFC 作为当前主流的 BIM 标准，其数据格式可以存储建筑工程各专业的工程信息。然而，仍有一些建筑绿色性能分析软件与 IFC 格式文件的互操作性较差。

（1）XML 标准阐述

绿色建筑标准 XML 旨在促进建筑信息模型的互操作性，使不同的建筑设计和工程分析工具具有良好的互操作性。XML 主要针对 BIM 建模工具和建筑能耗分析工具之间的互操作性。一些常用的 BIM 工具和分析软件支持 XML 标准。XML 标准以可扩展标记语言（extensiblemarklanguage，XML）为基础，XML 计算机语言尽可能减少软件间信息共享过程中人为因素的干扰。

因此，绿色建筑数据交换标准的最终目的是实现不同分析工具之间建筑绿色性能数据的共享和模型的集成。由于 XML 格式的数据包含与建筑绿色性能相关的详细信息，因此可以在分析工具中直接对其进行分析。

（2）XML 与绿色建筑信息模型

绿色建筑信息标准 XML 可以促进建筑信息模型的共享，使不同的建筑设计和工程分析软件具有互操作性，简化设计过程，提高设计精度，设计出更多的节能建筑产品。

4.BIM 模型与绿色建筑分析软件互操作性问题

互操作性的定义是指“以某种方式在不同功能单元中进行数据传输、转换和准确执行的能力”。在 AEC 行业，互操作性的定义是指“不同参与者之间的数据管理和信息模型交换能力”。

IFC标准可以将建筑生命周期信息和项目中涉及的所有专业人员集成到一个建筑信息模型中，以便协同工作。IFC 和 XML 标准在理论上可以提高 BIM 模型的互操作性。这两个标准的数据架构为在建筑信息模型中传输几何信息和空间信息提供了参考。在三维模型的信息共享中，IFC 和 XML 标准建筑信息模型使用开源数据标准清晰地表示建筑信息。然而，IFC 标准在解决整个建筑生命周期中所有信息的互操作性问题上仍有局限性，不能很好地支持多产品层次的建筑信息。

IFC标准和XML标准在绿色建筑互操作性分析中存在的问题主要体现在以下几个方面: 第一，IFC 标准数据架构涵盖了各种建筑信息，但也伴随着信息冗余问题；第二，不同公司的 BIM 软件有自己的功能集，提供了多种方法来定义相同的建筑构件及其关系。因此，在信息共享中很难定义建筑构件；第三，XML 标准为构建绿色绩效信息共享提供了可靠的方法，但目前主流 BIM 建模工具不能完全支持 XML，导出 XML 文件时模型要求高，导出过程可操作性差；第四，每个 BIM 软件开发商都有自己的一套文件交互标准，不同公司的软件没有采用统一、开放的数据格式。

第三节 绿色 BIM

生命周期的概念被广泛使用。这可以解释为“从摇篮到坟墓”的过程。简而言之，它意味着从自然到自然的整个过程。与产品相比，它不仅意味着原材料的获取和加工的生产过程，还意味着产品的储存、运输的流通过程、产品的使用过程、产品回归自然的过程。因此，上述整个过程自始至终形成了一个完整的产品生命周期。建筑作为一种特殊产品，自然有其自身的生命周期。绿色建筑的基本理念是尽可能维护自然资源，在建筑的整个生命周期内努力保护环境，减少污染，为人们与自然和谐相处创造舒适、健康、高效的建筑空间。绿色建筑研究的生命周期包括规划、设计、施工、运营和维护，向上延伸至材料生产和原材料，向下延伸至拆除和回收。建筑对资源和环境的影响集中于其在整个生命周期中的时间意义。从规划设计开始到后续的建设、运营管理和拆迁，建筑设计是一个不可逆转的过程。由于人们对建筑全生命周期的关注，在规划设计阶段，将采用“反规划”的设计手段，分析周边条件，减少人类发展活动的数量，在建筑投入使用后，提供满足需要的活动场所，减少拆迁后对周围环境的危害。

一、绿色建筑的相关理论研究

（一）绿色建筑的概念

目前，在 21 世纪初建设部发布的《绿色建筑评价标准》中定义了“绿色建筑”的概念，即“在建筑的生命周期中，节约资源（能源、土地、水、材料），最大限度地保护环境、减少污染，为人们提供健康、适用、高效的使用空间，建设与自然和谐的建筑”。

绿色建筑相对于传统建筑的特点：第一，与传统建筑相比，绿色建筑采用了先进的绿色技术，大大降低了能耗；第二，绿色建筑注重建设项目周围的生态系统，充分利用自然资源、光线和风向。因此，没有明确的构造规则和模型。它的开放式布局与传统的封闭式建筑布局有很大的不同；第三，绿色建筑应因地制宜，使用当地材料。追求在不影响自然系统健康发展的情况下满足人们需求的可持续建筑设计，以节约资源和保护环境；第四，绿色建筑注重全生命周期的环境保护和可持续性。

（二）绿色建筑设计原则

绿色建筑的设计原则概括为地域性、自然性、高效节能、健康、经济。

1. 地域性原则

地域性原则绿色建筑设计应充分了解与场地相关的物理地理要素、生态环境、气候要素、文化要素等，调查研究当地建筑设计，吸收当地建筑设计的优势，并结合当地相关绿色评价标准、设计标准和技术导则进行绿色建筑设计。

2. 自然性原则

自然性原则在绿色建筑设计中，应尽量保留或利用原有的地形、地貌、水系和植被，减少对周围生态系统的破坏，并对破坏的生态环境进行修复或重建。在绿色建筑建设过程中，如果生态系统受到破坏，应采用一些补偿技术修复生态系统，并充分利用自然可再生能源，如光能、风能、地热能等。

3. 高效节能原则

造型设计应遵循高效节能的原则，绿色建筑的容积和平面布置，根据日照和通风的分析，科学合理的布置，以降低能耗。此外，尽量使用可再生资源的回收利用、新型节能材料和高效的施工设备，以减少资源消耗，减少浪费，保护环境。

4. 健康原则

健康原则绿色建筑设计应充分考虑人体工程学的舒适性要求，规范室外环境和室内环境的营造，设计有利于人们心理健康的场所和氛围。

5. 经济原则

经济性原则绿色建筑设计应根据项目的经济条件和要求，提出有利于成本控制、经济效益和可操作性的优化方案，在以被动技术为主的前提下，完成主动技术与被动技术的结合，从而使项目的综合效益最大化。

（三）绿色建筑设计目标

目前，对绿色建筑的普遍认识是，绿色建筑不是一个建筑艺术流派，不是一种简单的方法论，而是相关主体（包括业主、建筑师、政府、建设者、专家等）在社会、政治、文化等各方面的努力下，对自然与社会和谐发展的建筑表现，经济和其他背景因素。概念目标是在设计绿色建筑时减少对周围环境和生态的影响；协调满足经济需求与保护生态环境的矛盾；结合环境、经济、社会等要素，满足人们的社会、文化、心理需求等综合目标。评价目标是指在建筑设计、施工和运营过程中，建筑的相关指标满足相应区域绿色建筑评价体系的要求，并取得评价分数。这是绿色建筑的当前目标，作为设计依据。

（四）绿色建筑设计策略分析

绿色建筑设计策略分析在绿色建筑设计之前，应成立绿色建筑设计团队，聘请绿色建筑顾问，绿色顾问应在项目早期规划阶段参与项目，绿色建筑的设计优化应按照绿色建筑评价标准进行。绿色建筑设计策略如下。

1. 环境综合调研分析

环境综合调查分析绿色建筑的设计理念是与周边环境相结合。在设计初期，应对工程场地的自然地理要素、气候要素、生态环境要素、人为因素等进行调查分析，为设计人员采取被动、适当的绿色建筑技术打下良好的基础。

2. 室外环境绿色建筑

室外环境绿色建筑的场地设计应充分结合场地地形，适应有坡度的情况，减少不必要的土地平整，充分利用地下空间，结合区域自然地理条件合理进行建筑布局，节约用地。

3. 节能与能源利用

一是控制建筑体型系数。在冬季供暖的北方建筑中，建筑体型系数越小，建筑越节能。因此，可以通过增加建筑体积、适当合理增加建筑层数或采用组合造型来实现。二是建筑围护结构节能，采用节能墙体和高效节能窗，降低室内外热交换率；采用种植屋面等屋面节能技术，可以降低建筑空调等设备的能耗。三是太阳能利用。绿色建筑的太阳能利用分为被动太阳能利用和主动太阳能利用。被动式太阳能利用是通过合理的建筑物朝向、窗户布局和天花板来捕获和控制太阳能热量；主动太阳能利用系统使用光伏板和其他设备收集和存储太阳能，并将其转换为电能。四是风能的利用。绿色建筑中的风能利用也分为被动风能利用和主动风能利用。被动式风能利用通过合理的建筑设计，使建筑内部具有良好的室内外通风；主动风能利用是指利用风力发电等设备。

4. 节水与水资源利用

一是节约用水，采用节水供水系统、建筑循环水系统，安装节水水龙头、节水电器等建筑节水器具，节约水资源。二是水资源的利用。雨水收集利用采用雨水回用系统。在施工区域的屋顶、绿地、道路等处铺设渗透性好的路砖，并在园区内修建渗水井收集雨水，配合渗水法使用。节约材料和材料利用，节能环保材料和工农业废料制成的可回收材料。

室内环境质量、室内自然通风模拟、室内自然采光模拟、室内热环境模拟、建筑室内噪声分析与模拟。根据仿真分析结果，对结构设计进行了优化和改进。

二、BIM 技术相关标准

BIM 技术的核心思想是以三维建筑信息模型为基础，各专业协同设计，共享信息模型，提高建筑全生命周期的工作效率。为了方便相关技术和管理人员共享信息模型，我们需要统一信息标准。BIM 标准可分为三类：分类编码标准、数据模型标准和过程标准。

（一）分类编码标准

分类编码标准规定了如何对建筑信息进行分类。在建筑物的整个生命周期中，将产生大量不同类型的信息。为了提高工作效率，有必要对信息进行分类。信息的分类和编码是分类和编码标准不可或缺的基础技术。

（二）数据模型标准

数据模型标准是用于信息交换和共享的格式标准。目前国际上广泛采用 IFC 标准、XML 标准和 cis/2 标准。中国采用 IFC 标准的平台部分作为数据模型的标准。IFC 标准是建筑产品数据表达和交换的开放性国际标准，国际金融公司是工业基础类的缩写。IFC 标准现在可以应用于整个项目生命周期。目前，建筑工程从勘察、设计、施工到运营的 BIM 应用软件都支持 IFC 标准。XML 是绿色建筑 XML 的缩写。XML 标准的目的是促进不同 CAD 系统中基于私有数据格式的数据模型之间的建筑信息传输，特别是为了方便建筑设计数据模型与建筑性能分析应用软件及其相应的私有数据模型之间的信息交换。Cis/2 标准是为钢结构工程建立的集设计、计算、施工管理和钢材加工于一体的数据标准。

（三）过程标准

过程标准是建筑项目 BIM 信息传输过程中不同阶段、不同专业产生的模型标准。过程标准主要包括 IDM 标准、MVD 标准和 IFD 标准。

三、BIM 在设计阶段应用软件介绍

（一）Autodesk Auto CAD Civil 3D

Autodesk Auto CAD civil 3D 是用于场地设计的 BIM 软件。在建筑设计初期，场地的气候、地形、周边建筑、既有交通、公共设施等都会影响设计决策。因此，有必要建立和分析施工现场的模型。因此，借助 BIM 强大的数据采集和处理特性，为现场更科学地分析和更准确地指导计算提供了依据。BIM 可以作为一个强大的工具，可视化和表达现有现场条件，捕捉现场现状并将其转换为地形表面和等高线模型，作为施工调度活动的基础。GIS 技术可以帮助设计师了解不同的场地特征，选择场地的建设方向。通过 BIM 和 GIS 的合作，设计师可以在 BIM 平台的组织下准确地生成场地和拟建建筑物的数据模型，从而为业主、建筑师和工程师确定最佳选址标准。利用 BIM 进行场地分析的优势：通过定量计算和处理，确定拟建场地是否满足项目要求、技术因素、财务因素等标准。模拟和恢复场地周边环境，便于设计人员进行场地设计，建立场地模型，科学分析场地标高，为建筑师选择建筑场地提供科学依据。通过建立场地模型，模拟场地平整，使土地平整成本最小化。使用阶段：数据采集、现场分析、设计建模、3D 地图集审查和协调、施工现场规划和施工过程模拟。支持的格式：常见格式，如 DWG。

（二）Autodesk Revit

Autodesk Revit 基于开发 BIM 软件。Autodesk Revit 可以帮助专业设计师和建筑商使用基于模型的协调方法，将设计理念从原始概念转化为真实的构件。Autodesk Revit 是一个综合应用程序，包括建筑设计、MEP 和结构工程以及工程施工的功能。

1. 建筑设计工具

Autodesk Revit 可以根据建筑师和设计师的意图进行设计，从而开发出更高质量和精度的建

筑设计。查看功能，了解如何使用为支持建筑信息建模（BIM）工作流而构建的建筑设计工具来捕获和分析设计概念，并在设计、文档和施工过程中体现设计理念。

2. 结构设计工具

Autodesk Revit 软件是为结构工程公司提供的建筑信息建模（BIM）解决方案，提供了各种专用于结构设计的工具。查看 Revit 功能的图像，包括改进结构设计文档的多学科协调、最小化错误以及改进建筑项目团队之间的协作。

3.MEP 设计工具

Autodesk Revit 软件为机械、电气和管道工程师提供了设计最复杂建筑系统的工具。查看图像以了解 Revit 如何支持建筑信息建模（BIM），这有助于在从概念到施工的整个周期内促进高效建筑系统的准确设计、分析和文档编制。

使用阶段：阶段规划、现场分析、设计方案论证、设计建模、结构分析、3D 地图集审查和协调、数字化施工和预制处理、施工过程模拟。支持的格式：DWG、JPEG、GIF 和其他常用格式。

（三）Autodesk Eco tect

Autodesk eco-tech 软件是一个从概念到细节的可持续建筑设计综合工具。Autodesk eco-tech 提供了广泛的性能模拟和建筑能效分析功能，可以提高现有和新建筑的设计性能。它也是一个在线资源、水和碳排放分析能力集成工具，使用户能够直观地模拟其环境中建筑物的性能。其主要功能如下：第一，整个建筑的能量分析——全球气象信息数据库用于计算建筑模型每年、每月、每天和每小时的总能耗和碳排放量。第二，是热性能——冷负荷和热负荷的影响，分析计算模型对入住率、内部效益、渗透率和设备的影响。第三，是水的使用和成本评估——评估建筑物内外的用水量。第四，太阳辐射——直观显示任何时候窗户和外壳表面的太阳辐射量。第五，日照——计算模型上任意点的采光系数和照度。第六，阴影和反射——显示太阳在任何日期、时间和地点相对于模型的位置和路径。

此外，Autodesk eco-tech 还具有自然通风、声学分析和其他使用阶段：场地分析、环境分析、能量分析、照明分析等。

第九章 BIM 实施的规划与控制

第一节 BIM 实施的规划与控制的含义

管理学科的发展和研究表明，信息技术通过实现信息效率（INE）和信息协同（INS）的能力，改变了组织的特征，从而改变了整个组织。BIM 技术的出现和发展对建设项目的规划、实施和交付产生了重大影响。随着 BIM 应用的日益广泛和应用的逐步深入，广义的 BIM 已不能简单地理解为一种工具或技术。它反映了建筑业中广泛变化的人类活动。这种变化不仅包括刀具技术的变化，还包括生产工艺和生产方式的变化。

BIM 的应用要求下游参与者尽快进入项目，并与上游参与者共同规划 BIM 的应用，如明确 BIM 要实现的功能、选择 BIM 工具、定义不同组织间的信息流模式等，工程建设参与单位之间具有较强的依赖性和互补性。一方的工作通常需要其他参与者提供必要的信息。BIM 的应用和实施要求项目所有参与者的组织之间进行更紧密、透明、无错误和及时的联系。在基于 BIM 的生产环境和流程下，信息的可访问性和可用性将大大提高。一方面，作为一种系统创新技术，BIM 的应用不仅会影响参与建设项目一方的活动模式，还会影响和改变与建设项目相关的活动之间的依赖关系，对建筑业带来的影响和变革具有明显的跨组织性。另一方面，BIM 技术的发展和应用也对传统的建筑业带来极大的挑战和困难。要使 BIM 技术尽快融入工程建设的实践，切实带来效率和效益，对 BIM 技术的应用和实施进行很好的系统策划十分重要。在国际上一些先进的建筑业企业（包括设计、施工、工程咨询等机构，也包括业主）和大型建设项目实施前，均对 BIM 的应用和实施进行系统的规划，并在项目实施过程中进行组织和控制。如同大型项目实施前需要建设项目实施规划（计划）一样，制订 BIM 实施的规划和控制是发挥建设项目 BIM 应用实施效率和效益的重要工作。

BIM 实施规划是指导 BIM 应用和实施工作的纲领性文件，国际上一些工业发达国家，建筑企业和项目参与各方均十分重视 BIM 实施规划的编制和控制工作。HIM 实施规划包括企业级 BIM 实施规划和项目级 BIM 实施规划，企业级实施规划主要是针对一个建筑企业应用和实施 BIM 这一创新技术的总体规划和设计，属于企业管理中技术创新和应用计划，涉及一个企业内部，这个企业可以是业主、设计单位、施工单位和咨询单位等；项目级BIM实施规划是针对一个具体工程项目规划和建设中BIM技术的应用计划，涉及一个项目的多个参与方。

应该指出的是，无论是企业级BIM实施规划还是项目级BIM实施规划，很多规划的工作内容与企业或项目的组织和流程有关，这些与组织流程有关的内容是企业和建设项目组织设计的核心内容。一般宜先讨论和确定企业或建设项目组织设计，待组织方面的决策基本确定后，再着手编制BIM实施规划。大型建筑企业和大型复杂建设项目一般应编制相应的BIM实施规划。

企业级BIM实施规划一般有企业的总经理牵头，企业管理办公室和技术部门具体负责编制，项目级BIM实施规划涉及项目整个建设阶段的工作，属于业主方项目管理的工作范畴，一般由业主方及其委托的工程咨询单位编制。如果采用建设项目总承包的模式，一般由建设项目总承包方编制建设项目管理规划。

第二节 企业级BIM实施规划

我国建筑工程领域的BIM实施主要体现在企业具体项目的应用方面。目前，我国已经有相当数量的施工、设计、咨询企业开展了不同程度的BIM技术应用实践，并具备了一定水平的BIM实施能力。然而，我国的BIM技术应用实践在很大程度上仍局限于项目范围内具体功能或具体阶段的应用，企业级别的BIM应用涉及的范围、组织和工作流程会更广泛，在实践中可以说是刚刚起步。

与项目层面BIM实施规划不同，企业级BIM实施规划聚焦于通过合理的规划，促进企业BIM技术的有效吸收和应用。虽然BIM技术及其潜在项目价值已经被广泛认知，但很多建筑企业仍然不知道如何在企业内部有效推动BIM技术的应用，进而为建设项目实施奠定良好基础。因此，需要基于不同类型的企业现状，有针对性地编制企业级BIM实施规划。

一、企业级BIM实施目标

只有实现企业级的BIM实施可以建立新的企业业务模式，充分调动企业的一切有利资源，才能充分发挥出建筑信息化的巨大优势，推动我国建筑业的变革和发展。具体来说，企业级BIM实施的目标主要有以下几个方面。

（一）提高企业团队协作水平

传统企业内部各个部门之间的协作主要体现在业务的进展过程，载体主要以纸质材料为主，模式以人与人之间的沟通为主，协作水平偏低。基于BIM的企业部门协作以共同的信息平台为基础，企业中每个成员都可以通过企业数据平台随时与项目、企业保持沟通。基于BIM信息共享、一处更改全局更新的特点，企业部门之间的协作变得更加方便和快捷。

（二）提升信息化管理程度

通过对项目执行过程中所产生的与 BIM 相关数据的整理和规范化，企业可以实现数据资源的重复利用，利用企业信息和知识的积累、管理和学习，进而形成以信息化为核心的企业资产管理运营体系，提高企业的核心竞争力。

（三）改善规范化管理

BIM 技术将建筑企业的各项职能系统的联系起来，并将建筑所需要的信息统一存储于一定的建筑模型之中，更加规范和具体了企业的管理内容与管理对象，减少因管理对象的不具体、管理过程的不明确造成企业在人力、物力以及时间等资源的浪费，使得企业管理层的决策和管理更加高效。

（四）提高劳动生产率

BIM 被认为是建筑业创新的革命性理念，被认为是建筑业未来的发展方向。国际上相关研究表明，设计企业在熟练运用 BIM 相关技术后，劳动生产率得到了很大程度的提高，主要表现为图纸设计的效率与效果都得到提升。通过 BIM 技术带来的标准化，工厂化的工程施工过程变革，工程施工企业、咨询企业的劳动生产率均会得到提高。

（五）提高企业核心竞争力

企业采用 BIM 有政策方面、经济方面、技术发展方面、组织能力提升方面等许多原因，然而其最为核心的原因是为了获得或者继续保持企业的核心竞争力。目前，欧美等一些发达国家普遍在建筑业采用 BIM 技术，这已经成为其企业获得业务的必备条件之一；国内建筑业采用 BIM 技术较好的企业已经在许多项目上赢得了经济和声誉双丰收，BIM 技术的熟练运用已经逐渐成为提升企业核心竞争力的重要因素。

二、企业级 BIM 实施原则

企业 BIM 实施规划作为企业战略的一个子规划，战略规划的编制原则同样适用于 BIM 实施规划的编制过程。

（一）适应环境原则

BIM 实施规划的编制必须基于对 BIM 的发展趋势有清晰的判断，同时对自身的优势、劣势有客观的认识，一定要注重企业与其所处的外部环境的互动性。实施规划既不能好高骛远，不切实际，又要充分认识到 BIM 技术的快速发展，不能裹足不前。由于目标制定过低，三五年后可能会丧失市场机会。

（二）全员参与原则

BIM 实施规划的编制绝不仅仅是企业领导和战略管理部门的事或者是 BIM 业务部门的事，在实施规划的全过程中，企业全体员工都应参与。规划编制过程中要对企业领导层、职能部门、业务部门和具体实施部门做充分的调研。企业领导层的调研重点集中在是否有统一的趋势判断和发展意愿；职能中心的调研集中在企业的各项资源配置；业务部门的调研集中在市场机会和发展动力；具体实施部门的调研集中在当前业务发展存在的主要问题和困难。

（三）反馈修正原则

BIM 实施规划涉及的时间跨度较大，一般在五年以上。规划的实施过程通常分为多个阶段，因此分步骤的实施整体战略。在规划实施过程中，环境因素可能会发生变化。此时，企业只有不断地跟踪反馈才能保证规划的适应性。

三、企业级 BIM 实施标准

企业级 BIM 实施的关键是实现企业的资源共享、流程再造。BIM 的实施将会带来企业业务模式的变化和企业业务价值链的重组，因此，企业级 BIM 实施的标准是建立一系列与 BIM 工作模式相适应的企业级技术标准与相应的管理标准，并最终形成与之配套的企业 BIM 实施规范。

企业级 BIM 实施标准是指企业在建筑生产的各个过程中基于 BIM 技术建立的相关资源、业务流程等的定义和规范。建筑企业的企业级 BIM 实施标准可以类似地概括为以下三个方面的子标准。

（一）资源标准

资源只是企业在生产过程中所需要的各种生产要素的集合，主要包括环境资源、人力资源、信息资源、组织资源和资金资源等。

（二）行为标准

企业行为主要是指在企业生产过程中，与企业 BIM 实施相关的过程组织和控制，主要包括业务流程、业务活动和业务协同三个方面。

（三）模型与数据标准

主要是指企业在生产活动中进行的一切与 BIM 模型相关的各类建模标准、数据标准和交付物标准。

四、企业级 BIM 实施的程序与内容

企业级 BIM 实施规划的内容一般包括行业背景分析、发展趋势预测、企业现状分析、战略目标定位、实施路径选择与实施方案制订等几个主要方面。

（一）行业背景分析

行业背景主要包括政治、经济、社会和技术环境。要制订企业级的 BIM 实施规划，就必须了解和把握建筑业的国内外 BIM 技术发展现状、国内政策及市场环境与当前市场规模等情况。具体来说，企业级 BIM 实施规划应该首先对 BIM 技术在各自相关专业方面的应用水平、应用特点、应用效益以及应用范围等具体技术问题进行分析；其次，企业应该了解国际国内等权威机构对于 BIM 技术的评价，合理选择相关软硬件；再者，作为企业最关注的内容，投资收益率是行业关注的焦点，所以企业必须对 BIM 的应用价值进行分析。

（二）企业现状分析

要制定企业级的BIM实施规划必须对企业的BIM应用能力现状进行分析。企业的BIM应用能力现状分析一方面包括对企业当前的技术状况、资源配置情况等企业内部环境进行分析；另一方面要对发展BIM相关业务的企业优劣势以及外部环境的机会威胁进行分析。目前SWOT分析法、CMM经常作为企业现状分析的主要工具。

（三）战略目标定位

战略目标定位主要分为两个方面，一是要制定出企业的BIM实施目标，二是要把企业级的BIM实施目标与企业的战略目标相结合，并最终制定出基于BIM的企业发展战略目标。进而对企业级的BIM战略目标做出诠释，使之成为企业所有人员的共识，并朝着这一战略目标付诸行动。

（四）实施路径选择

目标的实现具有阶段性，为了实现企业级的BIM战略目标，需要对企业级BIM实施目标逐步分解，将BIM实施划分为几个阶段，采用自上而下、自下而上或者两种模式相结合的方法，确定实施路径。

（五）实施方案制定

实施方案是实现企业级BIM目标的根本途径，主要包括企业制度流程的适配、关键性BIM技术的研发与应用管理、应用能力建设、市场培育、组织分工及相应的激励政策及成本效益分析等。企业应根据自身特点选择合适的实施方案，而不应该一味地模仿甚至照搬成功的BIM实施方案。

（六）改革企业经营模式

在全面推广应用BIM技术之后，企业的主要任务就是分析以往业务的主要特点，总结经验，分析原因，总结归纳适合自身特点的商业发展模式，使企业在保持以往业绩的基础上，不断创新，发展多元化的盈利模式。

五、企业级BIM实施方法

企业级BIM实施方法是指规划、组织、控制和管理建筑企业BIM实施工作的具体内容和过程。企业级BIM实施方法综合考虑了BIM规划实施中的多种因素，主要包括企业的战略规划、企业生产经营的要求、企业生产发展的约束、企业的组织结构、企业的工作流程以及企业现有的BIM应用基础等。

企业BIM实施方法的核心是要结合企业的战略要求和组织结构，在考虑企业现有BIM应用基础的水平上，制定一个全面详细的企业BIM规划和标准，并建立一个可扩展的BIM实施框架，给出具有可操作性实施路径。

目前，企业级BIM实施方法主要有自上而下与自下而上两种基本形式。

（一）自上而下

顾名思义，自上而下，从企业整体层面出发，首先建立基于企业宏观层面的 BIM 战略和组织规划，通过试点项目的 BIM 应用效果验证企业整体规划的准确性，并不断完善，并在此基础上推广到企业所有项目。

（二）自下而上

目前，大多数中小企业主要采用这种方法。指企业在项目进展过程中为满足项目要求而进行的 BIM 实践活动，无 BIM 应用规划。该模式是在企业积累了一定的 BIM 实施经验后发展起来的，其策略是从项目逐步推广到企业。

BIM实施是一个复杂的系统工程，只采用任意一种模式都不能保障企业BIM规划的顺利实施。对于企业而言，应该采用两种模式相结合的方式。具体来说，在企业级 BIM 前期，企业应该咨询第三方的 BIM 专业服务机构，结合专业机构对企业的状况的评估，提出包括 BIM 实施基本方针路线、重点内容、资金投入等要素在内的企业级 BIM 实施规划。

第三节 项目级 BIM 实施规划

一、编制的目标与原则

（一）项目级 BIM 实施规划的重要性和编制原则

1. 编制 BIM 项目实施规划的重要性

为了将 BIM 技术与建设项目实施的具体流程和实践融合在一起，真正发挥 BIM 技术应用的功能和巨大价值，提高实施过程中的效率，建设项目团队需要结合具体项目情况制订一份详细的 BIM 应用实施规划，以指导 BIM 技术的应用和实施。

BIM 实施规划应该明确项目 BIM 应用的范围，确定 BIM 工作任务的流程，确定项目各参与方之间的信息交换，并描述支持 BIM 应用需要项目和公司提供的服务和任务。内容包括 BIM 项目实施的总体框架和流程，并且提供各类技术相关信息和多种可能的解决方案和途径。

（1）多种解决方案

它可以帮助项目团队在项目的所有阶段（包括设计、施工和运营）创建、修改和重用信息性数字模型。

（2）多种分析工具

项目开工前，可对建筑物的可施工性和潜在性能进行全面分析。利用这些分析数据，项目团队可以在建筑材料、能源和可持续性方面做出更明智的决策，及早发现和预防某些组件（如管道和梁）之间的冲突，并减少资本损失。

（3）项目协作与交流信息平台

它不仅有助于加强业务流程，还确保所有团队成员以结构化方式共享项目信息。

BIM 实施规划将帮助项目团队明确各成员的任务分工与责任划分，确定要创建和共享的信息类型，使用何种软硬件系统，以及分别由谁使用。还能让项目团队更顺畅的协调沟通，更高效地建设实施项目，降低成本。

作为提高企业发展能力和市场竞争力的主要手段，BIM 技术往往被视为现阶段施工企业发展战略的重要内容。企业 BIM 应用能力的提高需要项目实践的经验。项目级 BIM 技术实施规划对企业发展的作用主要包括以下三个方面：一是通过参与建设项目 BIM 实施规划、实施和后评价，培养企业 BIM 人才；二是基于不同建设项目 BIM 应用的相似性，借鉴现有项目规划新项目可以事半功倍；通过比较新旧建设项目的差异，也有助于改进新项目 BIM 的实施规划；三是试点项目级 BIM 实施计划，是制定企业级 BIM 技术应用和发展计划的基础数据。

2.BIM 实施规划编制原则

BIM 的实施规划时间应涵盖项目建设的全过程，包括项目的决策阶段、设计准备阶段、设计阶段、施工阶段和运营阶段，涉及项目参与的各个单位。有一个整体战略和规划将对 BIM 项目的效益最大化起到关键作用。

BIM 实施规划应该在建设项目规划设计阶段初期进行编制，随着项目阶段的深入，各参与方亦不断加入，进行不断完善。在项目整个实施阶段根据需要和项目的具体实际情况对规划进行监控、更新和修改。

考虑 BIM 技术的应用跨越建设项目各个阶段的全生命周期使用，如可能应在建设项目的早期成立 BIM 实施规划团队，在正式项目实施前进行 BIM 实施规划的制订。

BIM 实施规划的编制前，项目团队成员应对以下问题进行分析和研究：项目应用的战略目标及定位；参与方的机会以及职责分析；项目团队业务实践经验分析；分析项目团队的工作流程以及所需要的相关培训。

项目 BIM 规划和实施团队要包括项目的主要参与方，包括业主、施工单位、材料供应商、设备供应商、工程监理单位、设计单位、勘测单位、物业管理单位等。其中业主或项目总承包单位是最佳的 BIM 规划团队负责人。

如果项目参与方没有成熟的 BIM 实施经验，可以委托专业的 BIM 咨询服务公司协助牵头制定 BIM 实施计划。

从技术层面来看，BIM 可以应用于建设项目的各个阶段，可以被项目的所有参与者使用，可以完成各种任务和应用。项目级 BIM 实施规划是综合考虑项目建设的特点、项目团队的能力、当前的技术发展水平、BIM 实施成本等方面，以获得一个具有最佳性价比的方案。

（二）BIM 实施目标的制定

在具体项目实施过程中，BIM 技术实施目标的制定是 BIM 实施规划中的首要和关键工作，也是一项非常艰巨的工作。制定 BIM 技术实施目标和选择合适的 BIM 功能应用是 BIM 实施规划过程中的重要工作。在项目级 BIM 实施规划中，经常需要综合考虑环境、企业、项目等多方面因素。通常，BIM 实施的目标包括以下两类。

1. 与建设项目相关的目标

包括缩短项目施工周期，提高施工生产效率和质量，减少各种变更造成的成本损失，获取重要的设施运行数据等。例如，基于 BIM 模型，加强设计阶段的限额设计控制，提高设计阶段的成本控制能力，是项目的具体目标。

2. 与企业发展相关的目标

在实施 BIM 的最早项目中，关注这些目标是可以接受的。例如，业主可能希望将当前的 BIM 项目作为试验项目，以测试设计、施工和运营之间的信息交换效果，或者设计团队可能希望探索和积累数字设计方面的经验。项目完成后，可向业主提供完整的 BIM 数字模型，其中包含管理和运营建筑物所需的所有信息。

BIM 实施目标的制定必须具体且可衡量。一旦确定了可测量的目标，就可以确定相应的潜在 BIM 应用。

设定目标优先级将使后续规划工作具有灵活性。根据明确的目标描述，进一步的工作是评估和筛选 BIM 应用程序，以确定是否实施了每个潜在的 BIM 应用程序：第一，为每个潜在的 BIM 应用程序设置责任方和参与者；第二，评估每个 BIM 应用参与者的实施能力，包括其资源配置、团队成员的知识水平、工程经验等；第三，评估每个 BIM 应用程序对项目主要参与者的价值和风险水平。

二、编制的主要内容

为保障一个 BIM 项目的高效和成功实施，相应的实施规划需要包括 BIM 项目的目标、流程、信息交换要求和软硬件方案等四个部分。

（一）确定 BIM 应用的项目目标和任务

项目目标包括缩短工期、更高的现场生产效率、通过工厂制造提升质量、为项目运营获取重要信息等。确定目标是进行项目规划的第一步，目标明确以后才能决定需要完成什么任务，这些 BIM 应用目标可以包括创建 BIM 设计模型、4D 模拟、成本预算、空间管理等。BIM 规划可以通过不同的 BIM 应用对该建设项目的目标实现的贡献进行分析和排序，最后确定具体项目 BIM 规划要实施的应用（任务）。

（二）设计阶段 BIM 实施流程

BIM 实施流程分整体流程和详细流程两个层面，整体流程确定不同 BIM 应用之间的顺序和相互关系，使得所有团队成员都清楚他们的工作流程和其他团队成员工作流程之间的关系；详细流程描述一个或几个参与方完成某一个特定任务（如节能分析）的流程。

（三）制定建设过程中各种不同信息的交换要求

定义不同参与方之间的信息交换要求，每一个信息创建者和信息接收者之间必须非常清楚信息交换的内容、标准和要求。

（四）确定实施上述 BIM 规划所需要的软硬件方案

包括交付成果的结构和合同语言、沟通程序、技术架构、质量控制程序等以保证 BIM 模型的质量，这些是 BIM 技术应用的基础条件。

项目级 BIM 实施规划应该包含以下内容：一是 BIM 应用目标，在这个建设项目中将要实施的 BIM 应用（任务）和主要价值；二是 BIM 技术实施流程；三是 BIM 技术的范围和流程，模型中包含的元素和详细程度；四是建设项目组织和任务分工，确定项目不同阶段的 BIM 经理、BIM 协调员以及 BIM 模型建模人员，这些往往是 BIM 技术成功实施的关键人员；五是项目的实施／合同模式，项目的实施／合同模式（如传统承发包、项目总承包及 IPD 模式等）将直接影响到 BIM 技术实施的环境、规则和效果；六是沟通程序，包括 BIM 模型管理程序（如命名规则、文件结构、文件权限等）以及典型的会议议程；七是技术基础设施，BIM 实施需要的硬件、软件和网络基础设施；八是模型质量控制程序，保证和监控项目参与方都能达到规划定义的要求。

项目级 BIM 实施规划流程分为四个步骤，这种实施规划的流程旨在引导业主、项目经理、项目实施方通过一种结构化的程序来编制详尽和一致的规划。

1. 确定 BIM 目标和应用

为项目制定 BIM 实施规划的作用是定义 BIM 的正确应用，BIM 的实施流程、信息交换以及支持各种流程的软硬件基础设施。

明确项目 BIM 实施规划的总体目标可以清晰地识别 BIM 可能给项目和项目团队成员带来的潜在价值。BIM 实施目标应该与建设项目的目标密切相关，包括缩短工期、提高现场生产能力、提高质量、减少工程变更，成本节约、利于项目的设施运营等内容。

BIM 实施目标应该与提升项目团队成员的能力相关，例如在 BIM 应用的初期，业主可能希望将项目作为验证设计、施工和运营之间信息交换的实验项目；而设计企业可以通过项目获得数字化设计软件的有效应用的经验。当项目团队明确了可测量的目标后，包括项目角度的目标和企业角度的目标后，就可以确定项目中 BIM 技术的应用范围了。

BIM 技术的功能应用是建设项目 BIM 实施规划中一个十分重要的内容，它明确了 BIM 技术在建设项目实施中应用的功能和可能的价值。

2. 建立项目 BIM 实施流程

BIM 实施提供了一个控制过程，需要确定每个过程之间的信息交换模块，并为后续规划提供依据。BIM 实施过程包括总体过程和详细过程。整个过程描述了整个项目中所有 BIM 应用的顺序和相应的信息输出。详细流程进一步安排了每个 BIM 应用中的活动顺序，并定义了输入和输出的信息模块。

编制 BIM 总体流程图时，应考虑以下三项内容：一是根据建设项目的发展阶段，安排 BIM 应用的顺序；二是明确每个 BIM 应用的责任方；三是确定每个 BIM 应用的信息交换模块。

3. 制定信息交换标准和要求

（1）信息接收方

确定需要接收信息并执行后续 BIM 应用的项目团队或成员。

（2）模型文件类型

列出在 BIM 应用中使用的软件名称及版本号,它对于确定 BIM 应用之间的数据互用是必要的。

（3）建筑元素分类标准用于组织模型元素

目前，国内项目可以借用美国普遍采用的分类标准 UniFormat，或已被纳入美国国家 BIM 应用标准的最新分类标准 OmniClassl。

（4）信息详细程度

信息详细程度可以选用某些规则，如美国建筑师协会定义的模型开发级别（Level of Development.LOD）规则等。

4. 定义 BIM 实施的软硬件基础设施

BIM 实施的软硬件基础设施主要是指在明确应用目标和信息交换要求和标准的基础上，确定整个技术实施的软硬件和网络配置方案，这些基础设施是保障 BIM 实施的基础和必要条件，一般包括计算机技术和项目管理治理环境两部分内容。

第四节 BIM 实施过程中的协调与控制

一、BIM 应用的协调人

BIM 作为一种建筑业创新性技术，相对长期盛行的 2D CAD 技术而言，具有突破性和颠覆性。由于学习曲线效应的存在，现有建筑业各专业的人员并不能很快过渡到 BIM 环境下。因此，围绕 BIM 技术项目应用诞生了一些新的岗位和角色。考虑到 BIM 实施过程中需要多专业、多项目参与方的积极参与，其需要不同界面下的协调与控制，BIM 协调人是建筑业企业和建设项目组织由 2D 的 CAD 向 BIM 技术转变的关键角色之一。本节将重点分析 BIM 应用协调人角色及职责定位、能力要求。

（一）BIM 应用协调人角色及职责定位

项目实施阶段的 BIM 应用需要项目参与方具备 BIM 专门人才、软件及硬件，使 BIM 价值得到有效实现。基于项目参与方角色及定位的不同，不同项目参与方的 BIM 协调人角色和职责不同。通常情况下，项目的承发包模式决定了项目参与方的角色和数量。一般 BIM 应用协调人主要可以分为设计方 BIM 协调人、施工方 BIM 协调人及业主方 BIM 协调人。业主方 BIM 协调人通常是 BIM 应用的总体协调，基于业主团队能力及管控模式，有时业主不设该职位。接下来将重点分析设计方 BIM 协调人和施工方 BIM 协调人的角色及职责定位。

1. 业主方 BIM 应用协调人

业主方是项目的总集成者，同时具有契约设计权。业主方是 BIM 应用的主要推动者。业主方 BIM 应用协调人应负责执行、指导和协调所有与 BIM 有关的工作，确保设计模型和施工模型的无缝集成和实施，包括项目规划、设计、技术管理、施工、运营和总体协调以及在所有和 BIM 相关的事项上提供权威的建议、帮助和信息，协调和管理其他项目参与方 BIM 的实施。在项目实践中，业主方项目管理能力及 BIM 应用能力不同，业主方 BIM 应用协调人职责定位也会不同。基于美国陆军工程兵团的一份研究报告对 BIM 协调人的主要职责划分，业主方 BIM 应用协调人的主要角色及职责可分为四部分。

（1）数据库管理（25% 的时间）

基于工作经验、完整的工程知识和一般设计要求以及其他相关成员的意见，制定和维护一个标准数据集模版、一个面向标准设施的专门数据集模版以及模块目录和单元库，准备和更新这些数据产品，供内部和外部的设计团队、施工承包商、设施运营和维护人员用于项目整个生命周期内的项目管理工作。

审核在使用 BIM 设计项目过程中产生的单元（如门、窗等）和模块（例如卫生间、会议室等），同时把最好的元素合并到标准模板和标准库里面去。审核所有信息以保证它们和有关的标准、规程和总体项目要求一致。

协调项目实施团队、软硬件厂商、其他技术资源和客户，直接负责解决和确定与数据库关联的各种问题。确定来自组织其他成员的输入要求，维护和所有 BIM 相关组织的联络，及时通知标准模板和标准库的任何修改。

作为基于 BIM 进行建筑设计的设计团队、使用 BIM 模型产生竣工文件的施工企业、使用 BIM 导出模型进行设施运营和维护的设施管理企业的接口，为其提供对合适的数据集、库和标准的访问，在上述 BIM 用户需要的时候提供问题解决和指引。

对设计和施工提交内容跟各自合同规定的 BIM 有关事项一致性提供审核和建议，把设计团队和施工企业产生的 BIM 模型中适当的元素并入标准数据库。

（2）项目执行（30% 的时间）

协调所有内部设计团队在 BIM 环境中做项目设计时有关软硬件方面的问题；对设计团队的构成给管理层提出建议；和设计团队成员、软件厂商、客户等协调安排项目启动专题讨论会的一应事项；基于项目和客户要求设立数字工作空间和项目初始数据集；根据需要参加项目专题讨论会包括为项目设计团队成员提供培训和辅导；随时为设计团队提供疑难解答；监控和协调模型的准备以及支持项目设计团队组装必要的信息完成最后的产品；监控 BIM 环境中生产的所有产品的准备工作；监控和协调所有项目需要的专用信息的准备工作以及支持所有生产最终产品必需的信息的组装工作；审核所有信息保证其符合标准、规程和项目要求；确定各种冲突并把未解决的问题连同建议解决方案一起呈报上级主管。

（3）培训（20% 的时间）

提供和协调最大化 BIM 技术利益的培训；根据需要协调年度更新培训和项目专用培训；根据需要本人参与更新培训和项目专题研讨培训班；根据需要在项目设计过程中对 BIM 个人用户提供随时培训；和设计团队、施工承包商、设施运营商接口开发和加强他们的 BIM 应用能力；为管理层提供有关技术进步以及相应建议、计划和状态的简报；给管理层提供员工培训需要和机会的建议。

（4）程序管理（25% 的时间）

管理 BIM 程序的技术和功能环节最大化客户的 BIM 利益；和业主总部、软件厂商、其他部门、设计团队以及其他工程组织接口，始终要走在 BIM 相关工程设计、施工、管理软硬件技术的前沿；本地区或部门有关 BIM 政策的开发和建议批准；为管理层和客户代表介绍各种程序的状态、阶段性成果和应用的先进技术；与设计团队、业主方总部、客户和其他相关人员协调，建立本机构的 BIM 应用标准；管理 BIM 软件，实施版本控制，研究同时为管理层建议升级费用；积极参加总部各类 BIM 规划、开发和生产程序的制定。

2. 设计方 BIM 应用协调人

作为设计方 BIM 工作计划的执行者，项目设计方需要设立设计方 BIM 应用协调人。其应具备足够年限的 BIM 实施经验，精通相关 BIM 程序及协调软件，基于项目 BIM 实施过程相关问题与项目业主方或施工方进行沟通与协调。通常其具有以下角色和职责：制定并实施设计方 BIM 工作计划（Design BIM Work Plan）；与业主方 BIM 应用协调人协调项目范围相关培训；协调软件培训及文件管理、建立高效应用软件的方案；与业主团队及项目 IT 人员协调建立数据共享服务器。包括与 IT 人员配合建立门户网站、权限设定等。负责整合相关协调会的所需的综合设计模型。促进综合设计模型在设计协调与碰撞检查会议的有效应用，并提供所有碰撞和硬碰撞的辨识和解决方案。综合设计模型是基于设计视角构建的模型，其包括了建筑、结构、MEP 等完整设计信息的模型，要求其与施工图信息一致；提供设计方 BIM 模型的建模质量控制与检查；推动综合设计模型在设计协调会议的应用；确保 BIM 在设计需求和标准测试方面的合理应用；与项目 BIM 团队及 IT 人员沟通，确保软件被安装和有效应用；与软件商沟通，提供软件应用反馈和错误报告，并获取相关帮助；提供 BIM Big Room 的相关说明，并获取业主认可；联系 BIM 技术人员推进 BIM 技术会议。

3. 施工方 BIM 协调人

作为施工方 BIM 工作计划的执行者，总包方应该委派专门的施工方 BIM 协调人。其应具备一定年限的 BIM 实施经验，能够满足项目复杂性要求，具备灵活应用 BIM 软件和帮助发现可施工性问题的能力。通常其具有以下角色和职责：与业主方 BIM 协调人和施工团队沟通 BIM 相关问题；施工前及施工过程中，与 IT 一起建立和维护门户及权限；与设计团队沟通，施工团队所需施工数据提取及相关需求满足；与设计团队协调，确保设计变更及时在BIM模型中更新和记录；在批准和安装前，将预制造模型与综合设计模型集成，确保符合设计意图；负责施工BIM模型的构建与维护，确保建成（as-built）信息及时在模型中更新；协调软件培训及制订施工团队有效应用BIM的软件方案；为施工方BIM Big Room制订说明书提交业主批准。确保施工团队具备必需的硬件及BIM软件。

（二）BIM应用协调人能力要求

BIM应用协调人能力由其角色和职责决定。现有研究成果对BIM能力的定义较少，比较系统分析的是澳大利亚纽卡斯尔大学（University of Newcastle）的Bilal Succar教授在分析个体能力相关文献的基础上，给出了个体BIM能力的综合定义：个体BIM能力指进行BIM活动或完成BIM成果所需的个体特质、专业知识和技术能力。这些能力、活动或成果必须能够采用绩效标准测度，且能够通过学习、培训及发展而获取或提升。将BIM专业应用能力由低到高分为如下6个层次，分别说明如下。

1.BIM软件操作能力

即BIM专业应用人员掌握一个或多个BIM软件使用的能力，至少应具备BIM模型制作工程师、BIM信息应用工程师和BIM专业分析工程师的基本能力。

2.BIM模型生产能力

使用BIM建模软件建立工程项目不同学科和用途的模型的能力，如建筑模型、结构模型、场地模型、机电模型、性能分析模型、安全预警模型等，是BIM模型制作工程师必备的能力。

3.BIM模型应用能力

指利用BIM模型对项目不同阶段的各种任务进行分析、模拟和优化的能力，如方案论证、性能分析、设计审查、施工过程模拟等，是BIM专业分析工程师所必备的能力。

4.BIM应用环境建设能力

指建立工程项目顺利应用BIM所需的技术环境的能力，包括交付标准、工作流程、组件库、软件、硬件、网络等。这是BIM项目经理在BIM It应用人员的支持下需要具备的能力。

5.BIM项目管理能力

指根据需要管理和协调BIM项目团队以实现BIM应用目标的能力，包括确定项目的具体BIM应用、项目团队的建立和培训。这是BIM项目经理所要求的能力。

6.BIM业务集成能力

指把BIM应用和企业业务目标集成的能力，包括确认BIM对企业的业务价值、BIM投资回报计算评估、新业务模式的建立等，是BIM战略总监需要具备的能力。BIM应用协调人是建设项目由传统CAD技术向BIM技术转换或过渡的关键角色。

二、BIM应用的质量控制

BIM实施过程质量控制对BIM实施效果有很大的影响，因此需要对实施过程进行质量控制。

BIM 应用质量是给项目带来增值。BIM 应用过程中，必须结合 BIM 实施的特点，采用质量控制的方法和程序，才能保证 BIM 的顺利实施。BIM 应用质量控制是指使 BIM 技术应用满足项目需求而采取的一系列有计划的控制活动。BIM 的应用不同于传统 2D CAD 技术的应用，其质量控制的最为突出的特点是影响因素多，主要包括：项目 BIM 技术应用需求高低；项目承发包模式及参建各方 BIM 应用过程协作情况；参建各方对项目 BIM 应用价值的认知；参建各方 BIM 实施能力；BIM 应用实施受项目相关投入的制约。

第五节 BIM 应用效益

一、减少设计周期与提升设计质量

设计项目团队可以依据未来可能的周围空间状况、自然环境条件与资源等详细信息，建立规划阶段的 BIM 模型，并依此建模做空间运用的分析作业，例如日照分析、基本法规检查等，借以初步了解该空间可使用的基本要件与一般建筑规范之限制等概况，进而针对项目作完善的规划。

二、可以促进团队沟通与合作、提升初级作业者的学习

导入 BIM 后由 3D 模型呈现，团队之间可相互沟通便于讨论项目面临的问题，特别对于一些没受过专业训练的人员，直接以可视化检视 3D 模型，可更容易了解团队讨论的成果。

三、减少重工及错误与遗漏

3D 模型建置好后，各立面图及其他信息也同时建立完成，当变更设计发生而变更某一部位时，图面及信息可以同时变更，确保图面及信息之一致性，减少以往发生变更时须烦琐地变更大量图说，并且可以避免有可能的疏漏。

四、减少变更、降低施工成本、提升施工质量

建筑信息模型可与其他计算机软件结合，预先进行干涉检查、碰撞分析，或者是防灾规划等，因此可在项目未进入施工阶段时，及早发现问题，进行变更与讨论修正，以避免进入施工阶段才出现问题，并可降低变更而增加的费用，以增进施工管理成效、提升施工质量，进而达到节省施工成本之效，并可得到更好的项目整体成果。

五、更好的成本控制及可预见性

建筑信息模型背后拥有众多参数与信息的储存，完成 3D 模型后即可从软件本身的功能撷取数量，降低了人为运算错误发生的概率。

六、更快的审核周期与减少工作流程周期时间

在施工过程中产生出高质量和高准确性的图档，可避免因修正造成的往返作业时间，且模型中各项信息可直接传递使用，不需重复输入数据，减少人为疏失，提升工作效率。

七、提供新的服务、增强组织形象与维持顾客回流率

由于 BIM 技术为近年来营建产业之新兴技术，经由软件公司发挥 BIM 技术的优势与特性，例如业内领先的品茗 BIM，利用多年的技术积累打造价值落地的实用型、专业的 BIM 应用软件，以此提升形象与专业度，进而维持顾客回流率。

第十章 BIM与职业环境

第一节 BIM职业环境

BIM从美国发展，逐步扩展到欧洲、日本、新加坡、中国香港等国家和地区。进入21世纪后，我国逐渐开始接触BIM的概念和技术。近年来，随着我国建筑领域的不断发展，标志性建筑不断涌现，业主对工程质量的要求也不断提高。作为一项带来产业革命的新技术，BIM已成为业主实现创新项目管理的重要工具。BIM的全面应用将大大提高建筑工程的集成度，显著提高设计乃至整个工程的质量和效率，降低成本。近年来，BIM已逐渐被国内建筑行业所接受和有效利用。

一、BIM与勘察单位

应用BIM技术的主要工作是建立工程测量模型。建立支持多种数据表达方式和信息传递的工程测量数据库，开发并采用BIM应用软件和建模技术，建立可视化工程测量模型，实现建筑与地下工程地质信息的三维集成。

在乌鲁木齐高铁站工程方案设计阶段，总图专业采用AutoCAD civil 3D进行地形设计，从Google Earth中导出地形，利用其强大的地形处理功能进行三维设计和仿真处理，并对场地高度进行仿真分析。设计人员在三维场景中自由漫游，人机交互，使许多潜移默化的设计缺陷很容易被发现，减少了因事先规划不完善而造成的无法弥补的损失和遗憾，大大提高了项目的评价质量，实现了施工设计和现场道路设计的建模。在山东文登抽水蓄能电站工程中，地形勘测设计主要采用AutoCAD civil 3D进行设计和完成，方便一线地质人员的操作和应用。AutoCAD civil 3D用于图像地形剖切，可一次绘制大量地质剖面。

除了AutoCAD civil3D之外，还有Revit。利用Revit architecture中内置的模型组件可以绘制“三维网格剖面”，不同的颜色代表不同的岩土层，从而实现钻孔数据的三维可视化，生动地了解现场岩土层的分布规律。项目场地三维地质建模完成后，可利用建模软件提供的断面截取工具获取任意地表的工程地质图。为简单起见，在项目现场的假定位置布置了五个桩基作为建筑地基，这些桩基在Revit中可视化；以强风化花岗岩作为桩基承载层，可获得承载层上方桩基布置的三维效果图。

利用 REVIT ARCHITECTURE 软件可将已建立好的三维地质体模型进行基坑开挖可视化操作模拟与分析，实现工程勘察基于 BIM 的数值模拟和空间分析，辅助用户进行科学决策和规避风险。

二、BIM 与设计院

设计单位即从事建设工程可行性研究、建设工程设计、工程咨询等工作的单位。在工程设计当中，设计院应建立基于 BIM 的协同设计工作模式，根据工程项目的实际需求和应用条件确定不同阶段的工作内容。目前，勘察设计行业已经进入调整期，从粗犷设计向精细设计发展成为行业必然趋势，过去粗制滥造的产品化思维已不符合社会发展趋势，向专业化精细化拓展势在必行，BIM 的兴起也正是符合行业发展的趋势。一些设计院也开始使用 BIM 软件进行设计。一般设计院在方案阶段会用一些建模软件建立三维模型，出效果图展示给甲方，但这个模型的应用也仅此而已。而用 BIM 设计则可以延续使用方案阶段的模型，所用专业都基于一个模型设计，增加各自专业的信息，丰富模型。设计过程中也可以检查各专业之间的错漏碰撞问题。可以对模型进行碰撞分析，显示碰撞的地方以方便查看，碰撞包括硬碰撞和软碰撞。硬碰撞是指实体构件是否有碰撞，如梁会不会和设备管道的位置打架，柱会不会跟门洞的位置重叠等。软碰撞是指逻辑意义上碰撞，如门开着或关着都没有问题，但在打开的过程中会不会有问题；或者是楼梯的上方空间高度是否满足要求。精细的建模也可以帮助施工，像钢结构工程可以直接按照模型在工厂制作很多构件，避免施工现场的尺寸不符，焊接难操作等问题，提高了整体施工效率，实现了建筑的工厂化。或者施工单位利用设计的模型进行添加相关施工信息辅助施工及项目管理，甚至后续精装、运维阶段都可以继续使用该模型。

（一）设计院的主要工作内容

1. 投资规划和规划

在项目前期规划和规划设计阶段，基于 BIM 和地理信息系统（GIS）技术，对项目规划方案和投资策略进行模拟分析。

（1）设计模型建立

BIM 应用软件和建模技术用于构建 BIM 模型，包括建筑、结构、给排水、暖通空调、电气设备、消防等专业信息。根据不同设计阶段的任务要求，形成满足所有参与者使用要求的数据信息。

（2）分析与优化

进行建筑性能分析，包括节能、日照、风环境、光环境、声环境、热环境、交通、抗震等，根据分析结果，结合全寿命周期成本进行优化设计。

（3）审查设计结果

利用基于 BIM 的协同工作平台等手段，实现多专业间的数据共享和协同工作，实现专业间数据信息的无损传输和共享，进行专业间的碰撞检测和管道综合碰撞检测，尽量减少常见的设计质量问题，如错误、遗漏、冲突和缺陷，提高设计质量和效率。

2. 基于 BIM 的设计可视化显示

根据设计图纸，通过使用 Revit、NavisWorks、c# 语言等相关三维建模工具和开发平台，可以直观地进行方案论证、业主决策、多学科协调、结构分析等建筑物理分析和设计文件生成，成本估算、能源分析和照明分析，以检验设计的可施工性，施工前可提前发现存在的问题。

（二）在设计阶段设计单位应该遵守的标准

1. 前期准备工作

BIM 专业咨询单位协助建设方开通并管理 BIM 协同平台（包含权限的分配、使用原则的制定等）。BIM 专业咨询单位制定相应的 BIM 工作计划和组建 BIMI 工作团队，同时指定专人作为本单位的 BIM 负责人进行内外部的总体沟通与协调，并配合建设方的 BIM 管理工作。

2. 设计过程工作

BIM 咨询单位执行合同约定的 BIM 设计内容建模，根据前期制定的 BIMI 工作计划、BIM 实施大纲及 BIM 实施标准开展工作，BIM 专业咨询方应将设计模型成果提交建设方及设计方审核。

建设方通过会议及邮件等形式，对各设计单位的 BIM 工作进行过程监督，并要求设计单位对 BIM 专业咨询单位提交的 BIM 成果进行审核，及时反馈优化信息或修改意见。BIM 专业咨询单位提交的设计阶段 BIM 成果深度应符合精度要求，并保证成果一致性。

三、BIM 与建设单位

建设单位是建设项目的投资方，也称为“业主”。在项目的整个生命周期内全面实施所有参与者的 BIM 应用。要求所有参与方提供的数据信息易于集成、管理、更新和维护，并能快速检索、调用、传输、分析和可视化，以实现项目投资规划、勘察设计各阶段基于 BIM 标准的信息传输和信息共享，施工、运营和维护，满足项目建设不同阶段的质量控制、工程进度和投资控制要求。

（一）主要工作内容

1. 建立科学的决策机制

在项目可行性研究和方案设计阶段，通过建立基于 BIM 的可视化信息模型，提高所有参与者的决策参与度。

2. 建立 BIM 应用框架

明确项目实施阶段各方的任务、交付标准和成本分摊比例。

3. 建立 BIM 数据管理平台

建立多参与者、多阶段的 BIM 数据管理平台，为各阶段 BIM 应用和参与者之间的数据交换提供综合信息平台支持。

4. 建筑方案优化

在项目勘察设计阶段，要求各方利用 BIM 对相关专业进行性能分析比较，优化建设方案。

5. 施工监控和管理

在项目施工阶段，相关方应利用 BIM 进行虚拟施工，通过施工过程模拟优化施工组织方案，确定科学合理的工期，动态控制材料设备资源，切实提高工程质量和综合效益。

而现在建设单位 BIM 技术应用主要有两种模式：一是组建自有 BIM 技术应用团队；二是聘请专业咨询单位作为项目 BIM 技术应用总协调方，整体把控 BIM 技术应用实施进度及质量。

（二）基于 BIM 的碰撞检测与施工模拟

例如，可以在本项目的 BIM 中模拟分析施工方案和安装过程的重点和难点。通过仿真实现了虚拟施工过程。在虚拟施工过程中，我们可以找到不同专业需要合作的地方，以便在实际施工过程中尽快做出相应的布局，避免等待其他相关专业或承包商的现场协调，从而提高工作效率。基于 BIM 的碰撞检测和施工模拟是基于 Revit 和 NavisWorks 的施工动态管理系统的二次开发。

（三）投资控制

BIM 用于准确计算项目在投标、工程变更、竣工结算等各个阶段的工程量和成本，作为投资控制的依据。施工资源和项目成本控制是项目施工阶段的核心指标之一。通过 BIM 模型，项目经理可以在项目正式施工前确定不同时间节点的施工进度和施工成本，直接查看形象进度，获取每个时间节点的资源消耗和成本数据，避免设计与成本脱节和频繁变更，使资源和成本控制更加有效。当模型因设计变更而修改时，BIM 系统将自动检测哪些内容发生变更，直观显示变更结果，统计变更数量，并将结果反馈给施工人员进行控制。

（四）运营维护和管理

在运营维护阶段，充分利用 BIM 和虚拟仿真技术，分析不同运营维护方案的投入产出效果，模拟维护工作对运营带来的影响，提出先进合理的运营维护方案。

四、BIM 与施工单位

施工单位，即从事土木工程、建筑工程、线路管道设备安装、装修工程施工承包的单位。施工单位通过建筑信息模型（BIM），提供可视化、集成化交流方式，根据本工程实际情况（未建、在建专业工程的施工图和在建、已建工程的施工相关信息），对项目的建筑、结构、装饰（含内外装饰）、机电安装（含电气、消防、暖通、智能化及医用专业安装工程）等工程的设计进行纠错审查、设计优化建议及管线综合深化设计、可视化展示；施工单位为甲方提供项目 BIM 系统的控制软件，负责管理控制软件的运行和权限，保障系统优质高效服务本项目，通过建立基于 BIM 应用的施工管理模式和协同工作机制，明确施工阶段各参与方的协同工作流程和成果提交内容，逐步实现施工阶段的 BIM 集成应用。

有施工方的专家认为，对于施工方而言，他们倾向于自己培养施工人员根据设计的图纸建立 BIM 模型，不愿意或者说无法使用设计院的模型。他们这样做的原因有两个：一是现在的 BIM 技术并没有普及，各设计院也会相继探索出一些自己的方法，他们不愿意无偿地把自己的模型给到施工单位，因为这也涉及一些自己的技术核心；二是设计院的模型并不能真正地辅助施工，因为施工是一个动态过程，一个结构构件可能要通过多种不同的工序才能完成，其中还有很多的构造措施，而这些是设计人员并没有考虑的，模型中也不会体现。如一道填充墙，在设计人员的模型中表现可能就是一道墙，而在施工过程中，同样的这道墙里面还包括拉结钢筋，墙快砌到梁底的时候采用斜砌砖等构造都没有体现；再比如在桩基础中，设计人员的设计桩长是指施工完成后的桩长，而真正施工时桩长是要比设计桩长长几十厘米，然后再凿去多余的混凝土，留出钢筋锚到承台中，这种出入对成本的预算有很大影响。

五、BIM 技术到底能给施工企业带来的价值

施工方接触一个工程的第一步就是招投标，在招投标阶段可以通过 BIM 模型给甲方直观地展示建筑物建成后的外观以及建筑的功能布局，便于沟通；同时也提升企业的形象，增强核心竞争力。

项目进场前，可通过 BIM 精细建模进行场地布置，动态模拟所有机械设备进场顺序和车辆移动路线，尽可能避免互相碰撞、机械工作区域受限等问题。BIM 还可以在施工阶段模拟不同的施工方案，选择最佳方案（主要通过调整不同的施工工艺，改进相关的施工工艺，尽可能多个工作面同时进行），从而合理安排整个施工过程，并结合不同方案的进度和成本预算综合选择最佳施工方案）。换句话说，BIM 技术可以通过模拟施工过程为我们提供真实的可预测结果，并通过选择最优方案使效益最大化。

BIM 技术可以实现施工项目的信息化管理，通过 BIM 模型建立该工程的移动用户端，这样技术员就可以每天更新施工的进度，录入最新施工信息（某施工班组的名称、工作区段、完成工作量，或工作滞后以及滞后的原因），成本与工作量清单可以直接生成文本输出。大型建筑会经常出现变更，到项目结束的时候变更管理混乱，资料不全。而在 BIM 模型中有需要变更的地方可以实时改变模型，会保存为不同版本，变更文本也同步保存，提高管理效率。工程结束后，所有项目资料都可以查找并输出，节省了大量整理资料时间。业主方可以利用客户端同步查看工程进度及各种施工信息，随时了解工程近况，与业主沟通工程情况方便直观。

（一）基于 BIM 的虚拟施工及动态管理功能构建

1. 完整的基于 IFC 的建筑施工 4D 信息模型

通过建立基于 IFC 的 BIM 结构及其信息描述与扩展机制，根据施工过程模拟的需求对已有的 4D 施工信息模型进行完善和扩展，建立完整的基于 IFC 的建筑施工 4D 信息模型。

2. 构建 4D 虚拟施工环境

研究施工过程虚拟仿真、数值模拟以及过程模拟交互处理等核心技术，基于 BIM 的虚拟建造安装施工方案模拟现实的建造过程，通过反复的施工过程模拟，在虚拟的环境下发现施工过程中可能存在的问题和风险，并针对问题对模型和计划进行调整和修改，提前制定应对措施，进而优化施工方案和计划，再用来指导实际的项目施工，从而保证项目顺利进行。

3. 施工现场临设规划模拟

施工现场规划能够减少作业空间的冲突，优化空间利用效益，包括施工机械设施规划、现

场物流和人流规划等。将 BIM 技术应用到施工现场临时设施规划阶段，可更好地指导施工，为施工企业降低施工风险与成本运营，譬如 BIM 可以实现在模型上展现塔吊的外形和姿态，配合 BIM 应用的塔吊规划就显得更加贴近实际。将 BIM 与物联网集成，可实现基于 BIM 施工现场实时物资需求驱动的物流规划和供应，以 BIM 空间载体，集成建筑物中的人流分布数据，可进行施工现场各个空间的人流模拟、检测碰撞、调整布局，并以 3D 模型进行表现。

4. 基于 BIM 的施工进度管理

基于 BIM 的施工模拟可以将施工人员从复杂抽象的图形、表格和文字中解放出来，将图像三维模型作为施工项目的信息载体，便于施工项目各个阶段之间的沟通和交流，专业及相关人员提高工作效率。BIM 技术可以支持项目进度管理相关信息在规划、设计中的无损传输，并在施工、运营和维护支持经理的全过程中充分共享，准确计算人员数量，每个工作阶段所需的材料和机械，以提高工作时间估算的准确性，确保资源配置的合理化。

5. 集成交付及设施管理

在施工阶段及其前几个阶段积累的 BIM 数据，最终可以为完工的建筑物和设施增加附加值，在交付后的运营阶段对交付前的各种数据信息进行复制和再处理，更好地服务于运营阶段。基于 BIM 提供的多维数据，可实现已建设施的运行模拟、可视化维护和维护管理、设施灾难识别和应急管理与控制。

（二）未来发展趋势

与设计阶段相比，施工过程有更多的参与单位和更复杂的组织和合同关系。一个大型项目可能涉及 100 多个分包商。因此，施工过程中会产生大量的信息交流和组织协调问题，项目参与方的顺利合作和协同工作尤为重要。BIM 技术可以更好地支持施工合作。BIM 模型的可视化和参数化特点使设计表达更加清晰、准确，降低了沟通成本，使合作更加顺畅。例如，BIM 基于三维信息模型，在施工过程中以三维形式传递设计理念和施工方案，便于设计与施工、总承包与分包、分包与工人之间的沟通。同时，在施工过程中，通过 BIM 模型整合进度和人、物、机资源，以可视化的方式合理划分分包工作界面，使各分包商的进场、施工和撤离协调一致，从而提高项目管理的效率。

1. 施工阶段对信息共享和信息管理要求高

施工过程中涉及的信息量远远超过了设计阶段，无论是数量还是类型都非常巨大。如何及时收集信息，高效管理信息，准确共享信息，直接影响项目决策的正确性和及时性。BIM 技术可以更好地支持建设项目信息的管理。高度协调、一致和可计算的 BIM 模型本身是一个集成不同阶段、不同学科和不同资源信息的共享知识资源库，它是一个共享的项目信息集。BIM 技术基于统一模型进行管理，提供更多底层、基础和一致的数据。从设计模型、图纸、工程量等相关数据扩展到施工管理、材料设备、运行维护等所有数据的有机集成，降低了信息管理和信息共享的难度。

2. 施工阶段对项目管理能力要求高

建设阶段的业务复杂性远远超过设计阶段，呈现出业务类型多、参与者杂、学科范围广的特点。因此，为了确保施工业务的有效实施，有必要确保各业务单元之间数据的一致性和业务流程的顺畅。BIM 技术可以提高建设项目管理的精细化水平。例如，通过 5D 管理软件，所有参与者的工作都基于相同的模型。5D 模型集成了成本、进度等业务数据，以可视化的形式动态获取管理所需的数据。这些数据及时、准确、相关，最终实现项目的精细化管理。

3. 施工阶段对操作工艺的技术能力要求高

建筑阶段是建筑物实际建造和形成的过程。它不仅需要设计图纸，还遇到了大量的施工技术问题。BIM 技术可以有效提高建筑业务能力。例如，通过 BIM 仿真软件实现过程仿真，提前调整安装误差，减少后期施工误差。通过 BIM 碰撞检测软件实现专业协调，提前发现设计问题，减少返工。

BIM 技术的目标是在统一模型的基础上实现建筑全生命周期的信息共享。因此，BIM 技术在施工阶段的应用不断深化的同时，呈现出设计与施工相结合的趋势，主要体现在施工阶段设计模型的扩展和重用。设计阶段和施工阶段的工作重点和内容不同：BIM 在设计阶段的应用侧重于方案比选、方案调整、性能分析和可视化表达，侧重于模型的生成和建立；在建设阶段，我们重点关注 BIM 模式在各业务中的使用价值，重点关注该模式的深化和应用。它们在使用目的、深度要求和软件工具等方面存在差异，导致 BIM 设计模型在设计与施工的集成应用中在施工阶段没有直接重用。

因此，设计与施工的综合应用需要提高设计模型在施工阶段的利用率。一方面要建立科学、规范、可靠的 BIM 技术模型和图纸标准，对模型的深度要求、建模规则、命名规则等作出明确的规定，使设计阶段 BIM 模型有据可依；另一方面，需要引入先进的管理理念与 BIM 技术组合使用，如 IPD 模式，让建设、设计、施工等各参与方形成统一的利益共同体。其核心是让施工方在设计阶段就加入，基于 BIM 技术共同工作，充分发挥双方优势，降低设计问题。

第二节 BIM 与相关证书

在科学技术日益发展的今天，传统 CAD 模式已经渐渐不能满足现在项目各方面需求，BIM 作为拥有数据集成能力、参数化、可视化等全新优势的建筑工具，必将逐渐融入渗透到整个建筑行业。对于 BIM 人才的需求也必将大大增加。就个人在建筑业的发展而言，提前掌握这门新技术尤为重要，而获得 BIM 相关证书就是个人相关能力的最好证明。在企业招聘中，拥有证书的人员是会被优先考虑的。对于企业而言，获得相关证书也很重要，随着国家对于 BIM 技术的大力推广和普及，许多大项目在招投标阶段就开始明确要求设计方或是施工方会应用 BIM 技术，并且能够提供出相应证明。企业可以试想如果自己企业的员工拥有 BIM 技能等级相关证明，不但可以参加投标，可以提高中标概率；同时，一个企业拥有 BIM 相关证书的人越多，也在侧面体现了一个企业的实力和竞争力。

一、国内资质认证

（一）BIM 等级考试

当前在我国推行的 BIM 等级考试制度，主要是由国家人力资源和社会保障部及中国图学会主导的等级考试，考试分为三个等级，一级（BIM 初级建模师）、二级（BIM 高级建模师）、三级（BIM 应用工程师），通过考试将会获得由中国图学会颁发的全国 BIM 技能等级考试证书和人社部颁发的岗位能力证书。在诸多项目招标阶段中，就有提及竞标者必须拥有该证书或相关资质。可以说，该证书是国内 BIM 证书的一大热门。

（二）BIM 应用技能等级考试证书

该证书与 BIM 等级证书有着本质的区别，该证书是由中国建设教育协会整合多个院校及行业进行多年的潜心调研之后发起的。全国 BIM 应用技能考试证书同样也分为三级：一级 BIM 建模师；二级专业 BIM 应用师（区分专业）；三级综合 BIM 应用师（这里不单拥有建模能力，还包括与各个专业的结合、实施 BIM 流程、制定 BIM 标准、多方协同等，偏重于 BIM 在管理上的应用）。

BIM 建模考试申请条件：土木工程及相关专业学生、建筑行业从业人员。

BIM 专业应用考试申请条件：符合国家法律法规，符合下列条件之一的，可申请 BIM 专业应用考试：通过 BIM 建模应用考试或具有 3 年以上 BIM 相关工作经验；取得国家或省级地方工程建设相关专业或专业资格证书，如一级或二级建造师、造价工程师、监理工程师、一级或二级注册建筑师、注册结构工程师、注册设备工程师等。

BIM 综合应用考试申请条件：符合国家法律法规，符合下列条件之一的，可申请 BIM 综合应用考试：通过专业 BIM 应用考试，并具有 3 年以上 BIM 相关工作经验；工程建设大专以上学历，5 年以上 BIM 相关工作经验；取得全国一级建造师、造价工程师、监理工程师、一级注册建筑师、注册结构工程师、注册设备工程师等与工程建设有关的专业或专业资格证书；具有工程师或以上职称，有 3 年 BIM 相关工作经验。

（三）BIM 咨询师

BIM 顾问是未来企业应用 BIM 的技术支持。他们不仅需要了解和掌握基本的 BIM 软件，还需要了解和掌握 BIM 技术架构、BIM 实施方法和国内外应用现状、BIM 应用价值和实施方法、BIM 实施环境，通过培训和认证的 BIM 顾问将能够整合设计、施工和运营的各个阶段和专业，实现整个产业链的技术创新和效率提升。这也是我们提出“智能建筑”和“节能建筑”的重要途径。

BIM 咨询师是国内建设管理领域、工程行业领域、住房和城乡建设部、中国建设教育协会认可的证书，国内大、中型房地产企业、设计企业、施工企业、项目管理企业、监理企业、工程咨询企业的技术管理人才的必备能力证书。

合格的BIM咨询师必须掌握BIM基础理论，了解世界各国及地区BIM应用发展，目前国内的BIM发展趋势，BIM的市场价值和运营模式，BIM在工程各个阶段的应用情况，各阶段的标准制定及LOD标准制定；掌握前期BIM项目规划，建立基于BIM的管理平台，4D模拟（施工模拟），样板制作，建筑、结构、水暖电各专业的实际建模以及出平立剖图等专业技术；能够为建设工程整个生命周期提供专业服务和咨询服务。

（四）BIM专业技能证书

BIM专业技能证书由工业和信息化部电子行业职业技能鉴定指导中心颁发“专业技能证书”，证书全国统一编号，是在工程招投标中必须具备的证书，全国通用，是建筑信息模型（BIM）技术能力的证明，是从事建筑信息模型（BIM）工作的从业资格和就业凭证，是担任专业技术与管理职务的任职资格，是承接大型项目参与招投标的基础条件，是提升工程质量和效率、降低造价和节约资源、推动人才队伍建设的重要参考依据。

二、国际资质认证

（一）ICM国际BIM资质认证

ICM国际建设管理学会，是全球广为推崇的权威机构，在涉及全面规划、开发、设计、建造、运营以及项目咨询等建设全过程，ICM会员为其客户和社会提供专业的建议和服务，致力于达到并且维护行业的最高标准和最佳实践。BIM工程师和BIM项目管理总监认证是ICM在全球推广的两个证书体系，是欧美等发达国家相应职业必备证书。

目前，国内关于ICM国际BIM资质认证方面有BIM工程师和BIM项目总监两类证书：BIM工程师证书偏重于软件的实操与现场项目实施；BIM项目总监证书则注重于BIM在企业中的管理应用。

BIM工程师主要学习内容：建筑信息模型（BIM）基础知识；建筑信息模型（BIM）相关硬件基础、软件知识；建筑信息模型（BIM）平台的规划搭建与全过程信息协同管理；房地产建筑信息模型（BIM）基础软件应用；建筑信息模型（BIM）相关技术项目案例分析与应用；建筑信息模型（BIM）技术与项目管理；BIM施工综合应用；基于个人作品的实战建模。

合格的BIM工程师需要掌握BIM基础知识和专业技术，能够规划搭建BIM平台，建立建筑设计施工综合管理系统，为建设工程整个生命周期中的方案论证、设计、施工、运营阶段，提供空间规划、协同设计、工程管理、信息集成等专业咨询与服务。

（二）BIM项目总监证书

BIM项目总监证书由国际建设管理学会（ICM）颁发，针对建设相关企业的高层管理者，是全球业主方项目管理权威证书。该项目也得到美国斯坦福大学和我国同济大学、重庆大学、VENCI、CIH、香港设施协会等权威机构的支持。

BIM 项目总监证书价值：一是欧美及我国香港等纷纷制定强制实施 BIM 措施，BIM 项目总监证书将成为建设企业核心管理者必备证书。二是国际建设管理学会（ICM）是全球业主方项目管理权威机构，搭建业主、设计师、承包商、工程咨询师交流平台，并推动全球相关标准的制定。三是不上 BIM 是慢性自杀，盲目上 BIM 是快速自杀；BIM 项目总监可让企业在避免盲目上 BIM 的前提下快速具备应对 BIM 招投标及 BIM 项目管理能力。

BIM 项目总监主要负责对 BIM 工作进度的管理与监控；组织、协调人员进行各专业 BIM 模型的搭建、建筑分析、二维出图等工作；负责各专业的综合协调工作（阶段性管线综合控制、专业协调等）；负责 BIM 交付成果的质量管理，包括阶段性检查及交付检查等，组织解决存在的问题；负责对外数据接收或交付，配合业主及其他相关合作方检验，并完成数据和文件的接收或交付。BIM 项目总监除了要对工程本身有相当深入的了解外，必须作为工程团队的项目管理人员，负责协调各方人员解决设计和施工中所遭遇的技术问题，运用 BIM 技术加以避免或克服。此类人员对于 BIM 软件的操作并无实质性的要求，只需要了解其流程即可，一般为企业中高层管理人员。

第三节 BIM 的未来发展预测

随着国家经济持续快速发展，中国已经成为世界上工程建设最活跃、最多的地区，建筑行业的人才越来越多，知道和了解 BIM 技术的人也越来越多，但绝大部分处于观望的状态。现代化、工业化、信息化是我国建筑业发展的三个方向，BIM 技术将成为中国建筑业信息化未来十年的主旋律。目前，BIM 理念已经在我国建筑行业迅速扩展，基于 BIM 的设计、施工和运维等应用已经成为不可逆转的中国 BIM 发展的趋势和方向。为此，政府出台多项政策指导和引领企业 BIM 应用行动。

一、BIM 现阶段的问题

BIM 技术在日本、美国、澳大利亚等发达国家都已经普及，欧洲进展要慢一点。在国内，还有相当长的一段路要走。任何刚兴起的事物总是会遇到无数的阻碍才能得到真正的推广，BIM 在我国的推广也是一段艰辛的历程。其中影响 BIM 在我国发展的主要因素如下。

（一）就 BIM 技术本身

1. 机制不协调

BIM 应用不仅带来技术风险，还影响到设计工作流程。因此，设计师应用 BIM 软件不可避免地会在一段时间内影响到个人及部门利益，并且一般情况下设计师无法获得相关的利益补偿。因此，在没有切实的技术保障和配套管理机制的情况下，强制在单位或部门推广 BIM 是不太现实的。

另外，由于目前的设计成果仍是以 2D 图纸表达的，BIM 技术在 2D 图纸成图方面仍存在着一定程度的细节不到位、表达不规范的现象。因此，一方面应完善 BIM 软件的 2D 图档功能，另一方面国家相关部门也应该结合技术进步，适当改变传统的设计交付方式及制图规范，甚至能做到以3D BIM模型作为设计成果载体。

2. 任务风险

我国普遍存在着项目设计周期短、工期紧张的情况，BIM软件在初期应用过程中，不可避免地会存在技术障碍，这有可能导致无法按期完成设计任务。

3. 使用要求高，培训难度大

尽管主流BIM软件一再强调其易学易用性，实际上相对2D设计而言，BIM软件培训难度还是比较大的，对于一部分设计人员来说熟练掌握BIM技术有一定难度。另外，复杂模型的创建甚至要求建筑师具备良好的数学功底及一定的编程能力，或有相关CAD程序工程师的配合，这无形中也提高了应用难度。

4.BIM技术支持不到位

BIM软件供应商不可能对客户提供长期而充分的技术支持。通常情况下，最有效地技术支持是在良好的成规模的应用环境中客户之间的相互学习，而环境的培育需要时间和努力。各设计单位首先应建立自已的BIM技术中心，以确保本单位获得有效地技术支持。这种情况在一些实力较强的设计院所应率先实现，这也是有实力的设计公司及事务所的通用做法，在愈来愈强调分工协作的今天，BIM技术中心将成为必不可少的保障部门。

5. 软件体系不健全

现阶段，BIM软件存在一些弱点：本地化不够彻底，工作配合类型不完善，细节不到位，特别是缺乏当地第三方软件的支持。在软件本地化方面，除了原有的开发者结合地域特点增加自己的功能特性外，本土第三方软件产品在实际应用中也将发挥重要作用。在二维设计方面，中国的建筑、结构和设备专业实际上使用了大量基于中国开发的AutoCAD平台的第三方工具软件。这些产品大大提高了设计效率。这些宝贵的经验值得推广BIM时借鉴。

（二）就建筑行业而言

1. 更新换代

从表面上看，BIM是现阶段实现理想建筑设计的途径，但从本质上说，BIM最终将转化为理想的建筑设计环境。因此，建筑设计走向BIM时代的趋势不仅是工具和手段的变化，更是设计理念和思维方式的升级。设计师需要经历一个从2D设计思维到3D思维的痛苦适应和探索过程，但BIM技术绝不是高端技术，而是未来的流行技术。如何使基础设计师和设计机构一线工程师理解和认可BIM，合理开发和摒弃原有的二维设计，积极主动地应用BIM，是国内工程设计行业推广BIM的难点之一。

2. 思维认识偏差

对BIM认识的不足。这些不足包括认为BIM是软件、BIM是虚拟可视化、BIM是模型，但这些都是比较狭隘的看法。在国外的科研界，BIM还包括建设机器人、3D打印建筑、物联网等，其概念是建设信息化，信息化到方方面面。那么，BIM 就是一种方法，即如何利用信息手段开展施工活动。当然，最重要的是，BIM 是一种理念，一种如何分析事物和看待世界的理念。对于刚接触到 BIM 的初学者来说，有一个误解：对于教育程度高、学习能力强的设计师来说，他们可以在一两周内掌握 BIM 软件。事实上，BIM 是“易学难学”的，很难将 BIM 的本质融入建筑设计过程中。BIM 的应用需要一个 BIM 环境。一些单位认为团队参与 BIM 就足够了。但事实上，在不久的将来，只有所有员工都采用 BIM，BIM 才能真正转化为单位的核心竞争力。

另一些人认为，关注一个角落会增加信息的输入，并大大增加一些设计师的工作量，这似乎超过了损失。客观地说，虽然现阶段国内建筑业 BIM 向生产力的转化非常有限，但从长远来看，BIM 在协同设计、全过程控制以及设计质量和安全保障方面的显著优势必将使当前的努力获得丰厚的回报。同时，BIM 要想做好并充分发挥其应有的作用（节约成本、节约工期、便于控制等），必须有一个强有力的领导者来推动。为什么？因为对于大多数施工单位和分包商来说，方案变更是最重要的赚钱手段。

BIM 的一个重要价值就是避免变更。北京的中国尊项目，它是国内 BIM 应用的极致，之所以能达到极致就是因为其业主拥有很好的 BIM 意识和 BIM 水平，所以他们在管线碰撞检测、能耗分析、施工模拟（做得相当经典）、智能通风（以后设计院在这个方面将会越来越多地使用 BIM）等领域都做得很好。

3.BIM 的本地化、行业化完善不够

虽然 BIM 在国外发达国家已处于快速发展阶段，但在我国尚处于起步阶段。应向国外学习相关的设计软件和标准。有些方面与国内设计规范和图纸要求有很大不同。因此，BIM 的本地化二次开发确实很难进行。BIM 在国内建筑设计行业的应用起步较早，而市政设计行业尚处于破冰阶段。许多材料需要定义。此外，市政设计本身涉及专业跨度大、设备种类多、结构复杂，给 BIM 在市政设计领域的推广带来诸多困难。

4. 人才匮乏

人才是最关键的因素。BIM 人才的短缺并不意味着他们能够使用软件和理解 BIM 的概念。软件永远是一种辅助工具，而核心永远是人们的专业知识和管理水平，两者的结合需要很长时间才能磨合。换言之，培养设计专业技术人员需要较长的周期，使具有扎实专业设计能力的设计师能够学习 BIM，这需要付出高昂的代价和单位的大力支持。BIM 的应用和推广应注重团队结构和人员梯队，实现有计划、有步骤的推广。目前，整个 BIM 行业基础型人才比较缺乏，大量技术人员仅处于入门阶段，领军式人才更是寥寥无几，这需要从政府及行业层面大力推进 BIM 的应用，引导市场及行业加强对 BIM 的教育培训体系建设，这也是一个推进技术发展的必然历程。因为随着从业者素质的提高和人才换代，信息化也必然是一个大趋势。

5. 标准、规范建设滞后

中国的 BIM 迫切需要建立完善的开放性标准，统一认识，指导我国的 BIM 发展。这关乎

BIM 技术在国内应用的深度与广度，是极为重要的基础研究。

另外，对于绝大部分的施工单位及分包商来说，方案变更才是其赚钱的最重要手段。BIM 的一个重要价值就是避免变更，其好处就是节约了成本。同时，很多老一辈的设计师和工程师都用不惯这个，但因为时代都是在改变的，就像由手工到 CAD 时代一样，总有一个适应的过程。

二、BIM 未来的发展趋势

早在许多年前，许多具有杰出远见的建筑师和专家就呼吁建筑设计的协同作用和设计过程的协同运作。未来的建筑设计也必须向集成化、协同化方向发展。

集成体现在两个方面：设计信息集成和设计过程集成。即在信息集成的基础上，充分利用计算机和网络的新技术，组织各建筑学科的设计师在协同环境中进行设计。因此，实现设计集成首先要解决的问题是信息集成。BIM（建筑信息模型）正好可以承担这项任务。它是整个建筑工程设计从简单化到数字化、信息化的标志。所有专业设计信息都添加到此信息模型中。因此，它将成为一个信息集成的实体。通过这种方式，工程师可以建立一个所有专业设计师都可以参与的协同设计平台，从而实现设计过程的集成和设计过程的协同运作。

只有在这样一种先进的工作模式下，才能充分体现设计的协同作用。团队间的协同设计能够得到真正的展示；专业工程师通过网络连接计算机，通过软件，在同一平台、同一文件中实现多人、多学科的设计协作、数据共享、信息交流与沟通。任何人都可以在这个平台上及时发布和更新自己或其他团队成员的最新设计成果，可以在同一个办公室、不同的办公楼层甚至不同的地方顺利进行协同设计。著名的“美国艾迪石（上海）建筑设计咨询有限公司”便是利用这样一种先进甚至革命性的设计流程实现了跨国和跨地区协同作业。在 Revit 系列软件的帮助下，通过先进的“工作集”方式，各专业设计师在实时协调、实时沟通的前提下，进行同步设计，省略掉提资过程，并且各专业不必重复建模设计（建筑专业建的柱子，在结构专业中会以结构的出图样式显示出来，并且结构可以直接使用或更改，有效地避免重复劳动）。这样一来，设计团队间就实现了美国洛杉矶与中国上海办公室之间的连线协同设计，让工程师们不必往返于太平洋两岸的飞机上，进而实现了其设计业务全球化的宏伟目标，完成了当年路易斯 · 康纳不可想象的任务。

国内 BIM 运用比较领先的华东电力设计院在进行上海市某市政项目设计时已经引入了 BIM 的设计理念并运用 Revit 系列软件进行三维设计的尝试，实现了建筑、结构与设备专业的数据共享和信息顺畅沟通以及文件的无缝链接。通过同一平台的操作，使三大专业的设计成果能够直观便捷地展示一起。利用信息化的手段，将原本单调枯燥的设计图纸变成了丰富形象的设计图像。三大专业的三维模型组合在一起，从里到外、从上至下不但非常便捷协调了各专业的设计信息，同时也简化了设计流程、减少了重复工作的概率、缩短了设计时间、提升了工作效率和设计质量。不过，虽然在设计的图纸和形式上已经实现了三维，但是在协同上由于是采用链接的形式，因此其协同方式暂时还只能算是 2.5 维，没有达到真正意义上的三维。因此，今后在这方面还有继续上升的空间和潜力。很多工程师从开始接触 BIM 设计理念并运用 Revit 系列软件进行协同设计到现在，感触最深的就是“只有想不到，没有做不到”。协同设计提供给我们的不仅仅是一种更完善的设计流程，更是一种严谨的态度、一种精益求精的态度、一种锲而不舍的态度、一种先进的设计理念。这才是最有价值的收获。

另外，BIM 协调特性丰富了项目管理工具，各参建方基于 BIM 表达自己的施工计划、施工方法、完成情况、所需公共资源（场地布置、垂直运输、工作面情况）等意见，使相关方清楚了解工作衔接情况，保证施工工作按计划顺利进行。

（一）设计施工一体化方面

随着我国建筑业转型升级的推进，设计施工一体化将有利于建设风险的控制和提高项目运作的效率。BIM 加强了设计与施工的沟通，设计施工一体化将设计与施工的矛盾，由原本外部矛盾转化为承建商的内部管理问题，把现有体制下的投资风险转换为承建商管理能力，减少了协调工作与管控对象，避免了施工方利用设计方的考虑不周，造成施工方索赔的现状。

（二）BIM 可以发挥承建商的技术资源优势

承建商拥有施工技术优势，如跳仓法、超长结构等技术，在设计阶段中就可以把施工技术考虑进去，有利于承建方发挥整体优势，达到建设项目成本最优化。承建商拥有资源优势，如施工机具和施工人员等，在设计阶段中就可以发挥施工资源优势，保证承建商的利益最大化。

（三）集中采购方面

BIM 信息的完备性，保证了项目生产所需的资源数量和时间的准确性。随着施工企业所有项目 BIM 的集中管控，根据 4D BIM 可以随时生成各地区某一期间的生产所需资源数量和采购数量。在此基础上签订采购框架协议，随着 BIM 细度的提升和信息的不断完善，采购数量就会即时更新，保证了采购数量和预计成本的准确性，充分发挥集团采购优势。当然，大家可能会有疑问，协同设计这么好，那它为什么迄今为止还没有普及开来呢？诚然，人无完人，物亦如此。任何一个新事物或新方式的诞生都要有一个被接受的过程，况且协同设计还是一个在不断进步和完善中的设计流程。而且更重要的是我们能否改变自己陈旧的设计理念，有没有信心去完全接受它、掌握它。因为只有完全接受并掌握了一种新颖的设计理念、一个先进的设计流程，才能真正让这个流程为我所用，最大限度地发挥其效应。中国有句古话：一个好汉三个帮。如果想要在设计院或其他设计事务所内充分发挥这个好的设计流程所起的作用，仅靠一两个人是不行的，必须全面推广，让 BIM 的先进理念和协同设计的先进方式深入到每个建筑师和设计团队的思维中，让每个设计人员都能熟练运用和掌握。这样才可以在设计师和团队内部实现无障碍交流，也才能更好地发挥每个人的创意与才智，去发掘先进设计工具的潜能，让广大的中国建筑师和企业能够在一种非常先进且轻松的方式下按照自己的创作思维来惬意地工作和交流。BIM 作为一种新的建筑设计和管理技术，一定程度上为建筑行业的发展注入了新鲜的血液，作为一种新技术极大地优化了建筑行业的发展环境，也一定程度上提高了建筑工程的集成化程度。BIM 技术的使用也产生了巨大的社会效益，降低了成本和风险，加快了整个建筑行业的发展速度。

综上，BIM未来是对建设全生命周期的资源整合和与建设内外部的信息共享，以达到减少建设工程变更、缩短工期、节约成本、提升效益的目的。企业应顺应时代的发展趋势，无论是从技术、认知方面，还是人才等方面做好储备，建立信息化的思维，这样才能满足市场需求，立于不败之地！

总的来说，再美好的理论不去好好实践也只是漂亮的摆设，BIM目前在国内的运用，还处在各自为战的阶段，建设各方独自经营，缺乏统一的把控。目前来看BIM以后的发展趋势，不是工程总承包模式，也不是数据库或者设计—招标—建造模式，而将是集成产品开发模式。

参考文献

[1] 赵雪锋，刘占省，张江波，等 . BIM 导论 [M]. 武汉：武汉大学出版社，2017.

[2] 吴琳，王光炎 . BIM 建模及应用基础 [M]. 北京：北京理工大学出版社，2017.

[3] 袁翱 . BIM 工程概论 [M]. 成都：西南交通大学出版社，2017.

[4] 刘广文 .Tekla 与 Bentley BIM 软件应用 [M]. 上海：同济大学出版社，2017.

[5] 李慧民 . BIM 技术应用基础教程 [M]. 北京：冶金工业出版社，2017.

[6] 叶雯，路浩东 . 建筑信息模型（BIM）概论 [M]. 重庆：重庆大学出版社，2017.

[7] 冯为民 . 建筑工程 BIM 建模设计 [M]. 武汉：华中科技大学出版社，2017.

[8] 周基，张泓，田琼，等 . BIM 技术应用 Revit 建模与工程应用 [M]. 武汉：武汉大学出版社，2017.

[9] 郑江，杨晓莉 . BIM 在土木工程中的应用 [M]. 北京：北京理工大学出版社，2017.

[10] 赵顺耐 . Bentley BIM 解决方案应用流程 [M]. 北京：知识产权出版社，2017.

[11] 黄兰，马惠香，蔡佳含，等 . BIM 应用 [M]. 北京：北京理工大学出版社，2018.

[12] 甘文益，袁静 . 互联网 +BIM 创业实务 [M]. 北京：北京理工大学出版社，2018.

[13] 孙庆霞，刘广文，于庆华，等 . BIM 技术应用实务 [M]. 北京：北京理工大学出版社，2018.

[14] 郭仙君，张燕，赵威，等 . BIM 应用基础教程 [M]. 北京：北京理工大学出版社，2018.

[15] 刘霖，郭清燕，王萍 . BIM 技术概论 [M]. 天津：天津科学技术出版社，2018.

[16] 张喆 . BIM 创新创业 [M]. 西安：西安交通大学出版社，2018.

[17] 康琬娟 .（中国）中铁四局集团第二工程有限公司 . BIM 三维建模教程 [M]. 北京 / 西安：世界图书出版公司，2018.

[18] 刘鉴秾 . 建筑工程施工 BIM 应用 [M]. 重庆：重庆大学出版社，2018.

[19] 杨华金，唐岱，陈贤，等 . BIM 模型园林工程应用 [M]. 西安：西安交通大学出版社，2018.

[20] 朱维香 . BIM 建模之安装建模 [M]. 杭州：浙江大学出版社，2018.

[21] 张雷，董文祥，哈小平 . BIM 技术原理及应用 [M]. 济南：山东科学技术出版社，2019.

[22] 于五星 . BIM 常用词汇集解 [M]. 北京：中国商业出版社，2019.

[23] 王岩，计凌峰 . BIM 建模基础与应用 [M]. 北京：北京理工大学出版社，2019.

[24] 张金月 . 5D BIM 探索 [M]. 上海：同济大学出版社，2019.

[25] 李勇 . BIM 钢筋算量解析 [M]. 武汉：武汉理工大学出版社，2019.

[26] 陈淑珍，王妙灵，张玲玲，等 . BIM 建筑工程计量与计价实训 [M]. 重庆：重庆大学出版社，2019.

[27] 于洋 . “大数据 +BIM”工程造价管理探究 [M]. 长春：吉林教育出版社，2019.

[28] 李兴田，张丽萍 . 计算机绘图及 BIM 技术应用 [M]. 北京：中国铁道出版社，2019.

[29] 王文格，程正明，许黎明，等 . 厦门地铁 BIM 技术创新与应用实践 [M]. 上海：同济大学出版社，2019.

[30] 宋娟，贺龙喜，杨明柱 . 基于 BIM 技术的绿色建筑施工新方法研究 [M]. 长春：吉林科学技术出版社，2019.